5G NR无线网络
优化实践

张守国　葛海平　吴　松　陈　君　等◎编著

王建斌　李曙海　沈保华

U0377786

人民邮电出版社

北　京

图书在版编目（CIP）数据

5G NR无线网络优化实践 / 张守国等编著. -- 北京：
人民邮电出版社，2024.4
（5G网络规划设计技术丛书）
ISBN 978-7-115-63508-2

Ⅰ. ①5… Ⅱ. ①张… Ⅲ. ①第五代移动通信系统—
无线电通信—移动网 Ⅳ. ①TN929.538

中国国家版本馆CIP数据核字(2024)第010000号

内 容 提 要

本书从 5G 无线网络优化基本原理的角度出发，侧重于介绍 5G 无线网络优化实施中遇到的常见知识点和无线网络问题优化方法，涵盖了基本理论基础、信令流程、专网规划、参数规划、性能分析等内容。本书首先回顾了 5G 网络结构、频谱划分、物理信道、帧结构、组网方式等内容，使读者对 5G 的基本原理有进一步了解。然后，本书通过对信令流程的介绍，使读者对移动台和网络的寻呼过程、业务建立过程、切换过程、VoNR 等信令过程有一个比较全面的认识。

本书适合从事 5G 工程优化相关工作的维护人员及对 5G 网络相关知识感兴趣的人员阅读。

♦ 编　著　张守国　葛海平　吴　松　陈　君
　　　　　　王建斌　李曙海　沈保华　等
　　责任编辑　刘亚珍
　　责任印制　马振武

♦ 人民邮电出版社出版发行　　北京市丰台区成寿寺路 11 号
　邮编　100164　电子邮件　315@ptpress.com.cn
　网址　https://www.ptpress.com.cn
　固安县铭成印刷有限公司印刷

♦ 开本：775×1092　1/16
　印张：23.5　　　　　　　2024 年 4 月第 1 版
　字数：484 千字　　　　　2024 年 4 月河北第 1 次印刷

定价：159.80 元

读者服务热线：**(010)53913866**　印装质量热线：**(010)81055316**
反盗版热线：**(010)81055315**
广告经营许可证：京东市监广登字 20170147 号

编委会

序 PREFACE

当前，第五代移动通信技术（5th Generation Mobile Communication Technology，5G）已日臻成熟，国内外各大主流电信运营商积极准备 5G 网络的演进升级。促进 5G 产业发展已经成为国家战略，我国政府连续出台相关文件，加快推进 5G 商用，加速 5G 网络建设进程。5G 和人工智能、大数据、物联网及云计算等的协同融合成为信息化新时代的引擎，为消费互联网向纵深发展注入后劲，为工业互联网的兴起提供新动能。

作为信息社会通用基础设施，当前国内 5G 产业建设和发展如火如荼。在网络建设方面，5G 带来的新变化、新问题需要不断探索和实践，尽快找出解决办法。在此背景下，在工程技术应用领域，亟须加强针对 5G 网络技术、网络规划和设计等方面的研究，为 5G 大规模建设做好技术支持。"九层之台，起于累土"，规划建设是网络发展之本。为抓住机遇，迎接挑战，做好 5G 建设工作，华信咨询设计研究院有限公司组织编写了相关丛书，为 5G 网络规划建设提供参考和借鉴。

本书作者团队长期跟踪移动通信技术的发展和演进，多年来从事移动通信网络规划设计工作，已出版有关 3G、4G 网络规划、设计和优化的图书，也见证了 5G 移动通信标准诞生、萌芽、发展、应用的历程，参与了 5G 试验网的规划设计，积累了 5G 技术和工程建设方面的丰富经验。本丛书有助于工程设计人员更深入地了解 5G 网络，更好地进行 5G 网络规划和工程建设。

中国工程院院士

邬贺铨

前言 FOREWORD

5G 网络新空口技术和全新服务化网络架构使其在数据传输速率和时延方面具有多重优势，相较于 4G 移动通信网络，5G 能够提供更快的速率、更低的时延，组网更加灵活。这使 5G 网络在交通、制造、能源、教育、医疗等行业得到广泛应用。然而，随着国内 5G 网络的发展，用户数量和网络负荷逐渐增加，网络质量也面临新的挑战。因此，我们需要不断优化网络，提高网络质量，建设 5G 精品网络。众所周知，网络优化是一项复杂、艰巨而又意义深远的工作。本书围绕一线网络优化人员的实际需求，着重介绍了 5G 网络结构、信令流程、消息内容解析、参数规划、专网规划、问题分析思路、定位方法等。本书在内容编排时，侧重于知识的实用性，突出了网络优化方面的相关内容。

本书共分为 8 个章节。

第 1 章 5G 网络概述，介绍了 5G 网络结构、频谱划分、无线帧结构、协议栈和组网方式。

第 2 章物理信道，主要描述的是物理广播信道及内容解析，物理随机接入信道、物理上下行控制信道和物理上下行共享信道定义和功能，解调用参考信号、探测用参考信号等物理信号定义和功能，以及探测参考信号（Sounding Reference Signal，SRS）天选、波束管理等实现原理。

第 3 章信令流程分析，介绍了小区选择 / 重选过程、随机接入过程、无线资源控制（Radio Resource Control，RRC）建立过程、上下文管理、注册登记过程、协议数据单元（Protocol Data Unit，PDU）会话建立 / 修改过程、主叫 / 被叫业务建立过程、接入和移动性管理功能（Access and Mobility Management Function，AMF）/ 会话管理功能（Session Management Function，SMF）/ 用户面功能（User Plane Function，UPF）选择原则、切换流程、切换信令流程，以及 RRC 消息和非接入层（Non-Access Stratum，NAS）消息内容解析等。

第 4 章语音解决方案，介绍 EPS Fallback（是指当用户需要使用语音服务时，5G 用户从 5G 网络"切换"或者"重定向"到 4G 网络）和新空口承载语音（Voice over New Radio，VoNR）基本原理，包括 IP 多媒体子系统（IP Multimedia Subsystem，IMS）网络结构、信令流程和相关知识点，例如，被叫域选、预置条件、媒体协商、快速返回等。

第 5 章 5G 专网与规划，内容包括 5G 专网定义、专网类型、组网方式、应用场景、关键技术、端到端规划、安全方案和应用案例等。

第 6 章参数规划，介绍物理小区标识（Physical Cell Identifier，PCI）、物理随机接入信道（Physical Random Access CHannel，PRACH）前导序列定义和规划原则，全球小区识别码（NR Cell Global Identifier，NCGI）、数据网络名称（Data Network Name，DNN）、本地区域数据网（Local Area Data Network，LADN）等参数定义。

第 7 章关键技术，介绍了大规模多路输入多路输出（massive Multiple Input Multiple Output，mMIMO）、基于服务的架构（Service Based Architecture，SBA）网络架构、网络切片、移动边缘计算（Mobile Edge Computing，MEC）、上行分类器（UpLink CLassifier，ULCL）分流、LADN 分流、5G 局域网（Local Area Network，LAN）等功能原理。

第 8 章无线网络优化，本章对一些常见的网络问题，例如，覆盖、接通率、掉线、吞吐率、切换等问题产生的原因、分析思路进行了总结。

参与本书编写工作的专家有李剑锋、朱建飞、陈云、金江新、刘磊、马月峰、祁云山、王冰心、王勇、肖清华、徐辉、杨明帅、周宏、干晨晨、张银佐、袁野、谢三喜、张聪、张建国、周广琪、樊一林等，在此感谢浙江电信和华信咨询设计研究院有限公司领导给予的支持，也非常感谢我的网优启蒙老师李华、华信咨询设计研究院有限公司的吴松博士、北京信通传媒有限责任公司的王建军老师在编写过程中给予的指导和建议，本书责任编辑也给予了大力支持和辛勤付出，在此一并深表感谢！

由于编者水平有限，书中可能存在疏漏和错误之处，敬请读者谅解，并提出宝贵意见，相关意见和建议请联系人民邮电出版社有限公司，欢迎批评与指正。

张守国

2024 年 2 月于杭州

目录 CONTENTS

第3章 信令流程分析

第7章　关键技术

第8章　无线网络优化

参考文献

5G 网络概述

Chapter 1

第 1 章

第四代移动通信技术（4G）以正交频分多址（Orthogonal Frequency Division Multiple Access，OFDMA）接入技术为基础，其数据业务传输速率达到每秒百兆比特，能够在较大程度上满足宽带移动通信应用需求。然而，随着智能终端普及应用和移动新业务需求持续增长，4G 无线通信的传输速率、时延和容量仍然难以满足未来移动通信的应用需求。

国际移动通信 2020（International Mobile Telecommunications 2020，IMT2020）（5G）（即第五代移动通信技术 5G）网络定位于频谱效率更高、速率更快、容量更大、时延更低的无线网络，面向行业客户，提供物与物之间连接，使能智能社会。5G 网络支持 100Mbit/s 的用户体验速率、每平方千米 100 万的连接数密度、毫秒级的端到端时延、500km/h 以上的移动性和 20Gbit/s 的峰值速率。其中，用户体验速率、连接数密度和时延为 5G 最基本的 3 个性能指标。同时，相比 4G，5G 大幅提高网络部署和运营的效率，其效率提升百倍以上。5G 网络 8 个关键能力指标要求见表 1-1。

表1-1   5G网络8个关键能力指标要求

指标名称	ITU[1] 指标
峰值速率（单个用户）	DL[2]：20Gbit / s UL[3]：10Gbit / s
用户体验速率	100Mbit / s
连接密度	10^6 / km^2
用户面时延（空口）	eMBB[4] RTT[5] $\leq$ 8ms uRLLC[6] RTT $\leq$ 1ms
流量密度	$10Mbit \cdot s^{-1} \cdot m^{-2}$（或 $10Tbit \cdot s^{-1} \cdot km^{-2}$）
能效[7]（相比 IMT-A[8]）	100 倍
频谱效率（相比 IMT-A）	3 倍（DL：$30 bit \cdot s^{-1} \cdot Hz^{-1}$，UL $15 bit \cdot s^{-1} \cdot Hz^{-1}$）
移动性	500km / h

注：1. ITU（International Telecommunications Union，国际电信联盟）。

　　 2. DL（Down Link，下行链路）。

　　 3. UL（Up Link，上行链路）。

　　 4. eMBB（enhance Mobile Broad Band，增强移动宽带）。

　　 5. RTT（Round Trip Time，往返路程时间）。

　　 6. uRLLC（ultra-Reliable Low Latency Communications，超高可靠和超低时延通信）。

　　 7. 能效指单位能量可以传送的数据量。

　　 8. IMT-A 是国际电信联盟制定的 4G 移动通信标准规范。

另外，ITU 为 5G 定义了 eMBB、海量物联网通信（massive Machine Type Communication，mMTC）和 uRLLC 三大应用场景，具体应用包括超高清视频、增强现实（Augmented Reality，AR）/ 虚拟现实（Virtual Reality，VR）、智慧城市、智慧家居、紧急任务应用、工业自动化、自动驾驶等。

面对多样化场景的极端差异化性能需求，5G 很难像以往一样以某种单一技术为基础形成针对所有场景的解决方案。5G 技术创新涵盖无线技术和网络技术两个方面：在无线技术领域，mMIMO、超密集组网（Ultra Dense Network，UDN）、新型多址和全频谱接入等技术已成为业界关注的焦点；在网络技术领域，基于软件定义网络（Software Defined Network，SDN）和网络功能虚拟化（Network Function Virtualization，NFV）的新型网络架构已取得广泛共识。4G 到 5G 网络的演进如图 1-1 所示。

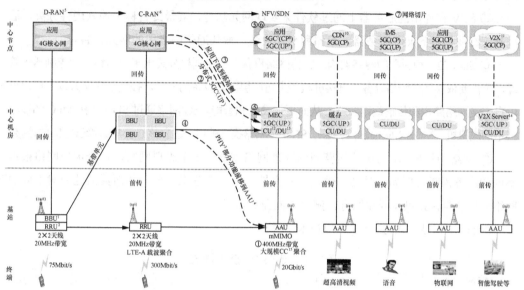

1．BBU（Base Band Unit，基带处理单元）。
2．RRU（Radio Remote Unit，射频拉远单元）。
3．PHY（Physical，物理层）。
4．AAU（Active Antenna Unit，有源天线单元）。
5．D-RAN（Distributed Radio Access Network，分布式无线接入网）。
6．C-RAN（Centralized Radio Access Network，集中式无线接入网）。
7．5GC（5G Core，5G 核心网）。
8．CP（Control Plane，控制平面）。
9．UP（User Plane，用户平面）。
10．CDN（Content Delivery Network，内容分发网络）。
11．V2X（Vehicle to Everything，车对外界的信息交换）。
12．CU（Centralized Unit，中央单元）。
13．DU（Distributed Unit，分布式单元）。
14．V2X Server（车对外界的信息交换服务器）。
15．CC（Component Carrier，分量载波）。

图1-1　4G到5G网络的演进

与 4G 相比，5G 网络变化主要表现为以下几个方面。

① 5G 网络空口支持 20Gbit/s 的峰值速率，用户体验速率达到 100Mbit/s。

② 从原来集中式的核心网演变为分布式核心网。核心网用户面功能可以下沉到接入机房或站点机房，在地理位置上更靠近终端，减小传输时延。

③ 分布式应用服务器（Application Server，AS）。AS 部分功能下沉至边缘机房，并在

边缘机房部署 MEC。MEC 将应用、处理和存储推向移动边界，使数据得到实时、快速处理，以减少时延，减轻网络负担。

④ 重新定义 BBU 和 RRU 功能。5G 网络将 BBU 拆分为 CU 和 DU 两种，用 AAU 取代 RRU 和天线，同时将原 BBU 部分 PHY 功能下沉到 AAU，以减小前传容量，降低前传带宽需求。

⑤ NFV 在通用的服务器上通过软件来实现网元功能，其最终目标是使软硬件分离，通过基于行业标准的 x86 服务器、存储和交换设备，取代通信网专用的网元设备。

⑥ SDN 是一种新型的网络架构。它将网络设备上的控制权分离出来，由集中的控制器来管理，不需要依赖底层网络设备，直接屏蔽了来自底层网络设备的差异。控制权完全开放，用户可以自定义网络路由和传输规则策略，从而更加灵活和智能。5G 网络通过 SDN 连接 MEC 和核心云里的虚拟机（Virtual Machines，VMs），SDN 控制器执行映射，建立核心云与边缘云之间的连接。

⑦ 网络切片技术：将电信运营商的物理网络划分为多个虚拟网络，每个虚拟网络根据不同的服务需求，例如，时延、带宽、安全性和可靠性等来划分，从而灵活地应对不同的网络应用场景，提供差异化服务，满足不同业务需求。

⑧ 5G 空口技术演进。5G 空口技术演进见表 1-2。

表1–2　5G空口技术演进

技术类别	4G	5G
多址方式	OFDMA	OFDMA
基本波形	上行：DFT-S-OFDM[1] 下行：CP-OFDM[2]	上行：CP-OFDM / DFT-S-OFDM 下行：F-OFDM[3]
调制方式	QPSK[4]/16QAM[5]/64QAM	QPSK/16QAM/64QAM/256QAM
最大带宽	20MHz	FR1 100MHz / FR2 400MHz
CA 载波数	5CC	16CC
信道编码	Turbo[6]	控制面（CP）：Polar[7] 用户面（UP）：LDPC[8]
MIMO[9]	8T8R[10]	Massive MIMO（64T64R 及以上）
TTI	1ms	以 slot 为单位
子载波间隔	15kHz	支持 15/30/60/120/240kHz
网络架构	扁平化、IP 化	NFV、SDN、SBA

注：1. DFT-S-OFDM（Discrete Fourier Transform-Spread-Orthogonal Frequency Division Multiplexing，基于离散傅里叶变换的扩频正交频分复用）。

2. CP-OFDM（Cyclic Prefix Orthogonal Frequency Division Multiplexing，循环前缀正交频分复用）。

3. F-OFDM（Filtered Orthogonal Frequency Division Multiplexing，滤波正交频分复用）。

4. QPSK（Quaternary Phase Shift Keying，四相移相键控）。

5. QAM（Quadrature Amplitude Modulation，正交振幅调制）。

6. Turbo 是指 Turbo 码。

7. Polar 是指 Polar 码。

8. LDPC（Low Density Parity Check，低密度奇偶校验）。

9. MIMO（Multiple-Input Multiple-Output，多输入多输出）。

10. 8T8R（8 个发射天线，8 个接收天线）。

●●1.1 5G 网络架构

5G 网络架构包括接入网和核心网两个部分，5G 网络架构示意如图 1-2 所示。其中，NG-RAN 代表 5G 接入网，由 gNB 和 ng-eNB 组成。5GC 代表的是 5G 核心网，主要由 AMF、SMF 和 UPF 等功能单元组成。NG-RAN 内 gNB/ng-eNB 之间连接的接口称为 Xn 接口。NG-RAN 和 5GC 之间的接口称为 NG 接口，该接口又分为 NG-C 和 NG-U。其中，NG-C 是 NG-RAN 与 AMF 之间的接口，用于传输控制信令，NG-U 是 NG-RAN 与 UPF 之间的接口，用于传输用户数据。

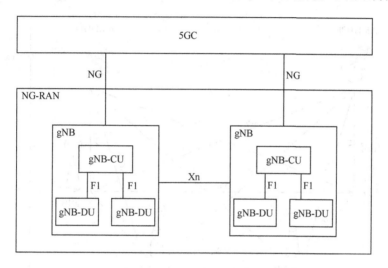

图1-2　5G网络架构示意

NG-RAN 和 5GC 之间的功能拆分如图 1-3 所示。

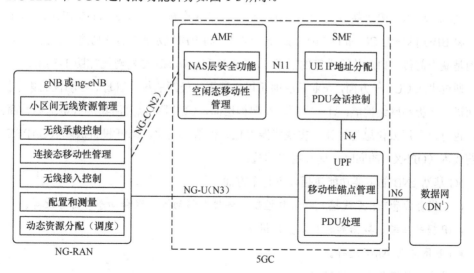

1. DN（Data Network，数据网）。

图1-3　NG-RAN和5GC之间的功能拆分

1.1.1 接入网

5G NR 是基于 OFDM 的全新空口设计的全球性 5G 标准。5G 基站称为 NR NodeB,简称为 gNB,为 5G 网络用户提供用户面和控制面协议和功能。ng-eNB 为升级后的 eNodeB,可以直接连到 5GC,为 4G 网络用户提供用户面和控制面协议和功能。gNB/ng-eNB 向 UE 提供用户面和控制面协议终端的节点,并且经由 NG 接口连接到 5GC,gNB/ng-eNB 之间通过 Xn 接口进行连接。5G 无线接入网和接口如图 1-4 所示。

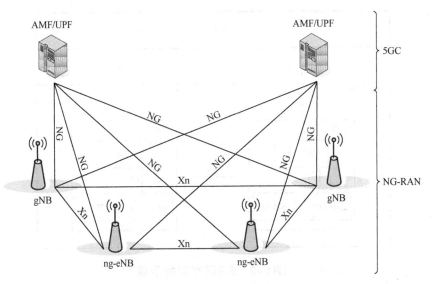

图1–4　5G无线接入网和接口

5G 基站 gNB 按功能分为 CU、DU 和 AAU 共 3 个部分。与 eNodeB 相比,gNB 从功能上将 BBU 拆分为 CU 和 DU 两个部分,同时,将 BBU 物理层部分功能前移到 AAU,其目的是减少前传接口对传输带宽的需求。eNodeB 和 gNodeB 结构对比如图 1-5 所示。

通过引入 CU,一方面,在业务层面可以实现无线资源的统一管理、移动性的集中控制,从而进一步提高网络性能;另一方面,在架构层面,CU 既可以灵活集成到电信运营商云平台,也可以采用云化思想设计,实现资源池化、部署自动化,降低投资成本(CAPEX)和运营成本(OPEX)的同时,提升用户体验。

5G 基站 gNB 的主要功能包括以下几个方面。

- 无线资源管理:无线接入和承载控制、连接态移动性管理和动态资源分配等。
- IP 报头压缩、数据加密和完整性保护。
- UE 附着时 AMF 选择。
- 用户面数据路由到 UPF。
- 控制面信息路由到 AMF。

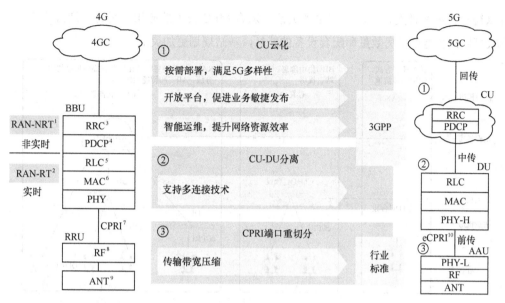

1. NRT（Non-Real Time，非实时）。
2. RT（Real Time，实时）。
3. RRC（Radio Resource Control，无线资源控制）。
4. PDCP（Packet Data Convergence Protocol，分组数据汇聚层协议）。
5. RLC（Radio Link Control，无线链路控制）。
6. MAC（Medium Access Control，介质访问控制）。
7. CPRI（Common Public Radio Interface，通用公共无线接口）。
8. RF（Radio Frequency，射频）。
9. ANT（Antenna 的缩写，天线）。
10. eCPRI（enhanced Common Public Radio Interface，增强型通用公共无线电接口）。

图1-5　eNodeB和gNodeB结构对比

- 连接建立和释放。
- 调度和发送寻呼消息、源自 AMF 或 OAM 的系统广播消息。
- 测量报告配置。
- 会话管理。
- 支持网络切片。
- QoS Flow 管理及将 QoS Flow 映射数据无线承载（Data Radio Bearer，DRB）等。

　　基于 CU/DU（BBU）安装位置进行划分，5G 接入网可以划分为 D-RAN、C-RAN 和 Cloud RAN（云化无线接入网）3 种部署方式。NR 接入网的组网方式如图 1-6 所示。

　　其中，D-RAN 是指分布式无线接入网，CU/DU 合设并且将 CU/DU 放置在站点机房，RRU 移动到靠近天线的位置，大大缩短了 RRU 和天线之间馈线的长度，可以减少馈线的传输损耗，扩大基站信号的覆盖范围。

　　C-RAN 是指集中化无线接入网，CU/DU 集中部署在接入机房。采用 C-RAN 之后，BBU

可以统一管理和调度，资源调配更加灵活，适合 MEC 技术的应用。另外，通过集中化的方式可以减少基站机房数量和配套设备的能耗，基站规划更加灵活。

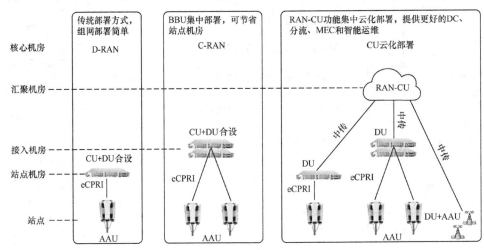

图1-6　NR接入网的组网方式

Cloud RAN 是指云化无线接入网。在云 RAN 中，将 CU 云化部署，每个虚拟 CU 能够支持更多的基站，以实现资源池的高利用、业务分流、边缘计算和运维等。

5G 网络不再定义用户设备（UE-Category，UE）等级，NR 支持的 MIMO 层数、调制方式会作为单独的 UE 能力明确指示。

1.1.2　核心网

传统的 2G、3G、4G 网络采用的是点对点的架构，这意味着网元和网元之间的接口需要预先定义和配置，并且这些接口只能用于特定两类网元之间的通信。这种架构的灵活性相对较低，对于网络的扩展和演进存在一定限制。

5G 核心网采用基于服务的架构（Service Based Architecture，SBA）设计，主要由 AMF、SMF 和 UPF 等网络功能（Network Function，NF）单元组成，NF 之间通信采用超文本传输协议（Hyper Text Transfer Protocol，HTTP）/ 传输控制协议（Transmission Control Protocol，TCP）。5G 系统服务化架构如图 1-7 所示。

5G 核心网 NF 之间的交互采用服务化接口，降低 NF 之间接口定义的耦合度。通过这种模块化和服务化接口设计，实现 NF 之间的解耦与整合，各解耦后的 NF 抽象为网络服务，可以独立扩容、独立演进、按需部署，这使 5G 网络更加灵活和可扩展，能够更好地适应不同的业务需求。

非漫游 5GC 参考点方式如图 1-8 所示。N1 为 UE 和 AMF 之间的参考点，N2 为 RAN 和 AMF 之间的参考点，N3 为 RAN 和 UPF 之间的参考点，N4 为 SMF 和 UPF 之间的参考点。

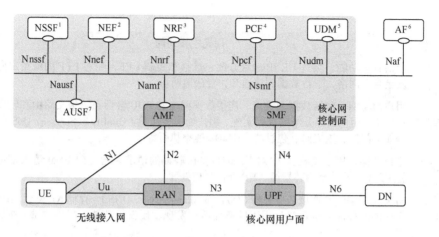

1. NSSF（Network Slice Selection Function，网络切片选择功能）。
2. NEF（Network Exposure Function，网元开放功能）。
3. NRF（Network Repository Function，网络存储功能）。
4. PCF（Policy Control Function，策略控制功能）。
5. UDM（Unified Data Management，统一数据管理）。
6. AF（Application Function，应用功能）。
7. AUSF（Authentication Server Function，鉴权服务功能）。

图1-7 5G系统服务化架构

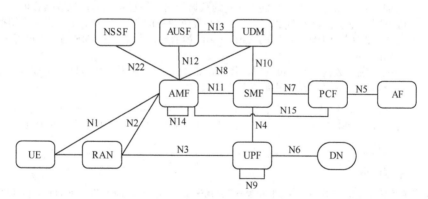

图1-8 非漫游5GC参考点方式

5G 网元及功能见表 1-3。

表1-3 5G网元及功能

网元名称	网元主要功能
RAN	无线接入网，由 gNB 组成，完成无线接入控制、无线承载控制、连接态移动性管理、动态资源分配等
AMF	接入和移动管理功能，完成注册管理、连接管理、可达性管理、空闲态移动性管理，接入鉴权和授权，5G 全球唯一临时 UE 标识（Globally Unique Temporary UE Identity，GUTI）分配，转发 UE 和 SMF 之间的 SM 消息，合法监听等

网元名称	网元主要功能
SMF	会话管理功能，负责 UE IP 地址分配；选择和控制 UPF，配置 UPF 的流量定向，转发至合适网络，下行数据到达通知，合法监听等
UPF	用户面功能，包括数据面锚点、连接数据网络的 PDU 会话点、报文路由和转发、合法监听、用户面部分策略规则实施、用户面服务质量（Quality of Service，QoS）处理。例如，门控、重定向、包过滤、UL/DL 速率执行等
AUSF	鉴权功能，用于接收 AMF 对 UE 进行身份验证的请求，通过向 UDM 请求密钥，再将 UDM 下发的密钥转发给 AMF 进行鉴权处理
NRF	NF 贮存功能，类似域名服务器（Domain Name Server，DNS）。存储 NF 类型、IP 地址、支持的服务能力等信息。用于服务注册、发现、授权等功能，提供内部/外部寻址功能
NEF	网络开放功能，位于 5G 核心网和外部第三方应用功能之间，作为网络能力开放的统一接口网元，对外提供应用程序接口（Application Program Interface，API）。所有的外部应用必须通过 NEF 才能访问 5G 核心网内部数据，以保障 3GPP 网络的安全。例如，NEF 提供外部应用 QoS 定制能力开放、移动性状态事件订阅、AF 请求分发等
PCF	策略决策功能，如果 AMF 没有 UE 的 AM 策略信息[1]，则 PCF 提供 UE 接入和移动性策略给 AMF；提供策略规则（例如，QoS rules、QoS Profile、PDRs）给 SMF，由 SMF 发送给 UE、gNB 和 UPF
UDM/UDR	UDM 为统一数据管理，提供用户签约数据访问、位置登记、鉴权数据管理、用户的服务网元注册管理（例如，当前为终端提供业务的 AMF、SMF 等，当用户切换了访问的 AMF 时，UDM 会向旧的 AMF 发起注销消息，要求旧的 AMF 删除用户相关信息）等功能。 UDR 为统一数据存储，负责用户数据存储，包含 UDM 用户签约数据、PCF 策略数据，以及与 NEF 相关的结构化数据和应用数据
NSSF	网络切片选择功能，包括选择为 UE 服务的网络切片实例集，确定允许的 NSSAI（并且可以映射到签约的 S-NSSAI），确定用于服务 UE 的 AMF 集合和 SMF 集合
AF	应用功能
DN	数据网络

注：1. AM 策略信息是指 UE 的服务区域限制和频率选择优先级（Radio Frequency Selection Priority，RFSP）。

4G 与 5G 网元功能映射见表 1-4。

表1-4 4G与5G网元功能映射

4G 网元功能		对应 5G 网元功能
MME[1]	移动性管理	AMF
	鉴权管理	AUSF
	PDN 会话管理	SMF
PGW[2]	PDN 会话管理	SMF
	用户面数据转发	UPF

续表

4G 网元功能		对应 5G 网元功能
SGW[3]	用户面数据转发	UPF
PCRF[4]	计费及策略控制	PCF
HSS[5]	用户数据库	UDM

注：1. MME（Mobile Management Entity，移动管理实体）。

2. PGW（Packet Data Network GateWay，分组数据网络网关）。

3. SGW（Serving GateWay，服务网关）。

4. PCRF（Policy and Charing Rules Function，策略和计费规则功能）。

5. HSS（Home Subscriber Server，归属用户服务器）。

非漫游态下 5GS 和 EPC[1]/E-UTRAN[2] 互连接态如图 1-9 所示。在 5G 覆盖边缘，可将进行中的 5G 业务通过切换或重定向方式转移到 4G 网络，保持业务的连续性。

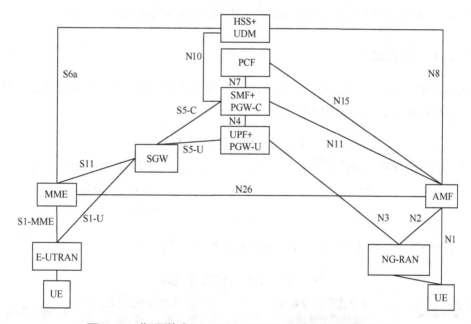

图1-9 非漫游态下5GS和EPC/E-UTRAN互连接态

为了 4G/5G 之间更好的兼容性，新建 5GC 时建议遵循规范 3GPP TS23.501 要求，搭建 4G/5G 融合网络，将 UDM/HSS、PCF/PCRF、SMF/PGW-C、UPF/PGW-U 全部部署为融合网元，MME 和 AMF 之间通过 N26 接口实现互操作。4G 和 5G 核心网融合见表 1-5。

---

1. EPC（Evolved Packet Core，演进的分组核心网）。

2. E-UTRAN（Evolved UTRAN，演进的通用无线接入网）。

表1-5 4G和5G核心网融合

网元	功能需求
UDM+HSS	UDM 和 HSS 融合部署，保证互操作过程用户数据的一致性
PCF+PCRF	PCF 和 PCRF 融合部署，保证互操作过程策略的一致性、连续性
SMF+PGW-C	控制面锚点不变，保证互操作过程 IP 会话的连续性
UPF+PGW-U	用户面锚点不变，保证互操作过程 IP 会话的连续性
MME	需升级，支持 N26 接口互操作
AMF	支持 N26 接口互操作

●● 1.2 频谱划分

5G 先发频段是 C-Band，频谱范围为 3.3 ～ 4.2GHz 和 4.4 ～ 5.0GHz，对应的运营频段分别是 n77、n78、n79；其次是毫米波频段，对应的运营频段是 n257 ～ n261。

1.2.1 频段定义

根据 3GPP TS38.104 协议定义，将 5G NR 的频率划分为 FR1 与 FR2 两个部分。其中，FR2 是指毫米波频段。频率范围定义见表 1-6。

表1-6 频率范围定义

频率范围名称	对应的频率范围
FR1	410 ～ 7125MHz
FR2	24250 ～ 52600MHz

FR1 中 NR 工作频段见表 1-7，FR2 中 NR 工作频段见表 1-8。

表1-7 FR1中NR工作频段

NR 工作频段	上行工作频段范围 基站收 / 终端发	下行工作频段范围 基站发 / 终端收	双工模式
n1	1920 ～ 1980MHz	2110 ～ 2170MHz	FDD[1]
n3	1710 ～ 1785MHz	1805 ～ 1880MHz	FDD
n5	824 ～ 849MHz	869 ～ 894MHz	FDD
n8	880 ～ 915MHz	925 ～ 960MHz	FDD
n28	703 ～ 748MHz	758 ～ 803MHz	FDD
n34	2010 ～ 2025MHz	2010 ～ 2025MHz	TDD[2]
n39	1880 ～ 1920MHz	1880 ～ 1920MHz	TDD

NR 工作频段	上行工作频段范围 基站收 / 终端发	下行工作频段范围 基站发 / 终端收	双工模式
n40	2300 ~ 2400MHz	2300 ~ 2400MHz	TDD
n41	2496 ~ 2690MHz	2496 ~ 2690MHz	TDD
n77	3300 ~ 4200MHz	3300 ~ 4200MHz	TDD
n78	3300 ~ 3800MHz	3300 ~ 3800MHz	TDD
n79	4400 ~ 5000MHz	4400 ~ 5000MHz	TDD
n80	1710 ~ 1785MHz	N/A[3]	SUL[4]
n81	880 ~ 915MHz	N/A	SUL
n82	832 ~ 862MHz	N/A	SUL
n83	703 ~ 748MHz	N/A	SUL
n84	1920 ~ 1980MHz	N/A	SUL
n86	1710 ~ 1780MHz	N/A	SUL
n89	824 ~ 849MHz	N/A	SUL
n95	2010 ~ 2025MHz	N/A	SUL
n97	2300 ~ 2400MHz	N/A	SUL
n98	1880 ~ 1920MHz	N/A	SUL

注：1. FDD（Frequency Division Duplex，频分双工）。
　　2. TDD（Time Division Duplex，时分双工）。
　　3. N/A（Not Applicable，不适用）。
　　4. SUL（Supplementary UpLink，补充上行链路）。

表1-8　FR2中NR工作频段

NR 工作频段	上行工作频段范围 基站收 / 终端发	下行工作频段范围 基站发 / 终端收	双工模式
n257	26500 ~ 29500MHz	26500 ~ 29500MHz	TDD
n258	24250 ~ 27500MHz	24250 ~ 27500MHz	TDD
n259	39500 ~ 43500MHz	39500 ~ 43500MHz	TDD
n260	37000 ~ 40000MHz	37000 ~ 40000MHz	TDD
n261	27500 ~ 28350MHz	27500 ~ 28350MHz	TDD

目前，国内已分配的 5G 频段主要集中在 FR1 对应的频段 n28（中国广电），n41（中国移动），n1、n77、n78（中国电信和中国联通），n79（中国移动和中国广电）。

另外，在 FR1 中引入 SUL，即补充上行频段，这是由于 UE 的发射功率低，在使用高频段时，5G 网络的覆盖瓶颈受限于上行，工作于更低频段的 SUL 可以通过上下行解耦的方式与下行配合，从而填补上行覆盖不足的缺点。

FR1 支持的最大信道带宽为 100MHz，子载波支持 15、30、60kHz 共 3 种类型；FR2 支持的最大信道带宽为 400MHz，子载波支持 60kHz 和 120kHz 这两种类型。NR 信道带宽利用率最高可达 98.28%（273×30×12/1000/100=98.28%）。FR1 最大信道带宽 CHBW 可配置的 RB 数 N_{RB} 见表 1-9。FR2 最大信道带宽 CHBW 可配置的 RB 数 N_{RB} 见表 1-10。

表1-9　FR1最大信道带宽CHBW可配置的RB数N_{RB}

SCS/kHz	5 MHz	10 MHz	15 MHz	20 MHz	25 MHz	30 MHz	40 MHz	50 MHz	60 MHz	70 MHz	80 MHz	90 MHz	100 MHz
15	25	52	79	106	133	160	216	270	—	—	—	—	—
30	11	24	38	51	65	78	106	133	162	189	217	245	273
60	—	11	18	24	31	38	51	65	79	93	107	121	135

表1-10　FR2最大信道带宽CHBW可配置的RB数N_{RB}

SCS/kHz	50MHz	100MHz	200MHz	400MHz
60	66	132	264	—
120	32	66	132	264

需要注意的是，并不是所有 FR1 的频段都能支持 100MHz 带宽。对于不同的频率范围，系统支持的带宽和子载波间隔也会有所不同。FR1 工作频段支持的 BS 信道带宽见表 1-11，FR2 工作频段支持的 BS 信道带宽见表 1-12。

表1-11　FR1工作频段支持的BS信道带宽

NR Band	SCS/kHz	基站信道带宽 /MHz													
		5	10	15	20	25	30	35	40	45	50	60	70	80	90	100
n1	15	5	10	15	20	25	30		40	45	50					
	30		10	15	20	25	30		40	45	50					
	60		10	15	20	25	30		40	45	50					
n3	15	5	10	15	20	25	30	35	40	45	50					
	30		10	15	20	25	30	35	40	45	50					
	60		10	15	20	25	30	35	40	45	50					
n5	15	5	10	15	20	25										
	30		10	15	20	25										
	60															
n8	15	5	10	15	20			35								
	30		10	15	20			35								

续表

NR Band	SCS/kHz	基站信道带宽 /MHz														
		5	10	15	20	25	30	35	40	45	50	60	70	80	90	100
n8	60															
n28	15	5	10	15	20		30		40							
	30		10	15	20		30		40							
	60															
n34	15	5	10	15												
	30		10	15												
	60		10	15												
n39	15	5	10	15	20	25	30		40							
	30		10	15	20	25	30		40							
	60		10	15	20	25	30		40							
n40	15	5	10	15	20	25	30		40		50					
	30		10	15	20	25	30		40		50	60	70	80	90	100
	60		10	15	20	25	30		40		50	60	70	80	90	100
n41	15		10	15	20		30		40		50					
	30		10	15	20		30		40		50	60	70	80	90	100
	60		10	15	20		30		40		50	60	70	80	90	100
n77	15		10	15	20		30		40		50					
	30		10	15	20	25	30		40		50	60	70	80	90	100
	60		10	15	20	25	30		40		50	60	70	80	90	100
n78	15		10	15	20	25	30		40		50					
	30		10	15	20	25	30		40		50	60	70	80	90	100
	60		10	15	20	25	30		40		50	60	70	80	90	100
n79	15		10		20		30		40		50					
	30		10		20		30		40		50	60	70	80	90	100
	60		10		20		30		40		50	60	70	80	90	100

表1-12　FR2工作频段支持的BS信道带宽

NR Band	SCS/kHz	基站信道带宽 /MHz			
		50	100	200	400
n257	60	50	100	200	
	120	50	100	200	400

NR Band	SCS/kHz	基站信道带宽 /MHz			
		50	100	200	400
n258	60	50	100	200	
	120	50	100	200	400
n259	60	50	100	200	
	120	50	100	200	400
n260	60	50	100	200	
	120	50	100	200	400
n261	60	50	100	200	
	120	50	100	200	400
n262	60	50	100	200	
	120	50	100	200	400

1.2.2 频率栅格

5G 引入频率栅格的概念，其目的是要求中心频点必须满足一定规律。根据用途不同，频率栅格分为信道栅格和同步栅格两种，二者分别用于定义小区中心频点 NR-ARFCN 和同步信号块（Synchronization Signal Block，SSB）的中心频点全局同步信道号（Global Synchronization Channel Number，GSCN）。

5G NR 小区中心频点依据信道栅格进行定义。5G 小区频点 NR-ARFCN、频率 F_{REF} 与全局信道栅格 ΔF_{Global} 的关系如下面公式所示。

$$F_{REF} = F_{REF-Offs} + \Delta F_{Global} (N_{REF} - N_{REF-Offs})$$

其中，N_{REF} 表示 NR 小区的频点编号，即 NR-ARFCN；F_{REF} 表示 NR 的频率，单位为 MHz。NR-ARFCN 参数定义见表 1-13。

表1-13 NR-ARFCN参数定义

频率范围 /MHz	ΔF_{Global}/kHz	$F_{REF-Offs}$/MHz	$N_{REF-Offs}$	N_{REF} 范围
0 ~ 3000	5	0	0	0 ~ 599999
3000 ~ 24250	15	3000	600000	600000 ~ 2016666
24250 ~ 100000	60	24250	2016667	2016667 ~ 3279167

信道栅格 ΔF_{Raster} 是全局栅格 ΔF_{Global} 的一个子集，而且信道栅格 ΔF_{Raster} 必须是全局频率栅格粒度 ΔF_{Global} 的整数倍，FR1 可适用的 NR-ARFCN 见表 1-14，FR2 可适用的 NR-ARFCN 见表 1-15。

表1-14　FR1可适用的NR-ARFCN

NR 运营频段	ΔF_{Raster}/kHz	上行 N_{REF} 范围 （开始 –< 步长 >– 结束）	下行 N_{REF} 范围 （开始 –< 步长 >– 结束）
n1	100	384000 – <20> – 396000	422000 – <20> – 434000
n3	100	342000 – <20> – 357000	361000 – <20> – 376000
n5	100	164800 – <20> – 169800	173800 – <20> – 178800
n8	100	176000 – <20> – 183000	185000 – <20> – 192000
n28	100	140600 – <20> – 149600	151600 – <20> – 160600
n34	100	402000 – <20> – 405000	402000 – <20> – 405000
n39	100	376000 – <20> – 384000	376000 – <20> – 384000
n40	100	460000 – <20> – 480000	460000 – <20> – 480000
n41	15	499200 – <3> – 537999	499200 – <3> – 537999
n41	30	499200 – <6> – 537996	499200 – <6> – 537996
n77	15	620000 – <1> – 680000	620000 – <1> – 680000
n77	30	620000 – <2> – 680000	620000 – <2> – 680000
n78	15	620000 – <1> – 653333	620000 – <1> – 653333
n78	30	620000 – <2> – 653332	620000 – <2> – 653332
n79	15	693334 – <1> – 733333	693334 – <1> – 733333
n79	30	693334 – <2> – 733332	693334 – <2> – 733332
n80	100	342000 – <20> – 357000	—
n81	100	176000 – <20> – 183000	—
n82	100	166400 – <20> – 172400	—
n83	100	140600 – <20> – 149600	—
n84	100	384000 – <20> – 396000	—
n86	100	342000 – <20> – 356000	—

表1-15　FR2可适用的NR-ARFCN

NR 运营频段	ΔF_{Global}/kHz	ΔF_{Raster}/kHz	上行和下行 N_{REF} 范围 （开始 –< 步长 >– 结束）
n257	60	60	2054166 –<1> – 2104165
n257	60	120	2054167 –<2> – 2104165
n258	60	60	2016667 – <1> – 2070832
n258	60	120	2016667 – <2> – 2070831

NR 运营频段	ΔF_{Global}/kHz	ΔF_{Raster}/kHz	上行和下行 N_{REF} 范围 （开始 – <步长> – 结束）
n260	60	60	2229166 – <1> – 2279165
	60	120	2229167 – <2> – 2279165
n261	60	60	2070833 – <1> – 2084999
	60	120	2070833 – <2> – 2087497

以频段 n41 为例，上行频率范围为 2496 ～ 2690MHz。根据上文 NR-ARFCN 公式计算，起始频点 2496MHz 对应的 NR-ARFCN 为 499200。由表 1-14 可知，n41 信道栅格 ΔF_{Raster} 有 15kHz 和 30kHz 两种，我们以 15kHz 为例，对应步长为 3（即是全局信道栅格 5kHz 的 3 倍），则下一有效频点编号为 499203，其对应的频率为 2496.015MHz。

1.2.3 同步栅格

NR 网络中，由于信道带宽非常大，如果 UE 按照信道栅格逐个频点进行同步信号搜索，完成同步和小区搜索的时间太长，并且增加 UE 耗电，所以引入 GSCN，并设置较大步进。根据频段不同，同步栅格分别设置为 1.2MHz、1.44MHz 和 17.28MHz 共 3 种类型，专门用于小区搜索和同步，其目的是加快 UE 小区搜索和同步的速度。NR 全局同步信道栅格见表 1-16。

表1-16　NR全局同步信道栅格

频率范围	同步信号频率位置	GSCN	GSCN 范围
0 ～ 3000MHz	$N \times 1200 + M \times 50$ $N=1:2499, M\epsilon\{1, 3, 5\}$（M 默认为 3）	$[3N+(M-3)/2]$	2 ～ 7498
3000 ～ 24250MHz	$3000+N \times 1.44$ $N=0:14756$	$[7499+N]$	7499 ～ 22255
24250 ～ 100000MHz	$24250.08+N \times 17.28$ $N=0:4383$	$[22256+N]$	22256 ～ 26639

注：小区空口只广播 SSB ARFCN 频点。

1.2.4 部分带宽的概念

部分带宽（Band Width Part，BWP）是 5G 新引入的概念。这是因为 5G 带宽较大，为了减少 UE 的功耗，设置了 BWP 的概念。BWP 是整个带宽上的一个子集，每个 BWP 的大小，以及使用的子载波带宽（Sub Carrier Spacing，SCS）和循环前缀（Cyclic Prefix，CP）都可以灵活配置。上下行最大可独立配置 4 个专用 BWP（不含初始 BWP），BWP 的带宽必须大于等于 SSB，但是 BWP 中不一定包含 SSB。对同一个 UE 来说，上行或下行同一时刻只能有一个 BWP 处于激活的状态，物理下行链路共享通道（Physical Downlink Shared CHannel，PDSCH）、物理下行链路控制通道（Physical Downlink Control CHannel，PDCCH）或者信道状态信息参考信号（Channel State Information-Reference Signal，CSI-RS）在有效 BWP 中传输，UE 在这个 BWP 上进行数据的收发和 PDCCH 检索。BWP 定义如图 1-10 所示，其中 $N_{\mathrm{BWP}i}^{\mathrm{Start}}$ 表示 BWP(i) 起始位置，$N_{\mathrm{BWP}i}^{\mathrm{Size}}$ 表示 BWP(i) 的带宽。

BWP 的相关配置由 SIB1 和 RRC 重配消息下发给 UE。每个服务小区都会配置一个初始 BWP，包含一个默认的下行 BWP 和一个默认的上行 BWP。如果 UE 没有通过高层参数 initialDownlinkBWP 获取下行初始 BWP 配置信息，UE 将认为下行初始

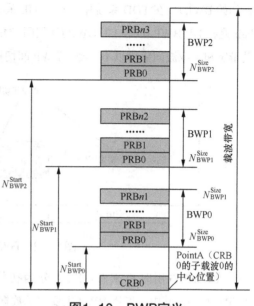

图1-10　BWP定义

BWP 的起始和终止位置对应 CORESET#0 频域范围，同时，子载波间隔 SCS、循环前缀 CP 模式与 CORESET#0 一致，否则，按照高层参数 initialDownlinkBWP 确定下行 BWP 相关参数配置。而对于上行初始 BWP 的配置，UE 需要通过高层参数 initialUplinkBWP 获取。BWP 信息单元如图 1-11 所示。

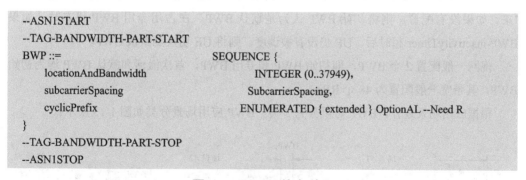

```
--ASN1START
--TAG-BANDWIDTH-PART-START
BWP ::=                          SEQUENCE {
    locationAndBandwidth             INTEGER (0..37949),
    subcarrierSpacing                SubcarrierSpacing,
    cyclicPrefix                     ENUMERATED { extended } OptionAL --Need R
}
--TAG-BANDWIDTH-PART-STOP
--ASN1STOP
```

图1-11　BWP信息单元

BWP 参数包含 BWP 频域的起始位置和工作带宽（locationAndBandwidth）、子载波带宽（SCS），以及循环前缀格式（CP）。其中，locationAndBandwidth 通过 RIV 的形式来指示 BWP 的 PRB 起始位置和占用的 PRB 个数。例如，locationAndBandwidth= 1099，表示起始 RB 编号为 0，带宽为 273 个 RB。

（1）BWP 分类

在 NR FDD 系统中，一个 UE 最多可以配置 4 个专用 DL BWP 和 4 个专用 UL BWP（不含初始 BWP）。在 TDD 系统中，一个 UE 最多配置 4 个 BWP Pair（不含初始 BWP）。BWP Pair 是指 DL BWP ID 和 UL BWP ID 相同，并且 DL BWP 和 UL BWP 的中心频点一样，但是带宽和子载波间隔可以不一致。BWP 间切换示意如图 1-12 所示。

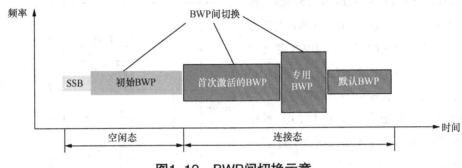

图 1-12　BWP 间切换示意

从 BWP 占用时机来看，BWP 分为初始 BWP（Initial BWP）和专用 BWP（Dedicated BWP）两类。其中，专用 BWP 主要用于数据业务传输，一般大于初始 BWP 的带宽。

① 初始 BWP：用于 UE 接入前的信息接收，例如，接收 SIB1、OSI、发起随机接入等，一般在空闲态时使用。

② 专用 BWP：UE 专用 BWP，UE 可以在这个 BWP 上进行数据的收发和 PDCCH 检索，上下行最大配置 4 个专用 BWP。

③ 默认 BWP（default BWP）：基站通过 RRC Reconfiguration（重新配置）消息通知 UE。如果没有配置，则将初始 BWP 认为是默认 BWP。在占用专用 BWP 状态时，如果 BWP-inactivityTimer 超时后，UE 仍没有被调度，则将 UE 切换到默认 BWP。

现网一般配置 2 个 BWP，即初始 BWP 和专用 BWP，首次激活和默认 BWP 均为初始 BWP，其带宽一般配置为 48 个 RBs。

根据应用场景划分，BWP 可以分为 3 类。BWP 应用场景分类如图 1-13 所示。

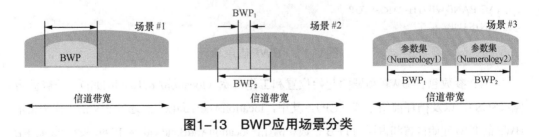

图 1-13　BWP 应用场景分类

其中，场景 #1 用于小带宽能力 UE 接入 5G 系统，使用和监测较小带宽有利于降低

UE 功耗；场景 #2 适合于可变业务，UE 根据业务带宽需求在大小 BWP 之间进行切换；场景 #3 不同 BWP 分别占用不同频带资源，可以配置不同参数集（Numerology），承载不同业务，例如，eMBB、mMTC 和 uRLLC 等。目前，NR 配置一般采用场景 #2，BWP_1 定义为初始 BWP，BWP_2 定义为专用 BWP。

UE 在对应的 BWP 内只须采用对应 BWP 的中心频点和 SCS 配置即可。另外，每个 BWP 不仅频点和带宽可以不一样，还可以对应不同的配置。例如，每个 BWP 的子载波间隔（SCS）、循环前缀（CP）类型、SSB 周期等都可以差异化配置，以适应不同的业务需求。

（2）BWP 自适应

BWP 自适应调整示意如图 1-14 所示。第 1 时刻，UE 的业务量较大，系统给 UE 配置一个大带宽（BWP_1）；第 2 时刻，UE 的业务量较小，系统给 UE 配置了一个小带宽（BWP_2），满足基本的通信需求即可；第 3 时刻，系统发现 BWP_2 所在带宽内有大范围频率选择性衰落，或者 BWP_2 所在频率范围内资源较紧缺，于是给 UE 配置了一个新的带宽（BWP_3）。

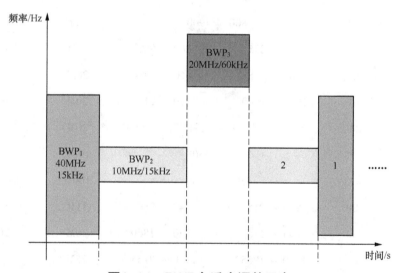

图1-14　BWP自适应调整示意

（3）BWP 的技术优势

BWP 可以给 5G 带来很多灵活性，以适应多种差异化业务，其不足之处是使 5G 系统的设计更加复杂。

- UE 不需要支持全部带宽，只须满足最低带宽要求即可。
- 当 UE 业务量不大时，UE 可以切换到低带宽 BWP 运行，降低 UE 功耗。
- 适应业务需要，不同 BWP 可以支持不同参数集（Numerology）的资源配置。
- 5G 技术前向兼容，当 5G 添加新的技术时，可以直接将新技术应用在新的 BWP 上运行，保证了系统的前向兼容。

1.2.5 国内电信运营商频率分配

国内电信运营商 2G/3G/4G/5G 频率分配和使用情况见表 1-17。

表1-17　国内电信运营商2G/3G/4G/5G频率分配和使用情况

电信运营商	频段	上行 /MHz	下行 /MHz	带宽 /Hz	网络制式
中国移动	B8	889 ~ 904	934 ~ 949	15M	2G/4G
	B3	1710 ~ 1735	1805 ~ 1830	25M	2G/4G
	B34	2010 ~ 2025		15M	4G
	B39	1885 ~ 1915		30M	4G
	B40	2320 ~ 2370		50M	4G
	n41	2515 ~ 2675		160M	5G/4G
	n79	4800 ~ 4900		100M	5G
中国电信	B5	824 ~ 835	869 ~ 880	11M	3G/4G/5G
	B3	1765 ~ 1785	1860 ~ 1880	20M	4G
	n1	1920 ~ 1940	2110 ~ 2130	20M	4G/5G
	B40	2370 ~ 2390		20M	4G
	n78	3400 ~ 3500		100M	5G
	n77	3300 ~ 3400		100M	5G（室内）
中国联通	B8	904 ~ 915	949 ~ 960	11M	2G/3G/4G/5G
	B3	1735 ~ 1765	1830 ~ 1860	30M	2G/4G
	n1	1940 ~ 1965	2130 ~ 2155	25M	3G/4G/5G
	B40	2300 ~ 2320		20M	4G
	n78	3500 ~ 3600		100M	5G
	n77	3300 ~ 3400		100M	5G（室内）
中国广电	n28	703 ~ 733	758 ~ 788	30M	5G
	n79	4900 ~ 4960		60M	5G
	n77	3300 ~ 3400		100M	5G（室内）

国内 5G 频段分配情况如图 1-15 所示。

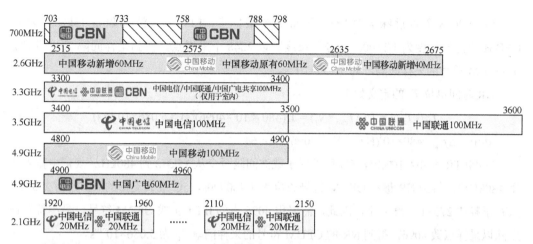

电信运营商	频率范围 /MHz
中国移动	2515 ～ 2675（n41，5G 用 2515 ～ 2615）、4800 ～ 4900（n79）
中国电信	3400 ～ 3500（n77）、1920 ～ 1960/2110 ～ 2150（n1）、3300 ～ 3400（室内）
中国联通	3500 ～ 3600（n77）、1920 ～ 1960/2110 ～ 2150（n1）、3300 ～ 3400（室内）
中国广电	703 ～ 733/758 ～ 788（n28）、4900 ～ 4960（n79）、3300 ～ 3400（n77，室内）

注：根据《工业互联网和物联网无线电频率使用指南（2021 年版）》，5905 ～ 5925MHz(n46)频段已规划用于车联网。
2022 年 11 月，工业和信息化部许可中国联通 904 ～ 915/949 ～ 960MHz 频段可重耕用于 5G 网络。2023 年 8
月，工业和信息化部许可中国电信 800MHz 频段可重耕用于 5G 网络。

图1-15　国内5G频段分配情况

●●1.3　无线帧结构

1.3.1　基本时间单位

NR 物理层的基本时间单位为 T_C，与 LTE 的基本时间单位 T_S 的关系如下。

$$T_C = T_S / 64$$

LTE 的基本时间单位 T_S 可以通过下式计算得到。

$$T_S = 1/(\Delta f_{ref} \times N_{f,ref}) = 1/(15 \times 10^3 \times 2048)(s) = 3.255 \times 10^{-8}(s)$$

其中，$\Delta f_{ref} = 15 \times 10^3 (Hz)$，$N_{f,ref} = 2048$

根据协议，LTE 支持 6 种不同的传输带宽，最大传输带宽为 20MHz，共含有 1200 个
子载波。这 1200 个子载波上分别承载着子序列信息，在做 IFFT 时，频域采样点数不能少
于 1200 才可以保证信息不会丢失，但在计算机系统里，采样点数必须是 2 的幂次方，因此，
采用 2048 个点的 IFFT 生成 OFDM 符号。

频域2048个点意味着时域也是2048个采样点，LTE子载波间隔是15kHz，对应OFDM的符号长度为1/15000s，符号长度除以2048个采样点，得到采样间隔T_S，即LTE中OFDM符号的采样间隔，为$3.255×10^{-8}$s。

NR时间单位T_C的定义如下。

$$T_C = T_S/\kappa = 1/(\Delta f_{max}×N_f) = 1/(480×10^3×4096)(s) = 5.086×10^{-10}(s)$$

其中，$\Delta f_{max}=480×10^3$(Hz)，$N_f = 4096$，$\kappa = 64$

3GPP TR38.802中规定，5G可扩展子载波间隔至少从15kHz到480kHz（规范中暂未使用480kHz），得到NR最小OFDM符号长度为1/480000s。5G最大支持的RB数为273个，共有子载波273×12=3276个，因此，需采用4096点的IFFT生成OFDM符号。最小符号长度除以采样点数4096，得到NR的OFDM符号的采样间隔T_C为$5.086×10^{-10}$s。

不论是LTE还是NR，其采样频率固定。LTE子载波间隔固定为15kHz，即OFDM符号长度不变，因此，每个OFDM符号的采样点个数不变，但NR有多种子载波间隔，OFDM符号长度不固定，每个OFDM符号的采样点数也不固定。

1.3.2 无线帧结构

NR无线帧长度为10ms，由10个子帧构成，每个子帧长度为1ms，对应1966080T_C。一个子帧可以包含一个或多个时隙，每个时隙固定包含14个OFDM符号。与LTE最小调度周期为一个子帧不同，NR以时隙（slot）为调度单位，其时域长度灵活可变。NR无线帧结构如图1-16所示。

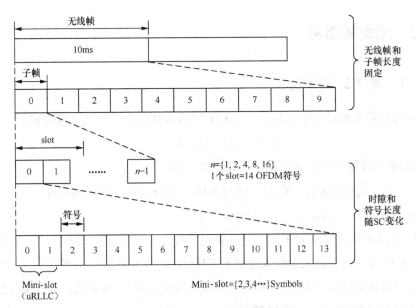

图1-16 NR无线帧结构

NR 的帧结构以时隙（slot）为颗粒度，共支持 3 种时隙类型。

- Type1：DL-only slot，时隙中 14 个符号全下行。
- Type2：UL-only slot，时隙中 14 个符号全上行。
- Type3：Flexible slot，灵活时隙，可用于上行或下行链路的数据传输。

不同 SCS 配置对应时隙长度见表 1-18。

表1-18　不同SCS配置对应时隙长度

μ[1]	子载波带宽 / kHz	时隙长度 / ms	时隙数 / 帧	时隙数 / 子帧	符号数 / 时隙	CP	支持数据	支持同步
0	15	1	10	1	14	正常	是	是
1	30	0.5	20	2	14	正常	是	是
2	60	0.25	40	4	14	正常 / 扩展	是	否
3	120	0.125	80	8	14	正常	是	是
4	240	0.0625	160	16	14	正常	否	是

注：1. μ 为子载波带宽配置索引。

NR 无线帧结构支持单周期和双周期两种配置方式，其配置参数由分配周期 {X，Y}、下行时隙数 {x1，x3}、下行符号数 {x2，x4}、上行时隙数 {y1，y3} 和上行符号数 {y2，y4} 组成，由 SIB1 下发给 UE。

（TDD 上行下行公共配置 - 模式 1）{X，x1，x2，y1，y2}。

（TDD 上行下行公共配置 - 模式 2）{Y，x3，x4，y3，y4}。

上下行时隙配置示意如图 1-17 所示。

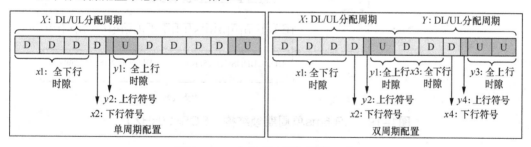

图1-17　上下行时隙配置示意

目前，中国移动 4.9GHz、中国电信 3.5GHz 和中国联通 3.5GHz 采用 2.5ms 双周期帧结构，中国移动 2.6GHz 为了兼容 LTE 采用 5ms 单周期帧结构。

（1）2.5ms 双周期帧结构（7 : 3，DDDSUDDSUU）

该帧结构仅用于 FR1 频段。无线帧中每 5ms 里面包含 5 个下行时隙、3 个上行时隙和 2 个特殊时隙，NR 2.5ms 双周期帧结构（SCS=30kHz）如图 1-18 所示。

特殊时隙采用 10 : 2 : 2 配置时，可支持最多 7 个 SSB 块（同步信号块）。容量上来看，该模式下行和上行时隙配比为 7 : 3，能提供的上行吞吐率最大。

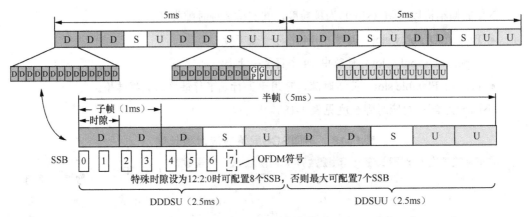

图1-18　NR 2.5毫秒双周期帧结构（SCS=30kHz）

（2）5ms 单周期帧结构（8∶2，7D1S2U）

该帧结构仅用于 FR1 频段，每 5ms 里面包含 7 个下行时隙 D、1 个特殊时隙 S 和 2 个上行时隙 U，即 7D1S2U。可兼容现网 2.6GHz TD-LTE，相对于 LTE 有 3ms 的时域偏移，NR 5ms 单周期帧结构（SCS=30kHz）如图 1-19 所示。

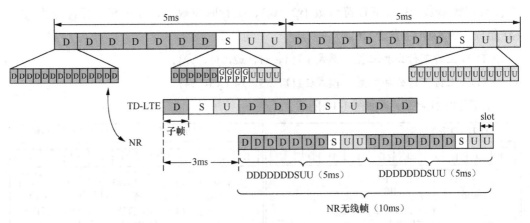

图1-19　NR 5ms单周期帧结构（SCS=30kHz）

为了和 LTE 兼容，NR 特殊时隙 S 需配置为 6∶4∶4，可支持最多 8 个 SSB 块。该模式下行时隙配比多，上下行转换点少，有利于提高下行吞吐量，但是调度时延较大。

（3）自包含帧结构

为了降低空口时延，NR 引入了自包含帧结构，即一个时隙中同时有下行符号 D、保护间隔 GP 和上行符号 U，以及 ACK/SRS 符号，可以在同一时隙内实现上行和下行调度，NR 自包含帧时隙结构示意如图 1-20 所示。自包含帧能显著降低空口时延，适用于 uRLLC 业务。

在图 1-20 中，格式 1 主要用于下行数据传输。其时隙由 1 个下行控制符号、11 个下行数据符号、保护间隔（GP）和 1 个上行控制符号，共 14 个 OFDM 符号组成。下行调度、数据传输和 HARQ-ACK 反馈可以在同一个时隙完成。

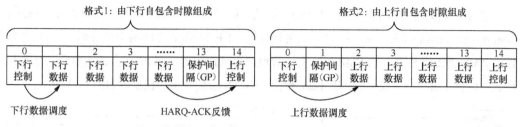

图1-20　NR自包含帧时隙结构示意

格式 2 主要用于上行数据传输。其时隙由 1 个下行控制符号、保护间隔（GP）、11 个上行数据符号和 1 个上行控制符号，共 14 个 OFDM 符号组成。需要说明的是，上行调度和数据传输可以在同一时隙完成。

●● 1.4　协议栈

接入网 NG-RAN 协议栈沿用 4G 网络，分为"三层两面"。其中，"三层"是指物理层 L1、数据链路层 L2 和网络层 L3；"两面"是指控制面和用户面，并遵循控制面和用户面分离的原则。用户面的数据链路层在 4G 基础上增加了服务数据适配协议（Service Data Adaptation Protocol，SDAP）层，并且各层功能也有所变化。NG-RAN 接口协议示意如图 1-21 所示。

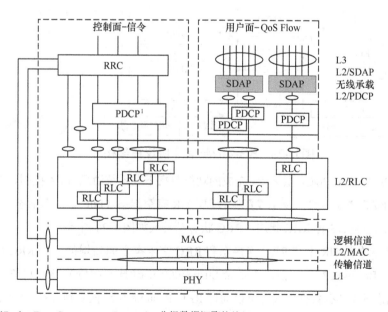

1. PDCP（Packet Data Convergence Protocol，分组数据汇聚协议）。

图1-21　NG-RAN接口协议示意

1.4.1 控制面

接入网和核心网之间连接仍采用传统的模式,将应用协议承载在流控制传输协议(Stream Control Transmission Protocol,SCTP)上进行传输。UE 和 SMF 之间的会话管理(SM)消息经由 AMF 透传给 SMF,由 SMF 执行会话管理,负责控制用户面 PDU 会话的建立、修改和释放。控制面信令协议栈架构如图 1-22 所示,5G-AN 层信令协议栈架构如图 1-23 所示。

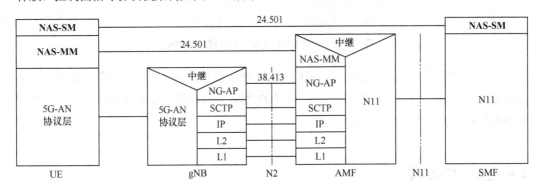

图1-22 控制面信令协议栈架构

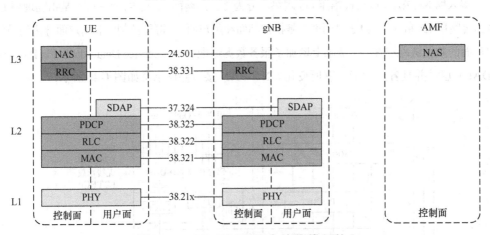

图1-23 5G-AN层信令协议栈架构

NR 的 RRC 层位于 PDCP 层之上,完成的功能包括下发系统消息、准入控制、安全管理、测量与上报、NAS 消息传输以及无线资源管理。NR 有空闲态(Idle)、非激活态(Inactive)和连接态(Connected)3 种 RRC 状态。RRC 状态及转换如图 1-24 所示。

RRC 非激活态是 NR 中在 RRC 连接态和 RRC 空闲态之间新增的一种 RRC 状态,基站可以在 RRC Release(释放)消息中携带 SuspendConfig(挂起配置),通知 UE 进入非激活态。非激活态的 UE 有数据传输时可以通过 RRC Resume 快速恢复到 RRC 连接态。非激活态信令流程如图 1-25 所示。

UE 处于 RRC_inactive 状态时,仍然保持在 CM-connected 状态,并且 UE 可以在基于

RAN 的通知区域（RAN-Based Notification Area，RNA）内移动，而不用通知 NG-RAN，最后一个服务的 gNB，保留 UE 的上下文，以及保留和服务的 AMF 及 UPF 的 NG 连接。从核心网看终端，其与 UE 处于连接态一样。如果最后一个服务 gNB 收到来自 UPF 的下行数据或者来自 AMF 的下行信令，则该 gNB 在 RNA 的所有小区寻呼 UE。

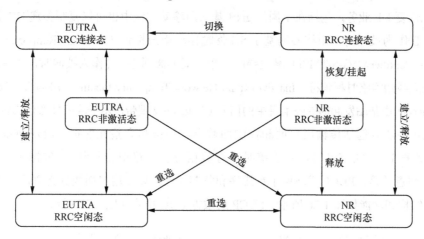

图1-24　RRC状态及转换

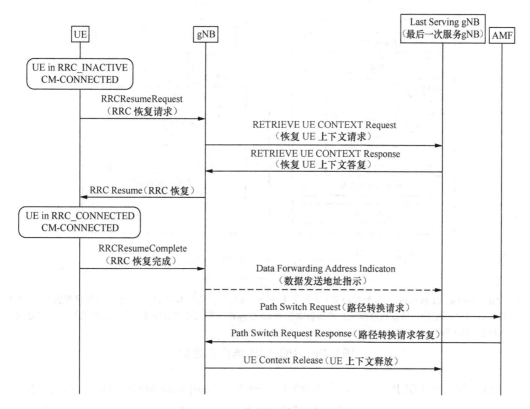

图1-25　非激活态信令流程

RNA 可以覆盖一个或者多个小区，但一定要在核心网配置的注册区范围内。当 UE 的 RNA 定时器 T380 超时或者 UE 移动出 RNA 的范围时，UE 需要发起基于 RAN 的通知区域更新（RAN-Based Notification Area Update，RNAU）流程。

与空闲态到连接态相比，UE 从非激活态到连接态减少了上下文建立等流程，可以更加快速地恢复 UE 业务，包括在不同的 gNB 基站间移动过程中也可以复制传递 UE 上下文。空闲态 UE 作为被叫时，由核心网基于 5G 临时移动用户标识（5G SAE Temporary Mobile Subscriber Identifier，5G-S-TMSI）触发寻呼过程，而非激活态 UE 作为被叫时，由基站基于非激活态无线网络临时标识符（Inactive-Radio Network Temporary Identity，I-RNTI）触发寻呼过程（I-RNTI 由基站发起的寻呼消息中的信元 UE-Identity 携带，用于唤醒非激活态的 UE）。

PDCP 层功能包括传输用户面和控制面数据、加密和完整性保护、用户面报头压缩 RoHC、维护 PDCP 的 SN 号，双连接时执行数据分流（路由和复制）、重排序、重复丢弃。需要注意的是，PDCP 层新增了重排序和复制功能，以及用户面数据完整性保护功能。PDCP 层结构和功能如图 1-26 所示。PDCP 层数据 PDU 格式如图 1-27 所示。

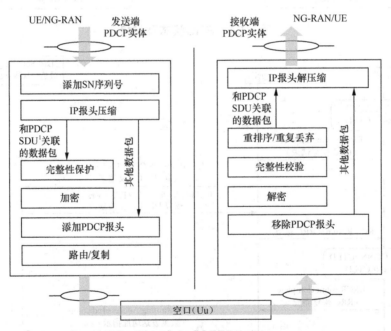

1. SDU（Service Data Unit，业务数据单元）表示由上一层（高层）传递到本层（低层）还未被处理的数据。PDU（Protocol Data Unit，协议数据单元）表示将本层 SDU 经过特定格式处理后传递到下一层的数据。也就是说，本层的 PDU 为下层的 SDU，本层的 SDU 为上层的 PDU。

图1-26　PDCP层结构和功能

RLC 层位于 PDCP 层以下，实体分为透传模式（Transparent Mode，TM）、非确认模式（Unacknowledged Mode，UM）和确认模式（Acknowledged Mode，AM）。根据传输模式的

不同，RLC 对应的功能主要包括以下几个方面。

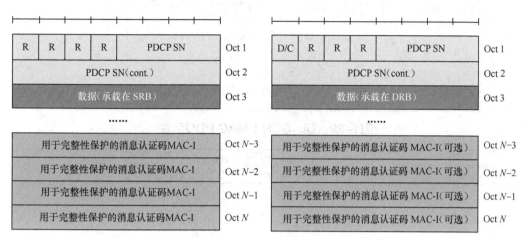

图1-27 PDCP层数据PDU格式

- 传输上层的 PDU 数据。
- UM 和 AM 模式时，添加 SN 序列号（与 PDCP 中的序列号无关）。
- 自动重发请求（Automatic Repeat ReQuest，ARQ）纠错和丢弃功能（AM）。
- RLC SDU 分段重组功能（AM 和 UM），以及重分段功能（AM）。
- 重复包检测（AM）。
- 协议错误检测（AM）等。

MAC 层负责逻辑信道和传输信道之间映射、调度、HARQ（CA 场景下每个小区一个 HARQ 实体）、复用（将多个逻辑信道复用到传输信道）和解复用，双连接时，UE 会存在多个 MAC 实体。MAC 层功能如图 1-28 所示，DL_SCH 上 MAC PDU 示意如图 1-29 所示，UL_SCH 的 MAC PDU 示意如图 1-30 所示。

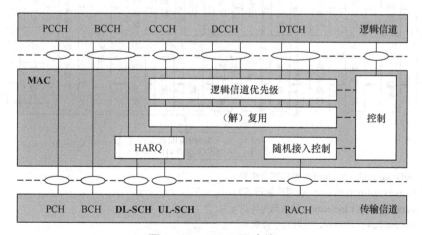

图1-28 MAC层功能

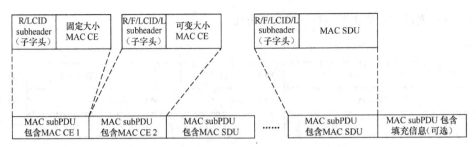

图1-29　DL_SCH上MAC PDU示意

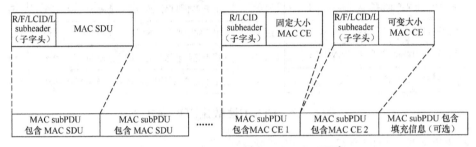

图1-30　UL_SCH的MAC PDU示意

　　需要注意的是，MAC层控制单元（MAC CE）可以携带控制信息或状态信息。连接态时，时间提前量可以通过DL_SCH信道的MAC CE下发给UE［基于LCID=61识别是否携带TimingAdvanceCommand（时间提前量命令消息）］，UE通过UL_SCH信道的MAC CE上报缓冲状态报告BSR（基于LCID=59、60、61、62识别是否携带BSR），报告服务gNB还有多少数据存在上行的缓冲区中需要发送，gNB根据BSR决定为UE分配多少上行资源。

　　物理层（PHY）流程和LTE基本保持一致，但在编码、调制、RE映射等具体过程中存在差别，以PDSCH信道为例，NR物理层过程如图1-31所示。

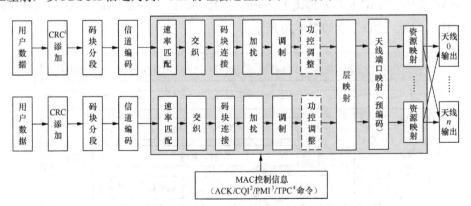

1. CRC（Cyclic Redundancy Check，循环冗余校验）。
2. CQI（Channel Quality Indicator，信道质量指示）。
3. PMI（Precoding Matrix Indicator，预编码矩阵指示）。
4. TPC（Transmit Power Control，发射功率控制）。

图1-31　以PDSCH信道为例，NR物理层过程

1.4.2 用户面

5G 核心网的用户面由 UPF 节点构成，代替了原来 4G 中执行路由和转发功能的 SGW 和 PGW。PDU 会话的用户面协议栈如图 1-32 所示。

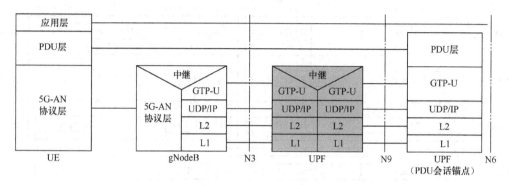

图1-32　PDU会话的用户面协议栈

5G-AN（UE 与 gNodeB 之间）用户面协议栈如图 1-33 所示，其数据链路层（L2）由 MAC、RLC、PDCP 和 SDAP 共 4 个子层组成。

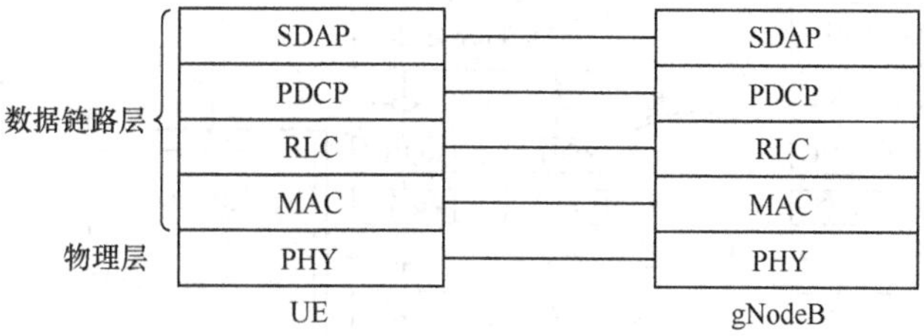

数据链路层	SDAP	SDAP
	PDCP	PDCP
	RLC	RLC
	MAC	MAC
物理层	PHY	PHY
	UE	gNodeB

图1-33　5G-AN（UE与gNodeB之间）用户面协议栈

数据流封装示意如图 1-34 所示。MAC 层通过复用来自 RB_x 的两个 RLC PDU 和 RB_y 的一个 RLC PDU 来生成一个 TB 传输块。一个 TB 对应包含一个 MAC PDU 的数据块，这个数据块会在一个 TTI 内发送，同时也是 HARQ 重传的单位。如果发射端不支持空分复用，则一个 TTI 至多会发送一个 TB。如果发射端支持空分复用，则一个 TTI 支持同时发送多个 TB，而 TB 的大小取决于调度器分配给用户的资源数量、调制编码方式、天线映射。

下行载波聚合协议栈架构如图 1-35 所示。从非接入层角度来看，载波聚合（CA）的 UE 只与 Pcell 相连，Pcell 提供切换时的安全密钥，跟踪区更新。每个无线承载只有一个 PDCP 和 RLC 实体，RLC 层不知道物理层有多少个分量载波（CC），各个分量载波上 MAC 层的数据面独立调度，每个分量载波有各自独立的 Uu 接口传输信道和独立的 HARQ 实体，以及重传进程。在物理层，每个传输块（TB）映射到服务小区的一个分量载波上，各个分量载波采用独立的编码调制方案。各个分量载波业务信道调度可由对应分量载波上的 PDCCH 进行调度，也可以跨载波调度。

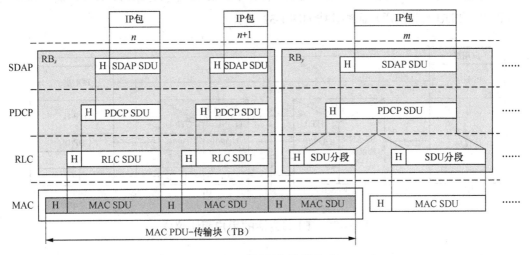

图1-34　数据流封装示意

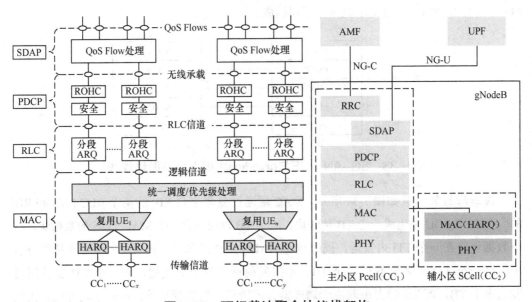

图1-35　下行载波聚合协议栈架构

SDAP 层位于 PDCP 以上，一个 PDU 会话对应一个 SDAP 实体，可以包含多个 QoS Flow。一个会话中的多个 QoS Flow 由 SDAP 根据 QoS 等级映射到不同 DRB，每个 DRB 对应一个 PDCP 实体，PDU 会话、SDAP 实体、PDCP 实体、DRB 间映射关系如图1-36 所示。

SDAP 层由 RRC 高层配置，其功能包括以下几个方面。

● 传输用户面 QoS Flow。

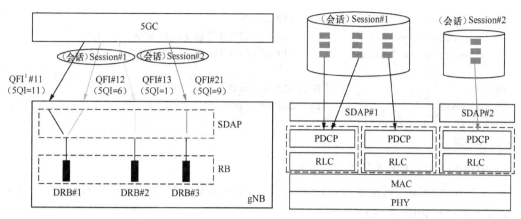

1. QFI（QoS Flow Identifier，QoS 流标识符）。

图1-36 PDU会话、SDAP实体、PDCP实体、DRB间映射关系

- 将上下行 QoS Flow 映射到对应的 DRB。

- 在上下行 QoS Flow 中标记 QFI。

- 如果下行配置了 SDAP 头，则 UE 接收端执行 reflective QoS Flow 到 DRB 映射，生成上行 QoS Flow 到 DRB 的映射规则。

RRC 信令中携带 SDAP 配置（位于 DRB 配置字段），UE 从中可以得到 QoS Flow 和 DRB 的映射关系，相关映射关系的描述如下。

```
DRB-ToAddModList ::=          SEQUENCE (SIZE (1..maxDRB)) OF DRB-ToAddMod
DRB-ToAddMod ::=       SEQUENCE {
    cnAssociation              CHOICE {
        eps-BearerIdentity                   INTEGER (0..15)             --EPS-DRB-Setup
        sdap-Config                          SDAP-Config                --5GC
    }                                             OptionAL,             --Cond DRBSetup
    drb-Identity             DRB-Identity,
    reestablishPDCP          ENUMERATED{true}         OptionAL,         --Need N
    recoverPDCP              ENUMERATED{true}         OptionAL,         --Need N
    pdcp-Config              PDCP-Config              OptionAL,         --Cond PDCP
}
```

协议中关于信元 SDAP-Config 的描述如下。

```
--ASN1START
--TAG-SDAP-CONFIG-START
SDAP-Config ::=              SEQUENCE {
    pdu-Session                 PDU-SessionID,
    sdap-HeaderDL               ENUMERATED {present，absent}，
    sdap-HeaderUL               ENUMERATED {present，absent}，
```

```
        defaultDRB                          BOOLEAN,
        mAppedQoS-FlowsToAdd                SEQUENCE (SIZE (1..maxNrofQFIs)) OF QFI
        mAppedQoS-FlowsToRelease            SEQUENCE (SIZE (1..maxNrofQFIs)) OF QFI
    }
    QFI ::=                                 INTEGER (0..maxQFI)
    PDU-SessionID ::=                       INTEGER (0..255)
--TAG-SDAP-CONFIG-STOP
--ASN1STOP
```

SDAP-Config 参数的具体说明如下。

- PDU-Session：PDU 会话 ID，表示这条 DRB 属于哪个 PDU 会话，也就是说，这个 DRB 是为哪个 PDU 会话建立。

- sdap-HeaderDL：下行数据传输是否配置 SDAP 头，如果没有配置 SDAP 头，则下行分组数据包不经过 SDAP 层处理。

- sdap-HeaderUL：上行数据传输是否配置 SDAP 头，如果没有配置 SDAP 头，则上行分组数据包不经过 SDAP 层处理。

- default DRB：这条 PDU 会话的默认 DRB。一个 PDU 会话的所有 SDAP 配置实例中，最多只能有一个默认 DRB。

- mAppedQoS-FlowsToAdd：指示新增映射到该 DRB 的 PDU 会话的 UL QoS Flow 的 QFI 列表。同一 PDU 会话的所有 SDAP 配置实例中，一个 QFI 值只能出现一次，也就是说，一条 QoS Flow 不能映射到多条 DRB 上。

- mAppedQoS-FlowsToRelease：QFI 列表，表示这些 QoS Flow 不能再映射到这条 DRB 上。

gNB 会为一个 PDU 会话建立一个或多个 DRB，每个 DRB 负责承载一个或多个 QoS 数据流。UE 和 gNB 的 SDAP 层负责将 QoS Flow 映射到相应 DRB，SDAP 层数据处理流程如图 1-37 所示。针对下行数据，QoS Flow 经过 SDAP 层时，SDAP 层根据网管配置（QoS Profile）将 QoS Flow 映射到相应 DRB。针对上行数据，UE 为了将数据发送给 gNB，有显式和隐式两种方式将 QoS Flow 映射到 DRB。

- 显式方式下，gNB 通过 RRCReconfiguration（RRC 重新配置）消息将 QoS Flow 与 DRB 映射关系发送给 UE。当 UE 有上行数据包发送时，根据收到的映射关系将上行 QoS Flow 映射到对应的 DRB。

- 隐式方式下，UE 会监听每个 DRB 中下行数据包标记的 QFI 值，并根据收到的下行数据包中添加的 SDAP 头部，推导出上行的"QoS Flow 到 DRB 的映射规则"，之后，UE 将推导出来的 QoS 规则应用于对应的上行 QoS Flow 中。

配置 SDAP 前后 PDU 构成对比如图 1-38 所示。

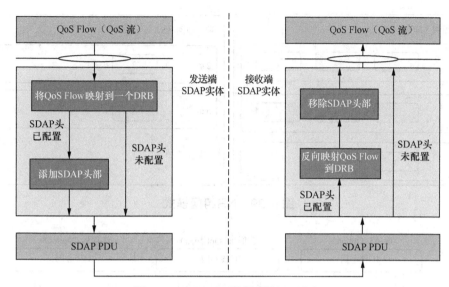

图1-37 SDAP层数据处理流程

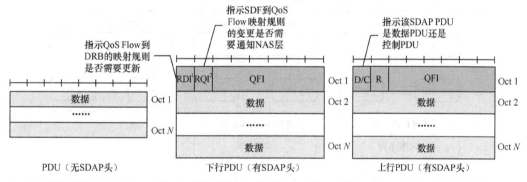

1. RDI 表示反向映射 QoS Flow 到 DRB 映射指示，如果配置 1，则 UE 保存 QoS Flow 到 DRB 的映射规则。
2. RQI 表示反向映射 QoS Flow 指示，如果配置 1，则指示 SDF 到 QoS Flow 映射规则的变更需要通知 UE 的 NAS 层。

图1-38 配置SDAP前后PDU构成对比

●● 1.5 组网模式

5G NR 在标准制定阶段，根据实际的组网发展需求制定了两种组网模式：一种是非独立组网（Non-Stand Alone，NSA）模式；另一种是独立组网（Stand Alone，SA）模式。NR 组网模式如图 1-39 所示。

其中，NSA 组网是指控制信令锚定在 4G 基站或 NR 上，采用双连接（E-UTRA NR Dual Connectivity，EN-DC）的方式提供高速数据业务，即手机能同时与 4G 和 5G 小区进行通信，同时下载数据。SA 组网是指 5G 基站和 4G 基站各自独立接入 5GC，信令锚点位于各自基站。NR 的 10 种组网结构如图 1-40 所示。

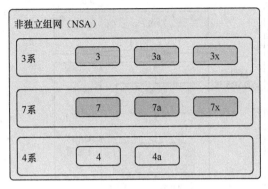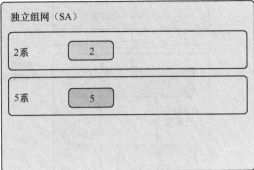

图1-39　NR组网模式

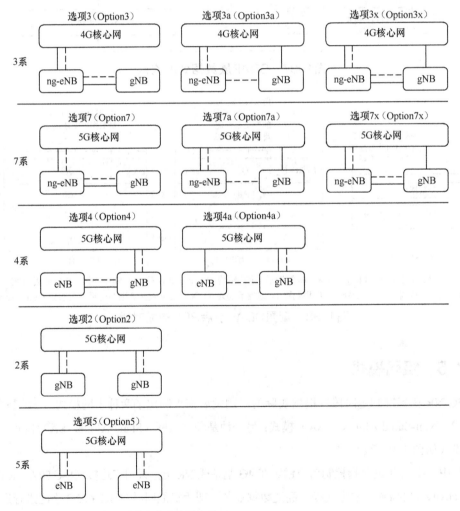

注：图中虚线代表的是控制面，实线代表的是用户面。

图1-40　NR的10种组网结构

NSA 组网和 SA 组网是面向不同阶段的电信运营商 5G 部署需求而设计的。NSA 组网一般以成熟的 4G 商用网络为基础，在热点地区引入 5G 系统作为容量补充，主要面向 eMBB 应用场景。在 5G 建设初期，NSA 组网是电信运营商快速、低成本引入 5G 系统的有效方式。目前，电信运营商 NSA 方案一般优先选择选项 3x（Option3x）和选项 3（Option3），独立组网（SA）时优先选择选项 2（Option2）。Option2 和 Option3x 组网模式对比见表 1-19。

表1-19　Option2和Option3x组网模式对比

	Option2（SA）	Option3x（NSA）
应用场景	NR 连续覆盖	NR 非连续覆盖
eNB 改造	不涉及	需升级
EPC 改造	不涉及	需升级
新增设备	NR 和 5GC	NR
现网 4G 影响	无影响	无影响
终端要求	无	支持双连接

采用 NSA 选项 3（Option3）模式时，用户接入首先占用 LTE 基站，终端控制面锚点位于 eNodeB，通过添加辅载波的形式将用户面切换到 gNB 基站。业务过程中，复用 4G 切换流程，UE 移出 NR 覆盖范围，数据面不中断，维持 LTE 连接。Option3、Option3a 和 Option3x 对比如图 1-41 所示。

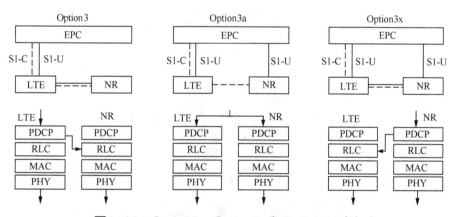

图1-41　Option3、Option3a和Option3x对比

Option3 有 Option3、Option3a 和 Option3x 共 3 种模式。其中，Option3 由 LTE 侧 PDCP 层进行分流，峰值速率受限；Option3a 由 EPC 进行静态分流，无法根据 RAN 侧资源状态动态调整；Option3x 的数据分流控制点位于 5G 基站，避免对已经在运行的 4G 基站和 4G 核心网做过多改动，Option3x 又利用了 5G 基站速度快、能力强的优势，得到业界的广泛

青睐，成为 5G 非独立组网部署的首选。Option3 组网基站之间连接示意如图 1-42 所示，共享场景下 Option3 组网示意如图 1-43 所示。

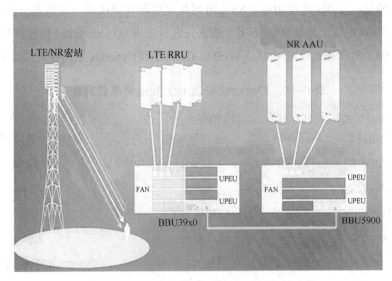

图1-42　Option3组网基站之间连接示意

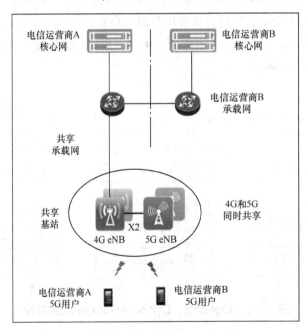

图1-43　共享场景下Option3组网示意

NSA 组网的不足主要表现为 3 个方面：一是 5G 基站必须依存 4G 基站进行工作，灵活性低；二是异厂家基站之间 X2 接口兼容性差，双连接的 NR 基站和 eNodeB 通常需要同设备厂家；三是无法支持 5G 核心网引入的新功能和新业务，例如，网络切片。

物理信道

Chapter 2

第2章

NR 上下行各有 3 个物理信道。其中，上行的 3 个物理信道分别是物理随机接入信道（Physical Random Access CHannel，PRACH），物理上行链路控制信道（Physical Uplink Control CHannel，PUCCH）和物理上行共享信道（Physical Uplink Shared CHannel，PUSCH）。下行的 3 个物理信道分别是物理广播信道（Physical Broadcast CHannel，PBCH）、物理下行控制信道（Physical Downlink Control CHannel，PDCCH）和物理下行共享信道（Physical Downlink Shared CHannel，PDSCH）。逻辑信道、传输信道和物理信道映射关系如图 2-1 所示。

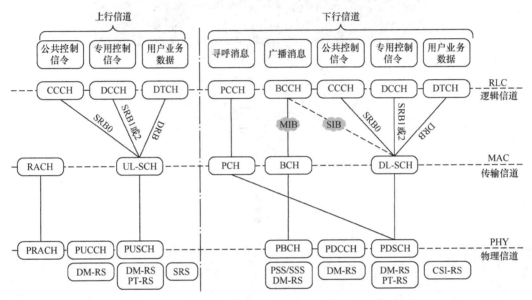

图2-1　逻辑信道、传输信道和物理信道映射关系

NR 物理信道功能描述见表 2-1。

表2-1　NR物理信道功能描述

方向	信道名称	调制方式	功能描述
上行	PRACH		物理随机接入信道，用于传输随机接入前导 Preamble（序列）
	PUCCH	QPSK[1]/BPSK[2]	物理上行链路控制信道，传输 ACK/NACK、调度请求 SR、信道状态（PMI/CQI/RI/LI）信息
	PUSCH	π/2 BPSK/QPSK/16QAM/64QAM/256QAM	物理上行共享信道，用于传输上行数据块和上行控制信息，支持 CP-OFDM 和 DFT-S-OFDM 两种波形
下行	PBCH	QPSK	物理广播信道，采用 Polar 编码，用于广播 MIB 消息，消息中携带系统帧号、子载波间隔、调度 SIB1 的 PDCCH 配置信息。调度周期为 80ms，每隔 20ms 重传一次

续表

方向	信道名称	调制方式	功能描述
下行	PDCCH	QPSK	物理下行控制信道,采用 Polar 编码,用于传输 DCI 信息,包括下行资源分配、上行调度、HARQ、SFI 和上行功率控制等
	PDSCH	QPSK/16QAM/64QAM/256QAM	物理下行共享信道,用于传输下行数据块,采用 LDPC 编码。层数:支持 1 ~ 8 层

注:1. QPSK(Quadrature Phase Shift Keying,正交相移键控)。

2. BPSK(Binary Phase Shift Keying,二进制相移键控)。

NR 物理信号功能描述见表 2-2。

表2-2　NR物理信号功能描述

方向	物理信号	功能描述
上行	参考信号	解调参考信号(DM-RS[1])用于上行信道估计和解调,有数据传输时才发送
		探测参考信号(SRS)用于上行信道信息获取,TDD 时,根据上下行互易性获取下行信道信息进行下行波束管理。SRS 支持周期、非周期和半静态发送
		相位跟踪参考信号(PT-RS[2])在高频时,用于 UE 跟踪基站引入的相位噪声
下行	同步信号	分为主同步信号(PSS[3])和辅同步信号(SSS[4])用于时频同步和小区搜索,确定唯一的物理小区标识 PCI
	参考信号	解调参考信号(DM-RS)用于下行信道估计和解调,有数据传输时才发送
		信道状态指示参考信号(CSI-RS)用于获取信道状态信息(CQI/PMI/RI/LI)、波束管理、信道 RSRP 测量、精确时频跟踪、速率匹配等
		相位跟踪参考信号(PT-RS)在高频时,用于 UE 跟踪基站引入的相位噪声

注:1. DM-RS(DeModulation-Reference Signal,解调参考信号)。

2. PT-RS(Phase Tracking-Reference Signal,相位跟踪参考信号)。

3. PSS(Primary Synchronization Signal,主同步信号)。

4. SSS(Secondary Synchronization Signal,辅同步信号)。

NR 物理信号类型如图 2-2 所示。

NR 上行和下行传输使用的物理资源可分为资源单元(Resource Element,RE)、资源块(Resource Block,RB)、资源单元组(Resource Element Group,REG)、控制信道单元(Control Channel Element,CCE)等。NR 物理资源组成和功能见表 2-3。

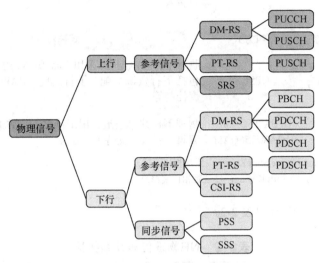

图2-2 NR物理信号类型

表2-3 NR物理资源组成和功能

资源名称	定义
RE	资源单元（粒子），一个RE在时域占用一个OFDM符号，在频域占用一个子载波，是网络中最小的资源单位
REG	RE组，时域占用一个OFDM符号，频域占用一个资源块（RB）（频域连续的12个子载波）的物理资源单位，包含9个数据RE（时隙1、5、9固定配置DM-RS）
REG Bundle	REG组，由时域或频域连续的2个、3个或6个REG组成
CCE	控制信道单元，一个CCE包含6个REG（或6个PRB）。CCE是构成PDCCH的基本单位，一个给定的PDCCH可占用{1, 2, 4, 8, 16}个CCE
SSB	同步信号块，在时域上占用4个OFDM符号，频域上占用20个PRB或240个RE。用于发送同步信号（PSS/SSS）和MIB信息
CORESET	控制资源集合，在频域上包含多个PRB，时域上包括1～3个OFDM符号，且可位于时隙内任何位置，由高层参数半静态配置
RB	资源块，和LTE中对RB的定义不同，NR协议中定义的RB为频域上连续的12个子载波，并没有对RB的时域进行定义
RBG	RB组，若干个连续的RB构成一个RBG，然后以RBG为单位依照bitmap方式进行指示。每个RBG包含的RB数目大小由带宽决定，一般为{2, 4, 8, 16}

物理信道时频位置全景示意如图2-3所示。

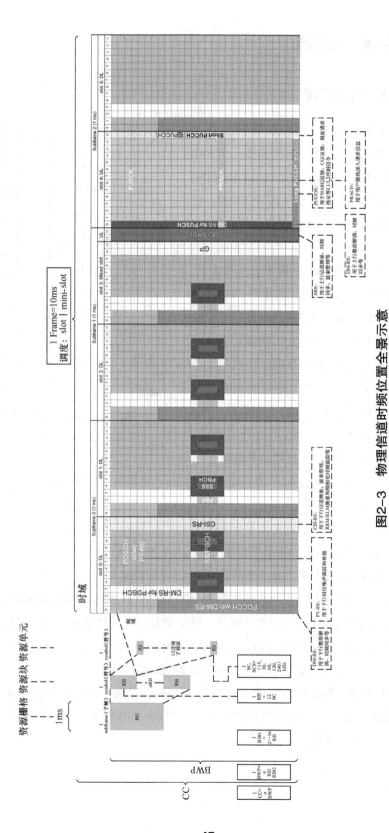

图2-3　物理信道时频位置全景示意

●● 2.1 物理广播信道

2.1.1 PBCH 位置

NR 中将主同步信号（PSS）、辅同步信号（SSS）和 PBCH 组合在一起，共同构成一个 SSB（SS/PBCH block）块。SSB 在时域上占用 4 个 OFDM 符号，频域占用 240 个子载波（20 个 PRB），使用天线端口 4000 发送，SSB 块组成示例如图 2-4 所示。

PBCH 时域占用 SSB 块中第 2 个、第 3 个、第 4 个 OFDM 符号，第 2 个、第 4 个 OFDM 符号全部被 PBCH 使用。第 3 个 OFDM 符号由 PBCH 和 SSS 频分复用，PBCH 占用两边各 4 个 RB。PSS/SSS 时域上分别使用 SSB 块内第 1 个和第 3 个 OFDM 符号，频域上映射到 SSB 中间的 12 个 PRB，占用中间连续 127 个子载波。PSS 两侧保护带以零功率发射，SSS 两边分别预留 8 个或 9 个子载波作为保护带，以零功率发射。

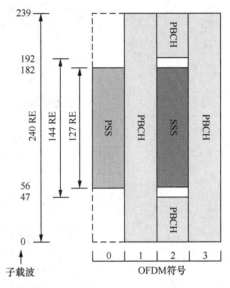

图2-4　SSB块组成示例

一个 SSB burst（SSB 突发集）的发送周期为 5ms（半帧），发送周期内可以配置多个 SSB 块，通常满足下面条件。

- $f \leqslant$ 3GHz，每个半帧最大定义 4 个 SSB 块。
- 3GHz $< f \leqslant$ 7.125GHz，每个半帧最大定义 8 个 SSB 块。
- $f >$ 7.125GHz 以上频率，每个半帧最大定义 64 个 SSB 块。

通过在不同时刻发送方位不同的波束完成小区 SS/PBCH 覆盖。UE 通过扫描每个波束获得最优波束，完成同步和系统消息的解调。每个 SSB 块都能够独立解码，并且 UE 解析出来一个 SSB 后，可以获取小区 PCI、系统帧号（System Frame Number，SFN）、波束索引（SSB Index）等信息。广播信道波束扫描如图 2-5 所示。

在一个无线帧中，SSB 块既可以在前 5ms（前半帧）发送，也可以在后 5ms（后半帧）发送，具体发送位置可以从 PBCH 消息中获取。半帧中 SSB 的第一个符号位置由使用的 SSB 格式决定。SSB 时域位置见表 2-4。

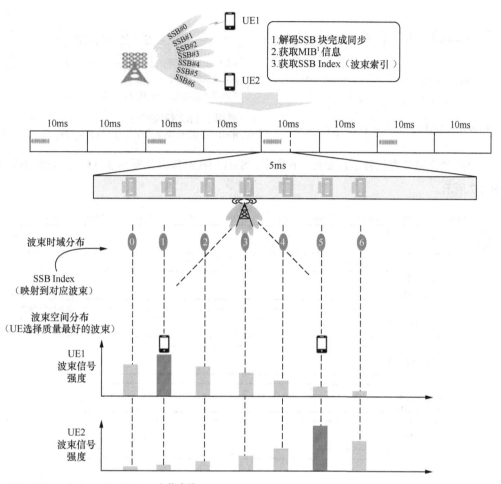

1. MIB（Master Information Block，主信息块）。

图2-5　广播信道波束扫描

表2-4　SSB时域位置

SSB 格式	候选 SSB 符号位置索引	变量 n 的取值范围
CaseA–15kHz	$\{2, 8\}+14n$	适用于 FR1 频段范围 $f \leqslant 3\text{GHz}$，$n=\{0, 1\}$ $f > 3\text{GHz}$，$n=\{0, 1, 2, 3\}$
CaseB–30kHz	$\{4, 8, 16, 20\}+28n$	适用于 FR1 频段范围 $f \leqslant 3\text{GHz}$，$n=\{0\}$ $f > 3\text{GHz}$，$n=\{0, 1\}$
CaseC–30kHz	$\{2, 8\}+14n$	适用于 FR1 频段范围 FR1 成对频谱分配模式（FDD）： $f \leqslant 3\text{GHz}$，$n=\{0, 1\}$ $3\text{GHz} < f \leqslant 7.125\text{GHz}$，$n=\{0, 1, 2, 3\}$

SSB 格式	候选 SSB 符号位置索引	变量 n 的取值范围
CaseC-30kHz	{2, 8}+14n	FR1 非成对频谱分配模式（TDD）： $f < 1.88\text{GHz}$，$n=\{0, 1\}$ $f \geqslant 1.88\text{GHz}$，$n=\{0, 1, 2, 3\}$
CaseD-120kHz	{4, 8, 16, 20}+28n	适用于 FR2 频段范围 $n=\{0 \sim 3, 5 \sim 8, 10 \sim 13, 15 \sim 18\}$

　　SSB 块在时隙内位置示意如图 2-6 所示，SSB 块在时隙内位置示意（CaseC-30kHz）如图 2-7 所示。

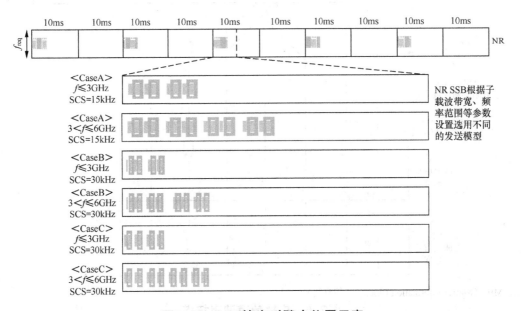

图2-6　SSB块在时隙内位置示意

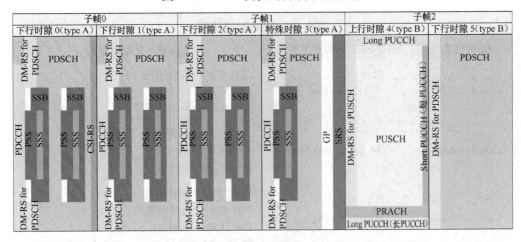

图2-7　SSB块在时隙内位置示意（CaseC-30kHz）

SSB 不仅用于小区搜索，同时也作为 UE 进行小区测量的参考信号。通过测量 SSB，UE 可以获取信道状态指示（CSI）信息并上报给基站。

- 基于 SSB 的 L1-RSRP 测量，用于小区选择、重选和切换。
- 获取 SSB 波束索引，用于初始波束管理。

目前，国内 SSB 图样见表 2-5。

表2-5　国内SSB图样

频段	SSB 子载波间隔	SSB 图样	支持的 SSB index	GSCN 范围 /Hz
700MHz	15kHz	CaseA	4	1901 ~ 2002
2.1GHz	15kHz	CaseA	4	5279 ~ 5419
2.6GHz	15kHz	CaseA	4	6246 ~ 6717
	30kHz	CaseC	8	6252 ~ 6714
3.5GHz	30kHz	CaseC	8	7711 ~ 8051
4.9GHz	30kHz	CaseC	8	8480 ~ 8880

SSB 块在时隙内位置示意如图 2-8 所示。

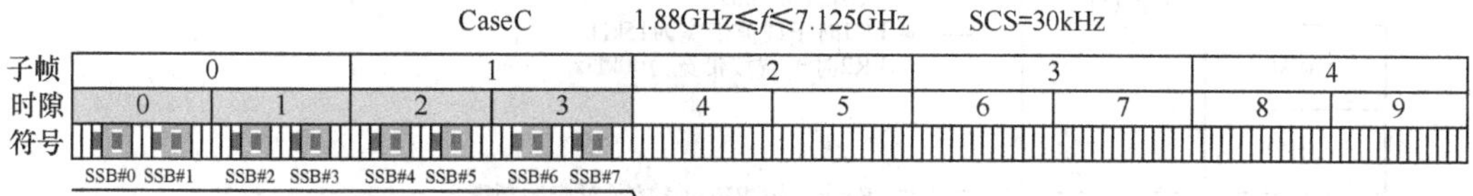

子载波带宽	符号位置	f<1.88GHz	1.88GHz≤f≤7.125GHz
CaseC 30kHz	{2,8}+14n	n=0、1	n=0、1、2、3
		s=2、8、16、22	s=2、8、16、22、30、36、44、50

图2-8　SSB块在时隙内位置示意

SSB 频域位置定义示意如图 2-9 所示。

PointA：频域的参考点，对应公共资源块 CRB0 的第 0 个子载波的频率，是一个参考位置，可位于传输带宽外面的保护带内，由参数 absoluteFrequencyPointA 定义，该参数配置在信元 FrequencyInfoDL 和 FrequencyInfoUL-SIB 中。其中，FrequencyInfoUL-SIB 由 SIB1 发送给 UE。

OffsetToPointA：SSB 的第 1 个 RB 的 0 号子载波和 PoinA 相差的 RB 数量。OffsetToPointA 由 SIB1 中 FrequenceInfoDL-SIB 发送给 UE。

K_{SSB}：表示以 x kHz 为单位的偏移量，通过 MIB 中 SSB-subcarrier offset 广播给 UE。对于 FR1 频段，x =15；对于 FR2 频段，x 的值由 MIB 中的 subCarrierSpacingCommon 字段指示。

需要说明的是，相关参数详细描述可参阅规范 3GPP TS38.211 和 3GPP TS38.213。不同 BWP 的带宽和频域位置需要基于一个 UE 已知的 RB 栅格（标尺）进行配置，因此，引入了 CRB 概念。

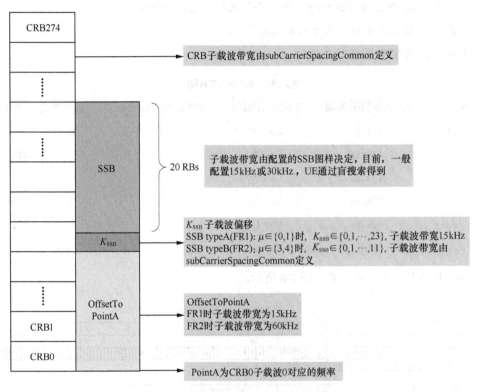

图2-9　SSB频域位置定义示意

2.1.2　PBCH 内容解析

PBCH 承载 MIB 消息，通过 SSB 发送给 UE，修改周期为 80ms，每隔 20ms 重发一次。物理广播信道 PBCH Payload（有效载荷）及对应的含义如图 2-10 所示（L_{max} 表示 SSB 个数）。

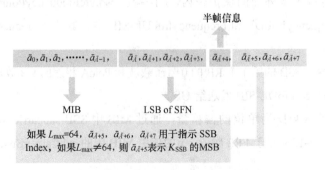

图2-10　物理广播信道PBCH Payload（有效载荷）及对应的含义

PBCH Payload（有效载荷）中的 $\bar{a}_0$，$\bar{a}_1$，$\bar{a}_{02}$，$\bar{a}_{A-1}$ 为物理层收到的 PBCH 传输块，即 MIB 消息。PBCH Payload（有效载荷）中的 $\bar{a}_A$，$\bar{a}_{A+1}$，…，$\bar{a}_{A+7}$ 为额外增加的 8 比特，携带系统帧号 SFN、半帧位置、SSB Index，K_{SSB} 等信息，用于小区搜索中的帧同步和 SIB1 消息搜索，具体描述信令如下。

```
--TAG-MIB-START
MIB ::=                        SEQUENCE {
    systemFrameNumber              BIT STRING (SIZE (6)),
    subCarrierSpacingCommon        ENUMERATED {scs15or60，scs30or120}/* 公共信道子载波间隔 */
    ssb-SubcarrierOffset           INTEGER (0..15) /*K_SSB*/
    DM-RS-TypeA-Position           ENUMERATED {pos2，pos3} /*DM-RS 时域位置，时隙符号编号从 0 开始 */
    pdcch-ConfigSIB1               PDCCH-ConfigSIB1 /*SIB1 的控制信道对应的时频位置 */
    cellBarred                     ENUMERATED {barred，notBarred},
    intraFreqReselection           ENUMERATED {allowed，notAllowed},
    spare                          BIT STRING (SIZE (1))
}
--TAG-MIB-STOP
```

MIB 消息主要信元解析见表 2-6。

表2-6　MIB消息主要信元解析

字段名称	MIB 字段描述
cellBarred	表示小区是否被禁止。如果小区被禁止，则 UE 不能驻留在本小区，且 UE 在小区选择 / 重选过程中，在 300s 内不会将本小区作为候选小区
intraFreqReselection	表示小区被禁止时，是否允许 UE 重选与本小区同频的邻区
DM-RS-TypeA-Position	指示 TypeA PUSCH/PDSCH 第 1 个前置 DM-RS 占用的时域位置（位置 2 或位置 3，编号从 0 开始）。PUSCH/PDSCH 映射 TypeB 时，DM-RS 起始符号固定为调度 PUSCH/PDSCH 资源的起始符号
pdcch-ConfigSIB1	由 controlResourceSetZero 和 searchSpaceZero 两个部分组成，指示 SIB1 控制信道资源集合的时频资源位置，共 8bit。其中，pdcch-ConfigSIB1 的 MSB 4bit 指示 CORESET#0 占用的 RB 和符号数。Pdcch-ConfigSIB1 的 LSB 4bit 指示 PDCCH 监测时机
Ssb-SubcarrierOffset	对应 K_{SSB}，即 SSB 与整个 RB 块网格之间的频域偏移，单位为子载波数，取值范围为 0 ~ 15，共 4bit。对于 FR2 来说，K_{SSB} 的取值范围为 0 ~ 11，4bit 可以指示；但对于 FR1 来说，K_{SSB} 的取值范围是 0 ~ 23，需要 5bit 来指示，因此，除了 MIB 中的 4bit，还需要 PBCH Payload 中的 1bit 来共同指示
subCarrierSpacingCommon	指示公共信道子载波带宽，适用于 SIB1、初始接入 Msg2/4、寻呼和 SI 广播消息的子载波带宽： FR1 设置 SCS15 或 60 时为 15kHz，SCS30 或 120 时为 30kHz； FR2 设置 SCS15 或 60 时为 60kHz，SCS30 或 120 时为 120kHz
systemFrameNumber	指示系统帧号的 MSB 6bit，SFN 剩余 LSB 4bit 在 PBCH Payload 中获取

当 UE 成功解调出 PBCH 后，可以获取 MIB 信息、SSB 波束索引（SSB Index）和半帧信息。至此，无论哪种 SCS 和频域范围，都取得了 10ms 帧同步。接下来，根据 MIB 消息解析获取 SIB1 调度信息，根据 SIB1 得到其他系统消息（SI）的调度信息。

SIB1（RMSI）消息主要用于广播 UE 初始接入网络时需要的基本信息，包括初始 BWP 信息，下行信道配置，其他 SI 调度信息等。NSA 模式时，SIB1 承载的内容通过 LTE 基站的 RRC 重配置消息下发给 UE。

●● 2.2 物理随机接入信道

PRACH 信道用于传输前导（Preamble）序列。gNodeB 通过测量 Preamble 获得其与 UE 之间的传输时延，并将上行定时 TA 信息通过 TimingAdvanceCommand 消息通知 UE。

和 LTE 类似，PRACH 由循环前缀（CP）、前导序列（Preamble）和保护间隔（GP）这 3 个部分构成。PRACH 结构（示意）如图 2-11 所示。

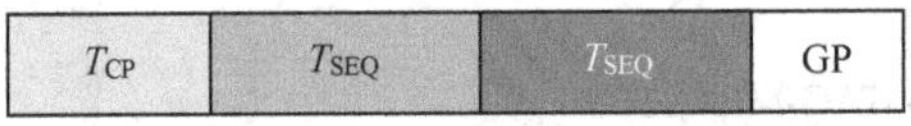

T_{CP}	T_{SEQ}	T_{SEQ}	GP

图2-11 PRACH结构（示意）

按照 Preamble 序列长度划分，其分为长序列（序列长度为 839）和短序列（序列长度为 139）两类。其中，长序列沿用 LTE 设计方案，共有 4 种格式，NR 长序列 Preamble 类型（时间单位 T_c）见表 2-7（长序列常用格式为 0）。

表2-7 NR长序列Preamble类型（时间单位T_C）

格式	L_{RA}	Δf^{RA}/kHz	N_u (T_c)	N_{CP}^{RA} (T_c)	时长 /ms	占用带宽 /MHz	覆盖半径 /km	应用场景
0	839	1.25	$24576\kappa^1$	3168κ	1.0	1.08	14.5	普通覆盖
1	839	1.25	$2 \times 24576\kappa$	21024κ	3.0	1.08	100.1	广覆盖
2	839	1.25	$4 \times 24576\kappa$	4688κ	3.5	1.08	21.9	深度覆盖
3	839	5	$4 \times 6144\kappa$	3168κ	1.0	4.32	14.5	高速场景

注：1. κ=64，c 是光速；Δf^{RA} 为 PRACH 子载波间隔；N_u 为 Preamble ZC 序列长度；N_{CP}^{RA} 为 Preamble 的 CP 长度。

短序列共有 9 种格式（短序列常用格式为 C2），NR 短序列 Preamble 类型见表 2-8。

表2-8 NR短序列Preamble类型

格式	L_{RA}	Δf^{RA}/kHz	N_u (T_C)	N_{CP}^{RA} (T_C)	覆盖半径 /km
A1	139	$15 \times 2^\mu$	$2 \times 2048\kappa \times 2^{-\mu}$	$288\kappa \times 2^{-\mu}$	$0.937/2^\mu$
A2	139	$15 \times 2^\mu$	$4 \times 2048\kappa \times 2^{-\mu}$	$576\kappa \times 2^{-\mu}$	$2.109/2^\mu$
A3	139	$15 \times 2^\mu$	$6 \times 2048\kappa \times 2^{-\mu}$	$864\kappa \times 2^{-\mu}$	$3.515/2^\mu$
B1	139	$15 \times 2^\mu$	$2 \times 2048\kappa \times 2^{-\mu}$	$216\kappa \times 2^{-\mu}$	$0.585/2^\mu$
B2	139	$15 \times 2^\mu$	$4 \times 2048\kappa \times 2^{-\mu}$	$360\kappa \times 2^{-\mu}$	$1.054/2^\mu$
B3	139	$15 \times 2^\mu$	$6 \times 2048\kappa \times 2^{-\mu}$	$504\kappa \times 2^{-\mu}$	$1.757/2^\mu$

格式	L_{RA}	$\Delta f^{RA}/kHz$	$N_u\ (T_C)$	$N_{CP}^{RA}\ (T_C)$	覆盖半径 /km
B4	139	$15 \times 2^{\mu}$	$12 \times 2048\kappa \times 2^{-\mu}$	$936\kappa \times 2^{-\mu}$	$3.867/2^{\mu}$
C0	139	$15 \times 2^{\mu}$	$2048\kappa \times 2^{-\mu}$	$1240\kappa \times 2^{-\mu}$	$5.351/2^{\mu}$
C2	139	$15 \times 2^{\mu}z$	$4 \times 2048\kappa \times 2^{-\mu}$	$2048\kappa \times 2^{-\mu}$	$9.297/2^{\mu}$

注：1. $\kappa=64$；$\mu \in \{0, 1, 2, 3\}$。

PRACH 格式分类如图 2-12 所示。

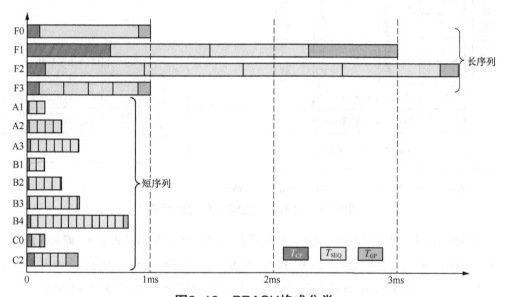

图2-12 PRACH格式分类

PRACH 时域位置由帧号、子帧号、时隙号和 RACH Occasion（RO）编号构成，通过查询协议里面定义的 PRACH 配置索引（PRACH ConfigurationIndex）确定 PRACH 的具体物理位置。PRACH 时域位置示意如图 2-13 所示。

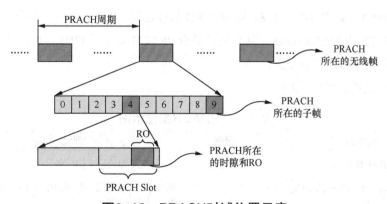

图2-13 PRACH时域位置示意

PRACH 频域起始位置由小区参数 msg1-FrequencyStart 定义，占用的 PRB 个数由参数 msg1-FDM 定义，PRACH 频域位置定义示意如图 2-14 所示。每个 PRACH 在频域占用带宽 PRB 个数由 Preamble 序列长度、PRACH 子载波间隔和 PUSCH 子载波间隔共同决定。

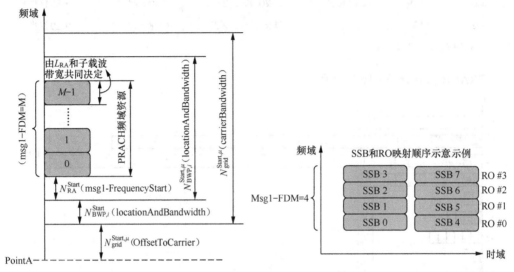

注：图中的 0，1，…，M-1 为 RO，分别映射不同的 SSB Index。

图2-14　PRACH频域位置定义示意

在 NR 系统中，UE 选择的 PRACH 时频位置和 UE 搜索到的 SSB 波束相关，即只有 SSB 波束扫描到 UE 时，UE 才有机会发起随机接入。SSB 在一个周期（5ms）内有多个波束，因此，需要建立 SSB 波束和 PRACH 资源映射关系，由高层参数"ssb-perPRACH-occasionAndCB-PreamblePerSSB"进行配置。通过这个机制，gNB 根据 UE 上报的 PRACH 信道解调得到的 RO 和 Preamble 范围，判断该 UE 下行 SSB Index，进行初始接入过程中的波束管理。

如果 SSB 最大配置波束为 8、RO 为 8，则每个 RO 可以配置 64 个前导，通过 RO 来区分不同的 SSB Index。其好处是支持更多用户接入，但 RACH 需要占用较多的 PRB 资源，降低上行吞吐率；如果 RO 小于 8，则每个 RO 只能配置 64 个前导中一部分，通过 RO 和前导共同确定对应的 SSB Index。其好处是减少 PRACH 对上行 PRB 占用，其不足是每个 RO 可支持的前导数量有所减少。

PRACH 配置示例见表 2-9。

表2-9　PRACH配置示例

参数	配置	规划说明
PRACH Format	0	前导格式为长序列
ZeroCorrelationZoneConfig (N_{cs})	3	循环移位偏移量 N_{cs} 取值为 18，每小区需配置 2 个根序列

续表

参数	配置	规划说明
Prach–RootSequenceIndex	40	分配的逻辑根序列
Prach–ConfigurationIndex	17	定义 PRACH 时域位置
msg1–FrequencyStart	114	定义 PRACH 的起始频域位置
msg1–FDM	1	定义 PRACH 占用的频域资源个数
Ssb–perRACH–OccasionAndCB–PreamblesPerSSB	eight : 0x6(6)	表示 8 个 SSB 映射到一个 RO，每个 SSB 映射 6 个竞争前导

●●2.3 物理上行链路控制信道

PUCCH 用于传输上行控制信息（UCI），其简要功能说明如下，详细功能可查阅 3GPP TS38.212 第 6.3 节。

① 上行调度请求，申请分配上行 PUSCH 资源。

② HARQ 反馈，用于 PDSCH 的 HARQ 反馈。

③ CSI 反馈，下行信道状态信息测量结果反馈，包含 CQI/PMI/RI/LI 等。

根据占用符号数差异，NR PUCCH 结构分为短格式 PUCCH 和长格式 PUCCH 两种。其中，短格式 PUCCH 占用 1 ～ 2 个 OFDM 符号，用于快速上行反馈；长格式 PUCCH 占用 4 ～ 14 个 OFDM 符号，用于覆盖受限、时延不敏感等场景。

根据功能不同，PUCCH 格式又可以划分为 0 ～ 4 共 5 种类型。目前，主要使用格式 2 和格式 3，其调制编码方式为 QPSK。PUCCH 格式见表 2-10。

表2-10　PUCCH格式

PUCCH 格式	占用符号数	UCI 比特数	功能描述
0	1 ～ 2	≤ 2	短格式 PUCCH，频域占用 1 个 RB； 不配置 DM–RS； 1 个 PRB 最多复用 6 个用户
1	4 ～ 14	≤ 2	长格式 PUCCH，频域占用 1 个 RB； DM–RS 和 UCI 时分复用（TDM）； 1 个 PRB 最多复用 86 个用户
2	1 ～ 2	> 2	短格式 PUCCH，频域占用 1 ～ 16 个 RB； DM–RS 和 UCI 频分复用（FDM）； 不支持多用户复用
3	4 ～ 14	> 2	长格式 PUCCH，频域占用 1 ～ 16 个 RB； DM–RS 和 UCI 时分复用（TDM）； 不支持多用户复用

PUCCH 格式	占用符号数	UCI 比特数	功能描述
4	4 ~ 14	> 2	长格式 PUCCH，频域占用 1 个 RB； DM-RS 和 UCI 时分复用（TDM）； 支持基于码分的多用户复用

UCI 类型 1 时频结构示意如图 2-15 所示，UCI 类型 3 时频结构示意如图 2-16 所示。

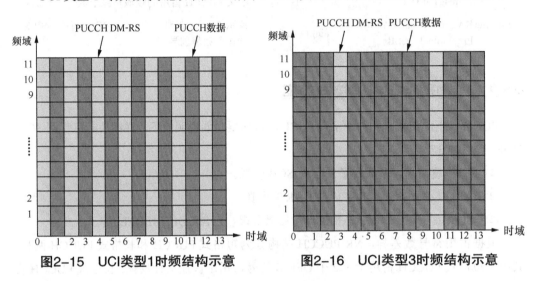

图2-15　UCI类型1时频结构示意　　　图2-16　UCI类型3时频结构示意

PUCCH 时频位置通过高层 RRC 信令配置，由高层定义 PUCCH 频域的起始 PRB 位置、占用的 PRB 数，以及时域的起始符号。预定义 PUCCH 资源集见表 2-11。

表2-11　预定义PUCCH资源集

索引	PUCCH 格式	第 1 个符号位置	符号数	PRB 偏移量 RB_{BWP}^{Offset}	初始 CS 索引集合
0	0	12	2	0	{0, 3}
1	0	12	2	0	{0, 4, 8}
2	0	12	2	3	{0, 4, 8}
3	1	10	4	0	{0, 6}
4	1	10	4	0	{0, 3, 6, 9}
5	1	10	4	2	{0, 3, 6, 9}
6	1	10	4	4	{0, 3, 6, 9}
7	1	4	10	0	{0, 6}
8	1	4	10	0	{0, 3, 6, 9}
9	1	4	10	2	{0, 3, 6, 9}
10	1	4	10	4	{0, 3, 6, 9}

续表

索引	PUCCH 格式	第 1 个符号位置	符号数	PRB 偏移量 $RB_{\text{BWP}}^{\text{Offset}}$	初始 CS 索引集合
11	1	0	14	0	{0, 6}
12	1	0	14	0	{0, 3, 6, 9}
13	1	0	14	2	{0, 3, 6, 9}
14	1	0	14	4	{0, 3, 6, 9}
15	1	0	14	$\lfloor N_{\text{BWP}}^{\text{Size}}/4 \rfloor$	{0, 3, 6, 9}

PUCCH 资源分配方式有静态配置、半静态调度（例如，MAC CE 激活与去激活）和动态调度 3 种。协议规定的约束条件如下。

- 调度请求（Scheduling Request，SR）只能通过静态配置 PUCCH 发送（由 RRC 消息配置）。
- 周期 CSI 支持静态配置 PUCCH 和半静态调度 PUCCH（通过 MAC CE 指示）。
- HARQ 支持动态调度 PUCCH（通过上行调度的 DCI 指示）。

需要说明的是，3GPP R15 版本 NR 不支持同一用户 PUCCH 和 PUSCH 并发，如果已分配了 PUSCH，则 UCI 在 PUSCH 中传输。

2.4 物理下行控制信道

2.4.1 PDCCH 位置

LTE 中 PDCCH 位置相对固定，频域为整个带宽，时域固定占用每个 RB 的前 1～3 个符号，也就是说，系统只须通知 UE 物理下行控制信道 PDCCH 占据的 OFDM 符号数，UE 便能确定 PDCCH 的搜索空间。

而在 NR 系统中，由于 5G 系统带宽较大，如果 PDCCH 依然占据整个带宽，则会导致资源占用过多，搜索时间过长。另外，为了增加系统灵活性，5G NR 中引入了控制资源集合（CORESET）的概念，其对应的 PDCCH 频域和时域所占用的资源可以灵活进行配置。因此，NR 系统中 UE 先要获得 PDCCH 在频域和时域上的位置才能成功解码 PDCCH。

（1）CORESET 含义

CORESET 是 NR 中提出的概念，用以定义 PDCCH 频域上占据的频段和时域上占用的 OFDM 符号数等信息。CORESET 是一组物理资源，对应 NR 下行资源网格上的一个特定区域，用于携带 PDCCH/DCI 的一系列参数，等同于 LTE 的 PDCCH。LTE PDCCH 和 NR CORESET 结构示例如图 2-17 所示。

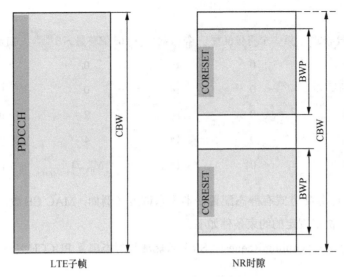

图2-17　LTE PDCCH和NR CORESET结构示例

根据承载消息不同，CORESET可分为两种类型：一种为小区级CORESET，以CORESET#0进行标识，由MIB中的Pdcch-ConfigSIB1进行资源配置；另一种与用户相关的CORESET。这些CORESET通过系统消息的方式进行配置或通过UE专属RRC信令配置，以CORESET #1～CORESET #11进行标识，这些CORESET与BWP紧密关联。

在NR中，将PDCCH占用的频段和OFDM符号数等信息封装在信息单元控制资源集合CORESET中，将PDCCH起始OFDM符号编号及PDCCH监测周期等信息封装在搜索空间（Search Space，SS）中发送给UE。

根据不同的承载内容，PDCCH搜索空间分为公共搜索空间（CSS）和UE专用搜索空间（USS）。其中，CSS由信元Pdcch-ConfigCommon发送给UE；USS由信元Pdcch-Config发送给UE。搜索空间类型见表2-12。

表2-12　搜索空间类型

类型		RNTI	应用场景
公共搜索空间	Type0	SI-RNTI	接收SIB1消息
	Type0A	SI-RNTI	接收其他SIB消息
	Type0B	MCCH-RNTI/G-RNTI	广播消息
	Type1	RA-RNTI/TC-RNTI	随机接入响应消息Msg2/4
	Type2	P-RNTI	接收寻呼消息
	Type3	INT-RNTI/SFI-RNTI/TPC-RNTI/C-RNTI/CS-RNTI/MCS-C-RNTI	资源抢占信息、接收功率控制、时隙类型指示等消息
专用搜索空间	UE-specific	C-RNTI/MCS-C-RNTI/SP-CSI-RNTI/CS-RNTI	接收PDSCH

每个小区 CORESET 编号取值为 0 ～ 11，对于每个 BWP 最多被配置 3 个 CORESET（包括公共搜索空间和 UE 专用搜索空间）。其中，CORESET#0 用于 SIB1 的调度，位于初始 BWP。

每个 CORESET 频域上可以包含多个 CCE，时域上可以占用 1 ～ 3 个 OFDM 符号。一个 CORESET 和一个搜索空间绑定后才能确定 PDCCH 的位置。一个搜索空间只能和一个 CORESET 绑定，但一个 CORESET 可以和多个搜索空间绑定。

（2）SIB1 的搜索空间定义

根据 3GPP 协议规定，SIB1 对应 PDCCH 的搜索空间由 Type0-PDCCH CSS 和 CORESET#0 进行定义。Type0-PDCCH CSS 和 CORESET#0 信息封装在 MIB 消息 IE "Pdcch-ConfigSIB1" 中。"Pdcch-ConfigSIB1" 的低有效位（LSB）4bit 指示 Type 0-PDCCH CSS 的时域配置索引，高有效位（MSB）4bit 指示 CORESET#0 所对应的频域配置索引，详见 3GPP TS38.213 第 13 节 "UE procedure for monitoring Type0-PDCCH CSS sets" 中 "Table 13-1 ～ Table 13-15"。其中，"Table 13-1 ～ Table 13-10" 用于指示 CORESET#0 所对应的频域信息配置索引，"Table 13-11 ～ Table13-15" 用于指示 Type0-PDCCH 的搜索空间 CSS。Type0-PDCCH CORESET 配置示例见表 2-13，Type0-PDCCH 的搜索空间 CSS 配置示例见表 2-14。

表2-13 Type0-PDCCH CORESET配置示例

索引	SSB/CORESET 复用模式	占用 RB 数 $N_{RB}^{CORESET}$	占用符号数 $N_{Symbol}^{CORESET}$	Offset (RBs)
0	1	24	2	0
1	1	24	2	2
2	1	24	2	4
3	1	24	3	0
4	1	24	3	2
5	1	24	3	4
6	1	48	1	12
7	1	48	1	16
8	1	48	2	12
9	1	48	2	16
10	1	48	3	12
11	1	48	3	16
12	1	96	1	38
13	1	96	2	38
14	1	96	3	38
15	Reserved（保留）			

注：表中基于 SSB SCS 为 15kHz，PDCCH SCS 为 15kHz 的场景。$N_{RB}^{CORESET}$ 定义了初始 BWP 中 PDCCH 的 RB 数，同时也定义了初始 BWP 的带宽。目前，3GPP 协议定义了 3 种带宽：24、48 和 96 RBs。$N_{Symbol}^{CORESET}$ 定义了初始 BWP 中 PDCCH 的符号数，其取值为 1、2 或 3。Offset 定义初始 BWP 中 PDCCH 的起始 RB 与 SSB 的 RB0 之间的频率偏移。

表2-14　Type0-PDCCH的搜索空间CSS配置示例

索引	O	每个时隙搜索空间数目/个	M	第1个符号索引（i为SSB Index）
0	0	1	1	0
1	0	2	1/2	{如果i为偶数，其值为0}，{如果i为奇数，其值为$N_{\text{Symb}}^{\text{CORESET}}$}
2	2	1	1	0
3	2	2	1/2	{如果i为偶数，其值为0}，{如果i为奇数，其值为$N_{\text{Symb}}^{\text{CORESET}}$}
4	5	1	1	0
5	5	2	1/2	{如果i为偶数，其值为0}，{如果i为奇数，其值为$N_{\text{Symb}}^{\text{CORESET}}$}
6	7	1	1	0
7	7	2	1/2	{如果i为偶数，其值为0}，{如果i为奇数，其值为$N_{\text{Symb}}^{\text{CORESET}}$}
8	0	1	2	0
9	5	1	2	0
10	0	1	1	1
11	0	1	1	2
12	2	1	1	1
13	2	1	1	2
14	5	1	1	1
15	5	1	1	2

SSB与CORESET#0复用的模式类型如图2-18所示。

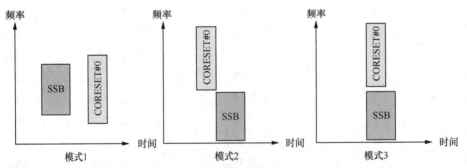

注：模式1可用于FR1和FR2频段，SSB与CORESET#0可以映射在不同的OFDM符号，并且CORESET#0的频率范围需要包含SSB。模式2和模式3仅用于FR2频段。

图2-18　SSB与CORESET#0复用的模式类型

UE根据MIB里面字段"Pdcch-ConfigSIB1"的指示位置读取CORESET#0信息（即SIB1对应的PDCCH），通过解码CORESET#0获得SIB1所在的PDSCH，然后UE在指定PDSCH读取SIB1消息。

UE 读取 SIB1 消息后，根据 SIB1 里面其他 OSI 的搜索空间和 CORESET 配置信息，利用 SI-RNTI 在指定位置盲搜 PDCCH，搜到后在 PDCCH 指定位置读取 PDSCH 里面的其他 SI 消息。

与 SSB 一样，SIB1 也需要覆盖整个小区。因此，SIB1 的 PDCCH 与 PDSCH 也需要和 PBCH/SSB 一样，进行波束扫描。同步信号块 SSB 集合中的每个 SSB 块对应一个控制资源集合 CORESET#0，并且使用相同的波束方向。

NR 中 SSB 和 CORESET#0 频域位置定义示意如图 2-19 所示。

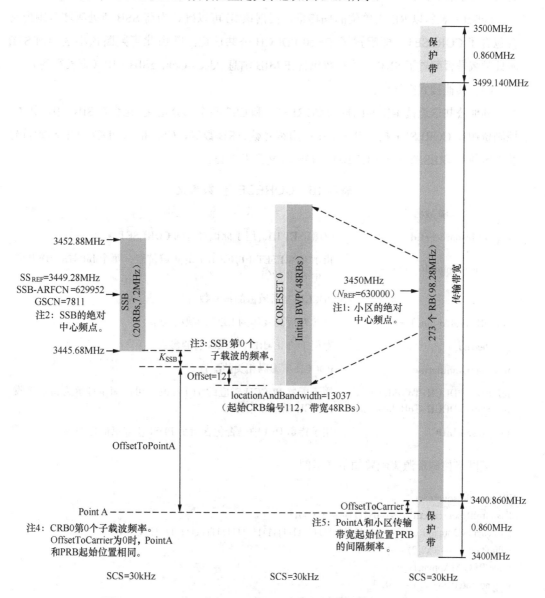

图2-19 NR中SSB和CORESET#0频域位置定义示意

PointA、OffsetToPointA 和 K_{SSB} 参数含义可参阅前文"2.1.1 PBCH 位置"小节中的相关描述。

OffsetToCarrier：小区传输带宽起始载波 PRB0 起始位置和 PointA 的频偏，单位为 RB，该参数由 SIB1 发送给 UE，其子载波带宽由 SIB1 消息 frequencyInfoDL-SIB → scs-SpecificCarrierList → subcarrierSpacing 定义。其值设置为 0 时，表示小区传输带宽起始位置和 PointA 相同。

SSref：SSB 的频域位置，表示 SSB 的中信心频率。对应于 SSB 第 10 个 RB（从 0 编号）的第 0 号子载波的频率，小区选择完成后由信元 absoluteFrequencySSB 下发 UE。

Offset：表示以 RB 为单位的偏移量，根据该 IE 可以确认当前 SSB 所处频域范围内是否包含了 CORESET，即配置了 Type0-PDCCH 公共信道，并由此可判断该小区当前 SSB 所处频域是否配置了 SIB1。该参数包含在 MIB 消息 Pdcch-ConfigSIB1 中（查表得到）。

（3）其他搜索空间定义

其他公共信道搜索空间同样由 CORESET 和 CSS 两个部分定义，包含在 SIB1 中。其中，控制资源集 CORESET 指示 PDCCH 占用符号数、RB 数等，CSS 指示 PDCCH 的起始符号及绑定的 CORESET 等。CORESET 参数含义见表 2-15。

表2-15　CORESET参数含义

参数名	功能
controlResourceSetId	CORESET ID，用于标识对应的 CORESET 配置
frequencyDomainResources	指示 CORESET（PDCCH）的频域位置，每个 bit 对应 BWP 内一个 6RB 的组
duration	PDCCH 在时域占的符号数
cce-REG-MAppingType	CCE 对应到具体的 REG 的映射关系
interleaved	专用于 CCE-REG 交织映射的参数
precoderGranularity	PDCCH 预编码相关的配置
tci-StatesPDCCH-ToAddList tci-StatesPDCCH-ToReleaseList	用于配置 PDCCH 对应的 TCI state，可以简单理解为指示接收 PDCCH 用的波束方向
tci-PresentInDCI	用于指示 DCI 中是否包含指示 PDSCH 波束信息的域

某网络控制资源集配置如下（示例）。

```
NRControlResourceSet：
|_controlResourceSetId： ----0x1(1) ----***0001*
|_frequencyDomainResources：'11111111111111111111111111111111111111111111'B
|_duration： ----0x2(2) ----****00**
|_cce-REG-MAppingType：
|  |_nonInterleaved： ----(0)
|_precoderGranularity： ----sameAsREG-bundle(0) ----**
```

```
|_tci-StatesPDCCH-ToAddList :
|   |_NRTCI-StateId :   ----0x0(0) ----**
|_pdcch-DM-RS-ScramblingID :   ----0x63a4(25508) ----**
```

搜索空间（SS）指示 PDCCH 在 Slot 起始 OFDM 符号位图及 PDCCH 监测周期等信息。搜索空间参数定义见表 2-16。

表2-16　搜索空间参数定义

参数名	功能
searchSpaceId	SearchSpace ID，用于识别对应的 SearchSpace 配置。每个 BWP 内最多配置 10 个搜索空间。搜索空间 ID 在小区所有 BWP 内唯一，且不可配置为 0
controlResourceSetId	指示与该 SearchSpace 绑定的 CORESET
monitoringSlotPeriodicityAndOffset	指示搜索空间的周期及周期内时隙偏移，例如，周期 10Slot，偏移 3Slot
duration	连续检测搜索空间集合的时隙数量，如果该域没有提供时隙数量，则表示 1 个时隙
monitoringSymbolsWithinSlot	指示 PDCCH 在 Slot 内的起始符号位图，例如，符号 0/7
nrofCandidates	指示每个聚合等级的搜索空间内候选 PDCCH 数量
searchSpaceType	指示搜索空间的类型及需要盲检的 DCI 类型

某网络某个搜索空间配置如下（示例）。

```
NRSearchSpace :
|_searchSpaceId :   ----0x5(5) ----*******000101***
|_controlResourceSetId :   ----0x1(1) ----**
|_monitoringSlotPeriodicityAndOffset :
|   |_sl10 :   ----(3)
|_duration :   ----0x2(2) ----****
|_monitoringSymbolsWithinSlot : '10000001000000' B
|_nrofCandidates :
|   |_aggregationLevel1 :   ----n0(0) ----***000**
|   |_aggregationLevel2 :   ----n8(7) ----**
|   |_aggregationLevel4 :   ----n2(2) ----*010****
|   |_aggregationLevel8 :   ----n2(2) ----****010*
|   |_aggregationLevel16 :   ----n2(2) ----**
|_searchSpaceType :
|   |_ue-Specific :
|       |_dci-Formats :   ----formats0-1-And-1-1(1) ----**
```

以上文为例，UE 在每 10 个时隙周期内的时隙 3 和时隙 4 内的符号 0 和符号 7 检测 CORESET，且 CORESET 在时域上占用 2 个 OFDM 符号。CORESET（PDCCH）搜索过程示意如图 2-20 所示。

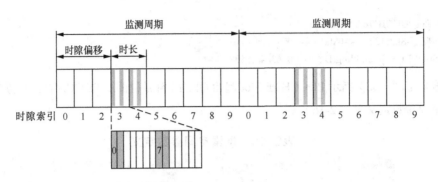

图2-20 CORESET（PDCCH）搜索过程示意

2.4.2 PDCCH 功能

PDCCH 用于传输下行控制信息（DCI），共有 8 种格式，携带的消息包括以下几个方面。

● 上行授权：包括 PUSCH 的资源指示、编码调制方式等信息，上行授权 DCI 格式为 Format 0_0 和 Format 0_1 格式。

● 下行授权：包括 PDSCH 的资源指示、编码调制方式和 HARQ 进程等信息，下行授权 DCI 格式为 Format 1_0 和 Format 1_1 格式。

● 功率控制：对应一组 UE 的 PUSCH 功率控制命令，作为上行授权中 PUSCH/PUCCH 功控命令的补充。

DCI 功能分类见表 2-17。

表2-17 DCI功能分类

DCI 格式	作用
0_0	上行 PUSCH 调度；FallBack DCI；在波形变换、状态切换等场景使用
0_1	上行 PUSCH 调度
1_0	下行 PDSCH 调度；FallBack DCI；在公共消息调度、状态切换时使用
1_1	下行 PDSCH 调度
2_0	传输 SFI，动态指示时隙结构
2_1	下行 Preemption Indication（优先标示），指示 UE 不映射数据的 PRB 和 OFDM 符号，用于支持 uRLLC 和 eMBB 业务的灵活复用
2_2	指示 PUSCH 和 PUCCH 的功率控制 TPC1 信息
2_3	传输 SRS 的功率控制 TPC[1] 信息

注：1. TPC（Transmission Power Control，传输功率控制）。

PDCCH 的调制方式为 QPSK，CCE 是 PDCCH 传输的最小资源单位。1 个 CCE 包含了 6 个 REG，1 个 REG 对应 1 个 RB。按照码率的不同，gNodeB 能够将 1 个、2 个、4 个、8 个或 16 个 CCE 聚合起来组成一个 PDCCH，对应协议定义的聚合级别 1、2、4、8、16。例如，聚合级别为 1 表示 PDCCH 占用 1 个 CCE，聚合级别为 2 表示 PDCCH 占用 2 个 CCE，依此类推。gNodeB 默认会根据 CQI 指示的 PDCCH 信道质量及 PDCCH 的 BLER 选择合适的 PDCCH 聚合级别，即选择满足 PDCCH 解调性能的最小聚合级别，使 PDCCH 的解调性能和容量能够达到最优。需要注意的是，公共搜索空间只能使用 4、8 和 16 这 3 种 CCE 聚合级别。

●● 2.5 物理下行共享信道

NR PDSCH 采用 LDPC 编解码，调制方式支持 QPSK/16QAM/64QAM/256QAM。PDSCH 处理流程如图 2-21 所示，波束赋形和预编码如图 2-22 所示。

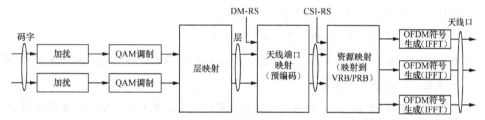

物理信道	信道编码	调制方式	层数	波形
PDSCH	LDPC	QPSK/16QAM/64QAM/256QAM	1 ~ 8	CP-OFDM
PBCH	Polar	QPSK	1	CP-OFDM
PDCCH	Polar	QPSK	1	CP-OFDM

图2-21　PDSCH处理流程

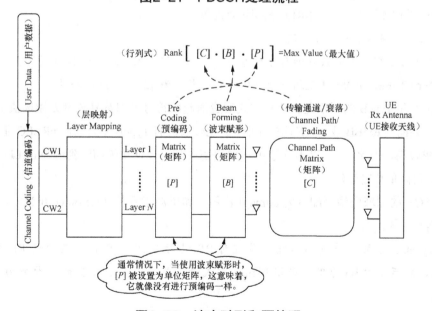

图2-22　波束赋形和预编码

目前，TS38.214 协议中，NR 只定义了一种传输方案（TransmissionScheme 1，TM1）下行传输模式，即所有信道都采用波束赋形，并且 TM1 传输方案中 gNB 将数据和 DM-RS 一同利用预编码矩阵 [p] 进行预编码，之后通过无线信道 [c] 发送给终端。终端根据 DM-RS 估计 [p] 和 [c] 相乘形成的等效信道矩阵，进行信道均衡和信道解调。

- 码字：由传输块 TB 进行信道编码和交织等操作后生成的数据。
- 加扰：5G 网络中所有信道都需要加扰，并且每个小区每个信道使用不同的扰码序列，接收端使用对应的 RNTI 去解码信息。扰码序列是由 c_init 为初始值产生的伪随机序列，以 PDSCH 为例，c_init=$n_{RNTI} \times 2^{15}+n_{ID}$，$n_{ID}$ 由高层参数 PDSCH-Config→DM-RS-DownlinkConfig→scramblingID 进行配置，不配置时，其默认值为小区 PCI，加扰的目的是减小邻小区的干扰及区分不同类型信道。
- 调制：由高层参数 MCS-table 进行用户级配置。
- 层映射：将码字映射到多个层上传输（可以简单理解为数据流的串并转换），单码字映射 1 ~ 4 层，双码字 5 ~ 8 层。
- 天线端口映射（预编码）：将层信号映射到不同的天线端口上。MIMO 中的空间分集、空分复用、波束赋形等技术是在预编码这个模块上实现的，如图 2-22 所示。预编码矩阵获取方式包括 SRS 权、基于反馈的 PMI 权或开环静态加权 3 种。
- 资源映射：将数据映射到对应的虚拟资源块（Virtual Resource Block，VRB）/物理资源块（Physical Resource Block，PRB）的 RE 单元。

PDSCH 由 DCI 1_0 和 DCI 1_1 进行资源分配，最大码字数为 2 个，最大层数为 8，最大 HARQ 进程数为 16 个，由 RRC 高层进行配置。

PDSCH 资源映射有两种方式。

- TypeA 映射：PDSCH 起始符号数为 {0，1，2，3}，长度为 3 ~ 14 个符号。
- TypeB 映射：PDSCH 起始符号数为 0 ~ 12，长度为 {2，4，7} 个符号。

TypeA 和 TypeB 的区别是，两种方式对应的起始符号 S 和符号长度 L 候选值不一样。TypeA 主要面向 eMBB 业务，S 比较靠前，L 比较长，而 TypeB 主要面向 uRLLC 业务，对时延要求较高，因此，S 可以为符号 0 ~ 12 任意位置，以便传输随时到达的 uRLLC 业务，L 较短，可降低传输时延。

PDSCH 的频域资源分配分为 bitmap（位图）和资源指示值（Resource Indicator Value，RIV）两种方式。

- Type0：分配方式为 bitmap。通过对 RB 进行分组，若干个连续的 RB 构成一个 RBG，然后以 RBG 为单位采用 bitmap 方式进行指示，RBG 支持的符号数为 {2，4，8，16}。

- Type1：分配方式为 RIV。由 RIV 指示所分配 RB 的起始位置和序号连续的 VRB 长度。

天线端口 i 的 TypeA 和 TypeB PDSCH 示意如图 2-23 所示。

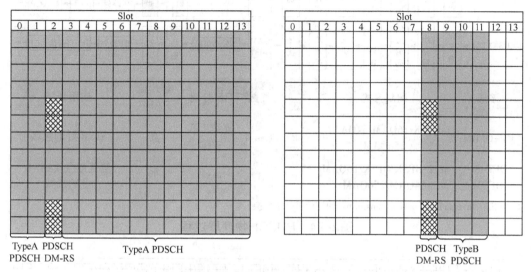

图2-23　天线端口i的TypeA和TypeB PDSCH示意

●●2.6　物理上行共享信道

NR PUSCH 支持以下两种波形。

- CP-OFDM，多载波波形，支持多流 MIMO。

- DFT-S-OFDM，单载波波形，仅支持单流。

UE 是否需要使用 CP-OFDM 或 DFT-S-OFDM，取决于 RRC 参数 TransformPrecoding（TP）设置。

- RACH-ConfigCommon.msg3-TransformPrecoding，其取值为 { enabled（使可行），disabled（不可行）}。

- PUSCH-Config-TransformPrecoding，其取值为 { enabled（使可行），disabled（不可行）}。

如果传输预编码（Transform Precoding，TP）为 disabled，则表示 PUSCH 使用 CP-OFDM 波形，反之，使用 DFT-S-OFDM 波形。PUSCH 物理层过程如图 2-24 所示。

PUSCH 支持 TypeA 和 TypeB 两种映射格式。TypeA 和 TypeB PUSCH 资源映射如图 2-25 所示。

- TypeA：起始符号为 0，长度（含 DM-RS）为 4 ~ 14 个符号。

- TypeB：起始符号为 0 ~ 13，长度（含 DM-RS）为 1 ~ 14 个符号。

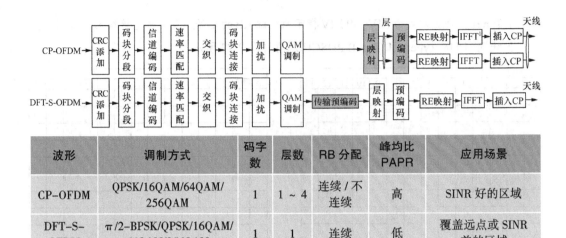

波形	调制方式	码字数	层数	RB 分配	峰均比 PAPR	应用场景
CP-OFDM	QPSK/16QAM/64QAM/256QAM	1	1 ~ 4	连续 / 不连续	高	SINR 好的区域
DFT-S-OFDM	π/2-BPSK/QPSK/16QAM/64QAM/256QAM	1	1	连续	低	覆盖远点或 SINR 差的区域

1. IFFT（Inverse Fast Fourier Transform，快速傅里叶逆变换）。

图2-24 PUSCH物理层过程

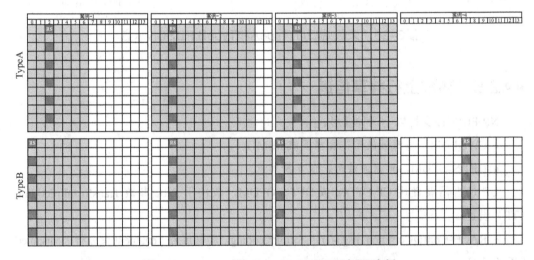

图2-25 TypeA和TypeB PUSCH资源映射

●●2.7 物理共享信道分配

LTE 协议中，DCI 的位置和对应的 PDSCH/PUSCH 相对固定。例如，下行 DCI 和 PDSCH 位于同一个子帧上，而上行 PUSCH 通常出现在对应的 DCI 后 4 个子帧上。LTE PDSCH 和 PUSCH 与 DCI 位置示意如图 2-26 所示。

另外，LTE PDSCH 和 PUSCH 的时域固定从每个子帧的 0 号符号开始，长度固定为 14 个符号，即一个子帧。

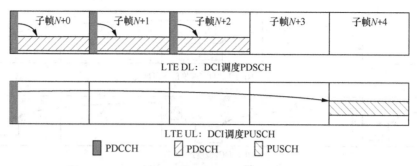

图2-26　LTE PDSCH和PUSCH与DCI位置示意

　　5G 系统为了支持灵活的资源分配，在时域上，PDSCH/PUSCH 与 PDCCH（DCI）的位置不再固定。上下行传输流程的时序关系可以根据业务需求和调度方式遵从基站的动态指示，下行调度示意如图 2-27 所示，上行调度示意如图 2-28 所示。

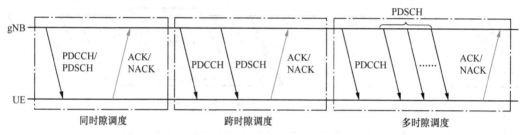

图2-27　下行调度示意

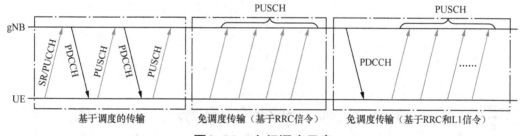

图2-28　上行调度示意

　　对于 PDSCH，其与 PDCCH 的相对位置由 DCI 中的 K_0 域指示。$K_0=0$ 表示 PDSCH 与 PDCCH 在同一个时隙上，$K_0=1$ 表示 PDSCH 位于 PDCCH 后面一个时隙，依此类推。对于 PUSCH，其与 PDCCH 的相对位置由 DCI 中的 K_2 域指示。$K_2=0$ 表示 PUSCH 与 PDCCH 在同一个时隙上，$K_2=1$ 表示 PUSCH 位于 PDCCH 后面一个时隙上，依此类推。NR PDSCH 和 PUSCH 与 DCI 位置示意如图 2-29 所示，PDSCH 分配示意如图 2-30 所示。

　　PDSCH 时域资源分配参数 PDSCH-TimeDomainResourceAllocation 在 RRC 信令 PDSCH-Config 和 PDSCH-ConfigCommon 中携带。其主要有 3 个参数：K_0、mAppingType 和 startSymbolAndLength，具体参数描述如下。

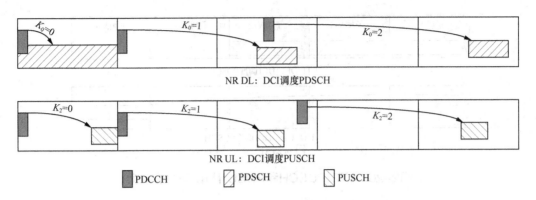

图2-29　NR PDSCH和PUSCH与DCI位置示意

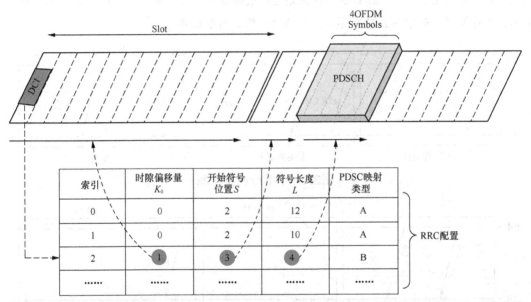

行索引	DM-RS-TypeA-Position	PDSCH mApping Type	K_0	S	L
1	2	TypeA	0	2	12
	3	TypeA	0	3	11
2	2	TypeA	0	2	10
	3	TypeA	0	3	9
......					
15	2, 3	TypeB	0	4	7
16	2, 3	TypeB	0	8	4

图2-30　PDSCH分配示意

```
PDSCH-TimeDomainResourceAllocation : := SEQUENCE {
    K₀                          INTEGER（0…32）   OptionAL, --Need S
    mAppingType                 ENUMERATED {TypeA，TypeB},
    startSymbolAndLength        INTEGER（0…127）    /*SLIV*/
}
```

其中，K_0 表示当前 DCI 所在的时隙与指示的 PDSCH 所在时隙的偏移时隙数；mAppingType 指示采用的分配类型为 TypeA 或者 TypeB；startSymbolAndLength 指示一个 SLIV 值，由该值可推导出 PDSCH 所在时隙的起始符号位置 S 及占用的符号长度 L。

需要注意的是，在资源分配的过程中需要了解两个概念：虚拟资源块（Virtual Resource Block，VRB）和物理资源块（Physical Resource Block，PRB）。文中提到的资源分配方式均是指 VRB 的分配方式。VRB 到 PRB 映射方式有交织映射和非交织映射两种。其中，交织映射是指 VRB 打乱后映射到 PRB 上，有利于克服多径衰落；非交织映射是指 VRB 直接映射到 PRB。定义 VRB 和 PRB 的目的是简化资源分配的过程，VRB 主要负责资源分配而不需要考虑实际的物理位置，由 PRB 定义各个 VRB 实际的物理位置。

●● 2.8 物理信号

NR 上行物理信号只有参考信号，具体可分为解调参考信号（DM-RS）、探测参考信号（SRS）和相位跟踪参考信号（PT-RS）。下行物理信号分为同步信号和参考信号两种。其中，同步信号分为主同步信号（PSS）和辅同步信号（SSS）；参考信号分为解调参考信号（DM-RS）、信道状态指示参考信号（CSI-RS）和相位跟踪参考信号（PT-RS）。4G 和 NR 物理信号功能见表 2-18。

表2-18　4G 和NR物理信号功能

功能分类	4G		5G	
	下行数据信道	下行广播/控制信道	下行数据信道	下行广播/控制信道
空闲态 RSRP/SINR 测量		PBCH_CRS		SSS
连接态 RSRP/SINR 测量	PDSCH_CRS		CSI-RS	SSS
CQI/PMI/RI 测量	PDSCH_CRS		CSI-RS	
数据解调	PDSCH_CRS	PBCH_CRS	PDSCH_DM-RS	PBCH_DM-RS
波束管理			CSI-RS/SRS	SSB

与 LTE 相比，NR 物理信号及功能变化主要表现为以下几个方面。

- 用 SSS、CSI-RS 和 DM-RS 取代 CRS 信号。
- 下行业务信道采用 TM1 波束赋形传输模式。

- 基于 SSB 或 CSI-RS 进行 RSRP 和 SINR 测量。
- 基于 DM-RS 进行共享信道和控制信道解调。

2.8.1 解调参考信号

解调参考信号（DM-RS）只在分配使用的带宽上发送，用于信道估计和相关解调。对接收端来说，DM-RS 是一个已知信号，和数据一起使用相同的预编码矩阵，伴随着数据一起发送给接收端。接收端根据 DM-RS 可以得到表征信道特征的矩阵，然后根据信道特征矩阵解析信道承载的内容。

DM-RS 序列采用 Zadoff-Chu 基序列生成，对于长度大于 72 的参考信号序列，其可用的基序列共有 60 个，分为 30 组，每组包含 2 个正交基序列。不同的 DM-RS 基于相同的参考信号序列，使用不同的循环移位生成，使彼此之间完全正交而互不干扰。

DM-RS 按照信道类型分为 PBCH DM-RS、PDCCH DM-RS、PDSCH DM-RS、PUCCH DM-RS 和 PUSCH DM-RS。根据 DM-RS 占用的符号数，PDSCH/PUSCH DM-RS 分为 Type1 和 Type2 两种类型，由参数 DM-RS-Type 指示。由于 Type1 和 Type2 每个端口占用的 RE 数量不同，即每个端口的 RE 密度不同，所以各自有不同的适用场景，Type1 适合低信噪比、频域选择性较高的场景，Type2 适合高信噪比、时延扩展较小的场景。

1. PBCH 的解调参考信号

PBCH DM-RS 频域位置为 {0+v，4+v，8+v}，v 为 PCI mod 4 的结果。PBCH 的 DM-RS 配置如图 2-31 所示。

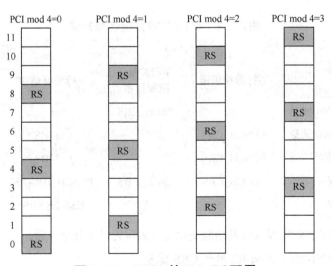

图2-31　PBCH的DM-RS配置

2. PDCCH 的解调参考信号

PDCCH DM-RS 频域位置固定占用 1/5/9 号子载波。PDCCH 的 DM-RS 配置如图 2-32 所示。

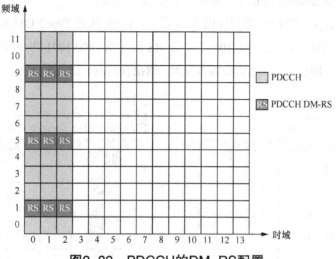

图2-32 PDCCH的DM-RS配置

3. PDSCH 的解调参考信号

PDSCH 的解调参考信号用于接收端（UE 侧）进行信道估计和信道解调。DM-RS 只在分配给 UE 的带宽上发送，属于 UE 级别参考信号。

时域上，根据 PDSCH 的 DM-RS 在时隙中映射位置可以分为 TypeA 和 TypeB 两种类型。对于 PDSCH 映射 TypeA，front-loaded DM-RS 的起始位置由 DM-RS-TypeA-Position 的值 {pos2，pos3} 决定。对于 PDSCH 映射 TypeB，front-loaded DM-RS 的起始位置位于 PDSCH 的起始符号。

频域上，PDSCH 的 DM-RS 可以分为 Type1 和 Type2 两种类型。

Type1 DM-RS 在频域上连续占用 1 个 RE，单符号时，支持 4 端口，双符号时，支持 8 端口。Type1 DM-RS 的主要特性如下。

- 最多支持 8 个天线端口，端口号为 1000 ~ 1007。
- 使用两个 CDM 组，CDM group0 和 CDM group1（FDM）。
- 每个端口上的 DM-RS 密度为每 PRB 6 个子载波。

Type2 DM-RS 在频域上连续占用 2 个 RE，单符号支持 6 端口，双符号支持 12 端口。Type2 DM-RS 的主要特性如下。

- 最多支持 12 个天线端口，端口号为 1000 ~ 1011。
- 使用 CDM group0、CDM group1 和 CDM group2（FDM）共 3 个 CDM 组。
- 每个端口上的 DM-RS 密度为每 PRB 4 个子载波。

DM-RS 类型、DM-RS 符号长度和附加 DM-RS 位置的详细配置由信元 SDM-RS-DownlinkConfig 下发给 UE。其中，DM-RS 类型的缺省值为 Type1，附加 DM-RS 的位置需根据 IE DM-RS-additionalPosition 设置查表 TS38.211 决定。

PDSCH 的 Type1 DM-RS 配置如图 2-33 所示，PDSCH 的 Type2 DM-RS 配置如图 2-34 所示。"PDSCH DM-RS port:1000/1001"表示 RS 同时在 1000/1001 两个天线端口发射，如果对应 4 个天线，即表示在 4 个天线端口发射，则接收端通过联合解调区分出不同端口信号。

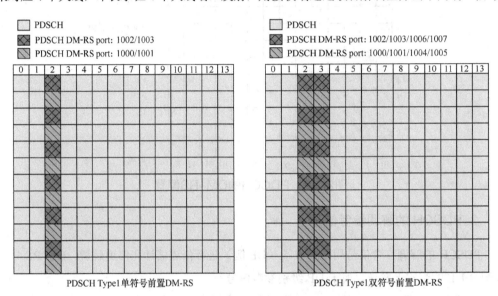

图2-33　PDSCH的Type1 DM-RS配置

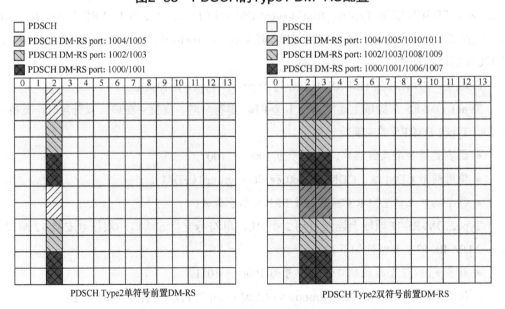

图2-34　PDSCH的Type2 DM-RS配置

4. PUSCH 的解调参考信号

PUSCH 的解调参考信号用于接收端（基站侧）进行信道估计和信道解调。

时域上，根据 PUSCH 的 DM-RS 映射方式不同，分为 TypeA 和 TypeB 两种类型。对于 PUSCH 映射 TypeA，front-loaded DM-RS 的起始位置由 DM-RS-TypeA-Position 值决定。对于 PUSCH 映射 TypeB，front-loaded DM-RS 的起始位置位于 PUSCH 的起始符号。

频域上，PUSCH 的 DM-RS 分为 Type1 和 Type2 两种类型，由 RRC 层进行配置。如果波形为 DFT-S-OFDM，则必须采用 Type1。

Type1：单符号支持 4 端口，双符号支持 8 端口。

Type2：单符号支持 6 端口，双符号支持 12 端口。

DM-RS 类型、DM-RS 符号长度和附加 DM-RS 位置的详细配置由信元 DM-RS-UplinkConfig 下发给 UE。其中，DM-RS 类型的缺省值为 Type1，附加 DM-RS 位置需根据信元 DM-RS-additionalPosition 设置查表 TS38.211 决定。PUSCH 的 DM-RS 配置如图 2-35 所示。

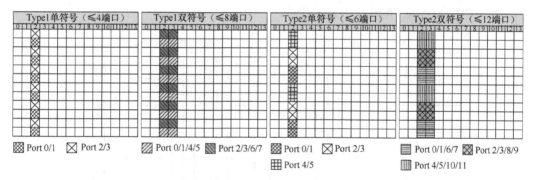

图2-35　PUSCH的DM-RS配置

5. PUCCH 的解调参考信号

PUCCH 支持 5 种 UCI 格式。其中，格式 0（短格式）不配置 DM-RS；格式 1 的 DM-RS 在时域上的位置 l 为偶数的 OFDM 符号 0，2，4，…；格式 2（短格式）的 DM-RS 在频域上的位置 κ 为 $3m+1\{m=0,1,\cdots\}$ 号子载波。PUCCH 格式 3，4 的 DM-RS 位置见表 2-19。

表2-19　PUCCH格式3，4的DM-RS位置

PUCCH 长度	PUCCH 中 DM-RS 位置 l'			
	不包含附加 DM-RS		附加 DM-RS	
	无跳频	跳频	无跳频	跳频
4	1	0, 2	1	0, 2
5	0, 3		0, 3	

续表

PUCCH 长度	PUCCH 中 DM-RS 位置 l			
	不包含附加 DM-RS		附加 DM-RS	
	无跳频	跳频	无跳频	跳频
6	1, 4		1, 4	
7	1, 4		1, 4	
8	1, 5		1, 5	
9	1, 6		1, 6	
10	2, 7		1, 3, 6, 8	
11	2, 7		1, 3, 6, 9	
12	2, 8		1, 4, 7, 10	
13	2, 9		1, 4, 7, 11	
14	3, 10		1, 5, 8, 12	

注：1. l 是 PUCCH 符号相对位置，如果 PUCCH 占用时隙的起始符号为 2，则时隙内符号 2 对应表 2-19 的 l=0。

PUCCH 的 DM-RS 配置如图 2-36 所示。

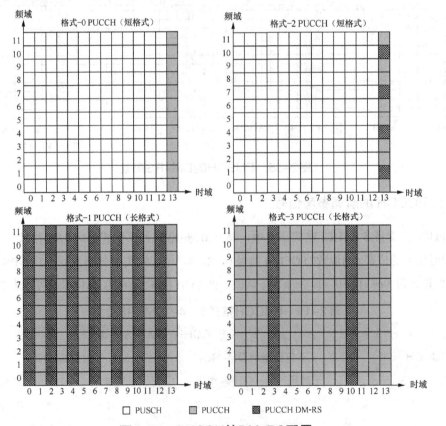

图2-36 PUCCH的DM-RS配置

6. 附加 DM-RS

5G 引入了附加 DM-RS，其目的是在特殊场景中，满足对信道时变性的估计精度。附加 DM-RS 由高层参数 DM-RS-AdditionalPosition 配置，每组附加 DM-RS 导频的图样都是前置 DM-RS 导频的重复，即每组附加 DM-RS 与前置 DM-RS 导频占用相同的子载波和相同的 OFDM 符号数。

根据具体场景，单符号前置 DM-RS 时，最多可以增加 3 组附加导频，双符号前置 DM-RS 时，最多可以增加 1 组附加导频，即每个时隙的 DM-RS 最多占用 4 个 OFDM 符号。具体根据需要进行配置并通过控制信令指示。PDSCH 的附加 DM-RS 配置如图 2-37 所示。

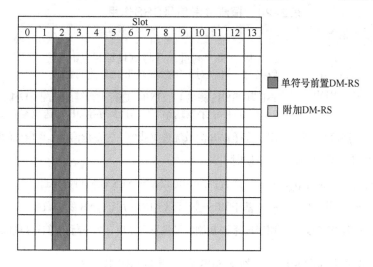

图2-37 PDSCH的附加DM-RS配置

DM-RS 配置时，需结合具体场景进行综合考虑，实现性能和开销平衡。如果信道频域波动较大，则建议采用 Type1 DM-RS，增加 DM-RS 频域密度，提高接收端信道解调能力。如果信道时域变化较快，检测时间较短，例如，高铁，则建议配置附加 DM-RS，通过增加 DM-RS 的时域数量，提高接收端的信道解调能力。

2.8.2 探测参考信号（SRS）

探测参考信号（SRS）即上行 Sounding 信号或探测信号。UE 在激活 BWP 带宽内发送 SRS，gNodeB 接收 UE 发送的 SRS 并进行处理，测量出 UE 在 BWP 带宽内的 SINR、RSRP、PMI 等。

NR 系统中，基站可以为 UE 配置多个 SRS 资源集，每个 SRS 资源集包含 1 到多个 SRS 资源，每个 SRS 资源包含 1 个、2 个或 4 个 SRS 端口。每个 SRS 资源可以配置在一个时隙的最后 6 个 OFDM 符号中的 1 个、2 个或 4 个连续符号。当 SRS 与 PUSCH 在同一个时隙发送时，SRS 只能在 PUSCH 之后发送。

SRS 的作用主要包括 3 个方面：一是用于上行信道质量测量，做频率选择性调度；二是 TA 测量，用于上行定时控制；三是基于上行信道估计，根据 TDD 上下行信道互易性进行下行波束赋形。

SRS 由 ZC 序列生成，频域支持全频段覆盖，SRS 带宽为 4RBs 的整数倍，最大为 272 个 RBs，最小为 4RBs。时域上位于时隙内 PUSCH/DM-RS 的后面。SRS 发送方式支持 1、2、4 端口发送。每个用户 SRS 的发送周期、发送带宽等参数由高层 RRC 独立配置。

探测参考信号 SRS 作用见表 2-20。

表2-20 探测参考信号SRS作用

类别	作用	说明
Codebook（码本）	上行 SU-MIMO/MU-MIMO	gNB 基于 SRS 测量，并将测量结果 PMI 发送给 UE。UE 发送数据时，可以对上行数据基于 PMI 进行加权
		gNB 基于 SRS 测量 UL SINR，进行上行链路适配（Link Adaptive，LA），并将结果发送给 UE，用于指导 UE 发送数据（MCS 调整）
	上行波束管理	用于选择 gNB 侧最优接收波束，为上行信道选择最优的服务波束
	上行定时	上行定时
Antenna Switching（天线切换）	下行 SU-MIMO/MU-MIMO	gNB 发送数据时，可以基于 SRS 权值对数据进行加权
		gNB 基于 SRS 进行下行 LA，用于 gNB 发送数据
	下行波束管理	用于选择 gNB 侧的最优发送波束，为下行信道选择最优服务波束

SRS 配置方式分为周期 SRS、半静态 SRS 和非周期 SRS 共 3 种。

① 周期 SRS：通过 RRC 进行配置，UE 收到周期 SRS 资源配置后会周期性地发送 SRS。

② 半静态 SRS：通过 RRC 进行配置，UE 收到半静态 SRS 资源配置后不会直接发送 SRS，需要 MAC CE 激活后，才周期性地发送 SRS。

③ 非周期 SRS：通过 DCI 进行指示，UE 收到非周期 SRS 资源配置后需要 DCI 触发才发送 SRS。

每个 UE 的 SRS 资源包括多个 SRS set。SRS 相关概念可参阅 3GPP TS38.214 第 6.2.1 节。

SRS Slot 周期是指用户的 SRS 发送周期，如果用户每隔 n 个 Slot 发送一次 SRS，则 n 为该用户 SRS 的 Slot 周期。

SRS Slot 偏置是指每个周期中 SRS 在时域上的发送位置（即 Slot 号）。

SRS 资源配置通过 RRC 消息中 SRS-Config 单元发给 UE。UE 收到后，周期 SRS 会在资源对应的时频资源上发送 SRS，非周期 SRS 资源则需要由调度决定，gNB 通过 DCI 指示 UE 发送 SRS。

SRS 的复用方式包含频分多路复用（Frequency Division Multiplexing，FDM）和码分复

用（Code Division Multiplexing，CDM）两种。其中，FDM 表示在 UE 之间使用不同的频率资源传送 SRS 给 gNB；CDM 表示多个用户的 SRS 可以通过 CDM 的方式占用相同的时频资源发送给 gNB。

2.8.3 信道状态参考信号

由于传输模式 TM9 最大可以达到 8 层传输，在此传输模式下，端口数也可能达到 8 个，所以就会引入一个问题，协议 TS36.211 中只规定了最大 4 端口的 CRS，如果按照类似的方式将其扩充到 8 端口的 CRS，则 CRS 将占据大量的固定时频资源，降低了业务数据可利用的资源，其代价较大，也违背了设计 TM9 提高数据速率的初衷。因此，引入了 CSI-RS，与 CRS 相比，CSI-RS 是一种低密度的参考信号，只占据少量必要的时频资源，但是同样能达到测量下行信道的目的。

为了实现多端口 CSI-RS，将时域和频域连续的一个或者多个 RE 作为 1 个基本单元，并通过不同的复用及组合形式构造出不同端口数的 CSI-RS 图样。复用形式可通过以下一种或者多种组合。

① 码分复用（CDM），不同天线端口 CSI-RS 通过正交编码的形式映射到相同 RE。

② 频分复用（FDM），不同天线端口 CSI-RS 映射到同一个时域符号的不同 RE。

③ 时分复用（TDM），不同天线端口 CSI-RS 映射到不同时域符号的相同频域 RE。

CSI-RS 图样基本单元（方块表示 RE）见表 2-21（假定每 X 个端口 CSI-RS 的图样基本单元由一个 PRB 内频域相邻的 Y 个 RE 和时域上相邻的 Z 个符号构成）。

表2-21 CSI-RS图样基本单元（方块表示RE）

端口数	CSI-RS 图样（CDM-Type）	
$X=1$	▢	No CDM
$X=2$	▢▢	CDM 2（FD2）
$X=4$	▦	CDM 4（FD2，TD2）
$X=8$	▦▦	CDM 8（FD2，TD4）

CSI-RS 可以反映业务信道质量，会影响下行 MCS 编码、调制方式、RANK 等。CSI-RS 类型和功能见表 2-22。

CSI-RS 发射模式可以配置为周期、非周期和半静态 3 种。CSI-RS 发送间隔越短，信道测量越准确，但 CSI-RS 资源开销越大，支持的在线用户数越少。NR 中 UE 最大支持 32 个端口的 CSI-RS 测量。CSI 可以通过 PUCCH 或 PUSCH 进行上报，其上报类型分为周期性上报（PUCCH）、非周期性上报（PUSCH）和半静态上报（PUCCH 或 PUSCH）。上报方式由信元 CSI-ReportConfig 中参数 reportConfig 指示。

表2-22　CSI-RS类型和功能

功能	CSI-RS 类别	描述
信道质量测量	NZP-CSI-RS	用于下行信道状态信息测量，UE 上报的内容包括 CQI/PMI/RI/LI
	CSI-IM	
波束管理	NZP-CSI-RS	用于波束测量，UE 上报的内容包括 L1-RSRP/CRI
RRM/RLM 测量	NZP-CSI-RS	用于 RRM/RLM 测量，UE 上报的内容包括 CSI-RSRP/CSI-RSRQ/CSI-SINR
时频偏跟踪	TRS[1]	精确的时频偏跟踪

注：1. TRS（Tracking Reference Signal，跟踪参考信号）。

　　CSI-RS 根据功能可细分为下行时频偏跟踪参考信号（TRS）和下行信道状态测量的参考信号（CSI-RS for CM）两种。基站在激活 BWP 带宽内发送 CSI-RS for CM，UE 接收基站发送的 CSI-RS for CM 并进行处理，测量出 BWP 带宽内的 CSI 并上报给基站。CSI 的作用主要包括以下几个方面。

　　● L1-RSRP：指示波束强度。如果 CSI-RSRP 用来作为 L1 的参考信号，在天线端口3000 或 3001 传输的 CSI-RS 信号用来判决 CSI-RSRP，则主要应用于没有配置 SSB 的 BWP的波束测量（类似 SSB 波束扫描，根据测量电平选择最优波束）。

　　● CRI（CSI-RS Resource Indicator，CSI 参考信号资源指示符）：UE 根据 L1-RSRP 指示信号最好的 CSI-RS 波束。

　　● RI（Rank Indicator，秩指示符）：根据 CRI 采用测量算法计算得到 RI，用于层映射。例如，奇异值分解（Singular Value Decomposition，SVD）法计算 RI，接收端对每个子载波信道矩阵的自相关矩阵进行奇异值分解，将得到的奇异值由大到小排序，再按照约定方法将奇异值与信噪比进行比较得到最佳 RI 值。

　　● PMI（Precoding Matrix Indicator，预编码矩阵指示符），根据 RI 和 CRI 计算得到，基站根据 PMI 选择预编码矩阵进行预编码。例如，基于性能的 PMI 测量算法，根据已知的RI 值，遍历码本中与此 RI 相关的预编码矩阵，测量得到信道容量最大时的 PMI。

　　● CQI（Channel Quality Indicator，信道质量指示符），根据 PMI、RI 和 CRI 计算得到，用于自适应调制编码，基站根据 CQI 选择合适的编码和调制方式。

　　● LI（Layer Indicator，层指示符）：根据 CQI、PMI、RI 和 CRI 计算得到，指示最强的层，用于在下行最强的层上发送 PT-RS 参考信号。

　　UE 首先测量 L1-RSRP（下行 BWP 配有 SSB 时测量 SSS 同步信号电平，对于没配置

SSB 的 BWP 测量 CSI-RS）；根据 L1-RSRP 选择最好的波束 CRI；对选定波束的已知信号 CSI-RS 采用算法进行计算得到 RI；根据 RI 和天线端口数确定可用的 PMI 集合，对所有可能的 PMI 通过遍历的方法计算，选择性能最优的 PMI；PMI 确定后通过仿真按照容量最大的原则得到 CQI。UE 将测量结果上报基站，基站根据上报的 CQI、RI 等信息进行编码调制。基站信道编码调制方式选择示意如图2-38 所示。

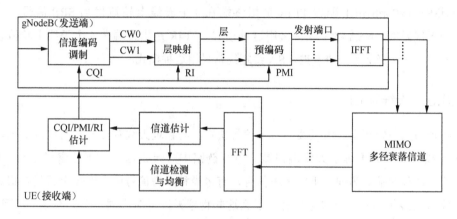

图2-38　基站信道编码调制方式选择示意

2.8.4　SRS 天选

目前，手机反馈信道状态信息有 PMI 和 SRS 这两种不同的模式。其中，PMI 是基站通过一种预先设定的机制，依靠终端测量后辅以各种量化算法来估计信道信息和资源要求，并上报给基站，而 SRS 则是利用信道互易性让终端直接将信道信息上报给基站。相比 PMI，后者可实时反馈信道状态，更加精确。

SRS 天选功能是指支持 1T4R 或 2T4R 的手机终端可在多个天线上轮流发射 SRS 信号，从而让基站更好地评估每个天线对应通道的信号传输质量。手机天选示意如图 2-39 所示。

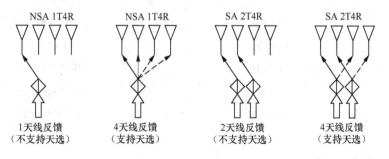

图2-39　手机天选示意

根据协议要求，PMI 是所有 5G 手机必须支持的功能，SRS 天选则是可选功能。实测中，支持 SRS 天选的手机速率会有明显提升。

手机是否支持天选可通过消息 ueCapabilityInformation→phyLayerParameters→SRS-TxSwitch→supportedSRS-TxPortSwitch 进行查询。其中，supportedSRS-TxPortSwitch 表示 UE 支持的 SRS Tx 端口切换模式 "xTyR"，即 UE 能够在 y 天线端口上轮询进行 SRS 传输。y 对应于 UE 接收天线的全部或子集，x 表示每次轮询选择发射天线的个数。例如，supportedSRS-TxPortSwitch 配置 1T4R 是指终端在 4 个天线上轮流发射 SRS 信号，一次选择 1 个天线发射，NSA 终端经常采用这种模式。2T4R 是指终端在 4 个天线上轮流发射 SRS 信号，一次选择 2 个天线发射，SA 终端经常采用这种模式。

2.8.5 天线端口

天线端口为逻辑概念，由天线的参考信号决定，与物理天线存在一一对应的关系，但是物理天线数必须大于等于天线端口数。下行链路中，天线端口与下行参考信号（RS）一一对应，即天线端口等同于下行参考信号，有多少种参考信号就有多少个天线端口。如果多个物理天线传输同一个参考信号，那么这些物理天线就对应同一个天线端口。目前，协议对天线端口和物理天线间的映射关系没有明确规定，二者之间的映射关系由厂商自定义。

需要注意的是，NR 小区每个天线端口信号映射到所有物理天线进行波束赋形后在空口传输。天线端口编号与物理信道映射关系见表 2-23，其目的是通过天线端口扩展空间资源，提高空口传输效率。

表2-23　天线端口编号与物理信道映射关系

方向	物理信道	天线端口
上行	PUSCH	从 0 开始
	SRS	从 1000 开始
	PUCCH	从 2000 开始
	PRACH	4000
下行	PDSCH	从 1000 开始
	PDCCH	从 2000 开始
	CSI-RS	从 3000 开始
	SS/PBCH	从 4000 开始

●● 2.9　波束管理

NR 系统采用波束赋形技术，对每类信道和信号都会形成能量更集中、方向性更强的窄波束。但是相对宽波束，窄波束的覆盖范围有限，一个波束无法完整地覆盖小区内所有用户，也无法保证小区内的每个用户都能获得最大的信号能量，因此，引入波束管理，其目的是用户可选择最优的波束。NR 波束管理过程包括以下几个方面。

波束扫描：发射端参考信号波束在预定义的时间间隔进行空间扫描。

波束测量：接收端测量参考信号波束，选择最好的波束进行接入。

波束上报：UE 测量 SSB 或 CSI-RS 后上报相应的波束信息。

波束指示：基站指示 UE 使用的波束。

波束恢复：现有波束传输质量无法满足要求或波束追踪失败，UE 与基站之间重新建立连接的过程。

波束管理用参考信号见表 2-24。

表2-24 波束管理用参考信号

方向	信号类型
下行	SSB（空闲态）和 CSI-RS（连接态）
上行	PRACH（初始接入）和 SRS（连接态）

根据波束赋形时采用的权值策略，NR 波束分为如下两类。

● 静态波束：波束赋形时采用预定义的权值，即小区下形成固定的波束，例如，波束的数量、宽度、方向都是确定的。然后根据小区覆盖、用户分布、系统负载等信息，为各类信道和信号选择最优的波束集合。

● 动态波束：波束赋形时的权值是根据信道质量计算得到的，会随 UE 位置、信道状态等因素动态调整波束的方向。

其中，静态波束用于广播信道、公共控制信道；动态波束用于 PDSCH。NR 物理信道 / 信号波束分类见表 2-25。

表2-25 NR物理信道/信号波束分类

信道 / 信号类型	波束类型	波束说明
SSB 广播信道	静态波束	FR1 最大支持 8 个波束。小区级波束，支持多种覆盖场景的波束
PDCCH 信道		小区级 32 个波束。UE 对这些窄波束进行测量，gNodeB 针对 SRS 测量或 UE 测量上报的结果，维护波束集合，给每个信道和信号选择最优的波束来使用（TRS 使用宽波束覆盖整个小区）
CSI-RS 信号		
PDSCH 信道	动态波束	基于 SRS 或 PMI 进行动态波束管理

（1）SSB 广播信道静态波束管理

SSB 波束是小区级波束，gNodeB 按照 SSB 的周期选择周期性地发送 SSB 波束，广播同步消息和系统消息。NR 小区每个时刻发送一个方向的波束，不同时刻发送不同方向的 SSB 波束，完成对整个小区的覆盖。SSB 波束示意如图 2-40 所示。

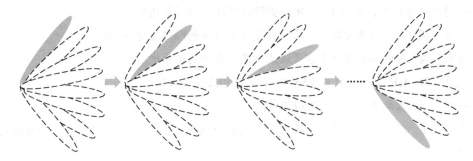

图2-40　SSB波束示意

UE 接收每个波束的信号，并在信号质量最优的波束上完成同步和系统消息解调。

NR 提供多种 SSB 广播波束类型，以支持不同场景的广播波束覆盖。广播波束的覆盖场景见表 2-26。

表2-26　广播波束的覆盖场景

覆盖场景 ID	水平 3dB 波宽	垂直 3dB 波宽	覆盖场景	场景介绍
SCENARIO_1	110	6	广场场景	非标准 3 扇区组网，适用于水平宽覆盖，水平覆盖比场景 2 大，例如，广场场景和宽大建筑。近点覆盖比场景 2 略差
SCENARIO_2	90	6	基站密集且导频污染场景	非标准 3 扇区组网，当邻区存在强干扰源时，可以收缩小区的水平覆盖范围，减少邻区干扰的影响。由于垂直覆盖角度最小，所以适用于低层覆盖
SCENARIO_3	65	6		
SCENARIO_4	45	6	楼宇场景	低层楼宇，热点覆盖
SCENARIO_5	25	6		
SCENARIO_6	110	12	中层覆盖广场场景	非标准 3 扇区组网，水平覆盖最大，并且带中层覆盖的场景
SCENARIO_7	90	12	中层覆盖干扰场景	非标准 3 扇区组网，当邻区存在强干扰源时，可以收缩小区的水平覆盖范围，减少邻区干扰的影响。由于垂直覆盖角度相对于 SCENARIO_1 ~ SCENARIO_5 变大，适用于中层覆盖
SCENARIO_8	65	12		
SCENARIO_9	45	12	中层楼宇	中层楼宇，热点覆盖
SCENARIO_10	25	12		
SCENARIO_11	15	12		

续表

覆盖场景 ID	水平 3dB 波宽	垂直 3dB 波宽	覆盖场景	场景介绍
SCENARIO_12	110	25	广场 + 高层楼宇场景	非标准 3 扇区组网，水平覆盖最大，并且带高层覆盖的场景。当需要广播信道体现数据信道的覆盖情况时，建议使用该场景
SCENARIO_13	65	25	高层覆盖干扰场景	非标准 3 扇区组网，当邻区存在强干扰源时，可以收缩小区的水平覆盖范围，减少邻区干扰的影响。由于垂直覆盖角度最大，所以适用于高层覆盖
SCENARIO_14	45	25	高层楼宇	高层楼宇，热点覆盖
SCENARIO_15	25	25		
SCENARIO_16	15	25		

当水平覆盖要求较高时，推荐配置为 SCENARIO_1/6/12，远点可以获得更高的波束增益，提升远点覆盖。当小区边缘存在固定干扰源时，推荐配置为 SCENARIO_2/3/7/8/13，缩小水平覆盖范围，减少干扰。当只有孤立的建筑时，推荐配置为 SCENARIO_4/5/9/10/11/14/15/16，水平面覆盖较小。SSB 波束应用场景示意如图 2-41 所示。

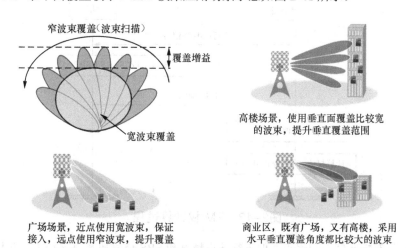

图2-41 SSB波束应用场景示意

（2）PDSCH 信道动态波束管理

PDSCH 信道基于 SRS 权或者 PMI 权进行动态波束赋形，权值采用自适应选择，即选择预编码矩阵。gNB 主要通过两种途径选择合适的下行预编码矩阵。

- SRS 权：gNB 基于 SRS 的测量进行下行信号加权。
- PMI 权：gNB 基于 UE 反馈的 PMI 进行下行信号加权。

如果 UE 的 SINR 超过设定门限 1（可设）时，选择基于 SRS 得到的赋形权值；反之，UE 的 SINR 低于设定门限 2（门限 2 小于门限 1）时，选择基于 PMI 的赋形权值。相对于 SRS 权，远点用户通过 PMI 权可以提升赋形权值的准确性，改善边缘用户 SINR。SRS 权计算过程如图 2-42 所示，PMI 权计算过程如图 2-43 所示。

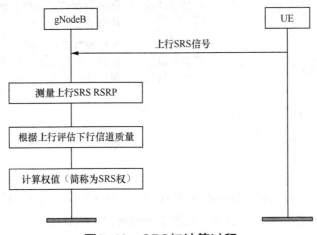

图2-42　SRS权计算过程

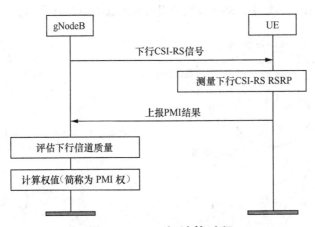

图2-43　PMI权计算过程

SRS 权具有指向精确的优点，但下行波束精度和 SRS 信号质量直接相关，并且 SRS 带宽为 4RBs 的整数倍，覆盖容易受限，适合于近点信号质量较好的用户使用。PMI 权基于 UE 反馈 PMI 且仅需占用 2RB 资源进行传输，因此，其覆盖优于 SRS 权，但下行波束指向性较差，相对适合远点覆盖差的用户使用。

信令流程分析

chapter 3

第3章

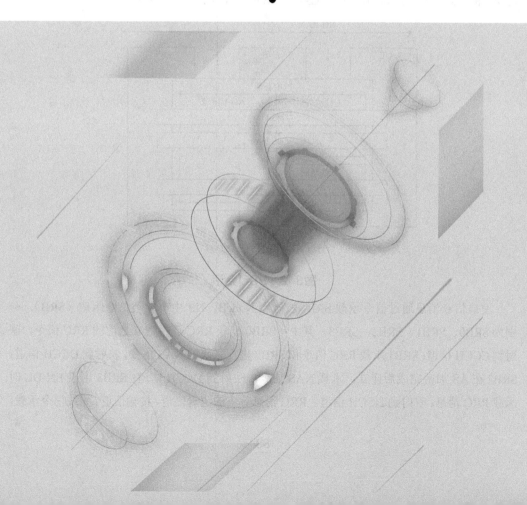

信令过程是移动通信网络中一个十分重要的概念，在业务建立和拆除过程中，UE与gNB之间、gNB与5GC之间，以及gNB与gNB之间都要交互一些控制信息，以创建对等的协议实体并协调相互的动作，这些控制信息称为信令，这个交互过程就是信令过程。SA组网基本信令流程如图3-1所示。

与4G网络相比，5G QoS管理的粒度细化为QoS Flow，5G核心网取消承载概念，采用PDU会话进行UE和UPF之间的数据传输，PDU会话如图3-2所示。每个PDU

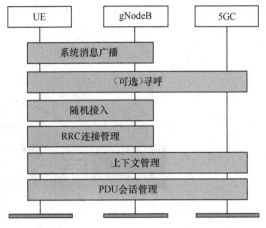

图3-1　SA组网基本信令流程

会话支持一种PDU会话类型，即IPv4、IPv6、IPv4v6、Ethernet（以太网）、Unstructured（非结构化）中的一种。一个PDU会话建立后，即建立了一条UE和外部数据网（Data Network，DN）的数据传输通道。单个PDU会话在一个用户面隧道承载，可以传送多个（最多64个）QoS Flow的数据报文。多个QoS Flow由gNB中SDAP层根据QoS等级映射到已建立的无线承载（Radio Bearer，RB），或者根据需要新建RB来映射。

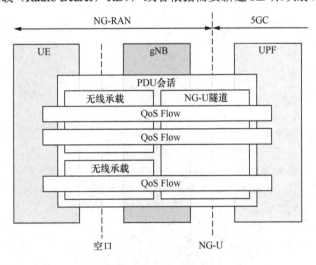

图3-2　PDU会话

空口信令消息通过信令承载SRB发送给gNodeB。NR中有4类信令承载（SRB），分别为SRB0、SRB1、SRB2、SRB3。其中，SRB0承载RRC连接建立之前的RRC信令，映射到CCCH信道；SRB1承载RRC信令和SRB2建立之前的NAS信令，映射到DCCH信道；SRB2在AS加密完成后建立，承载NAS信令，映射到DCCH信道；SRB3用于EN-DC时承载RRC消息，映射到DCCH信道。RRC消息对应的逻辑信道、传输信道、无线信令承载，可查阅 3GPP TS 38.331 第 6.2.1 节和第 6.2.2 节。

●●3.1 随机接入

随机接入过程发生在 UE 和 gNodeB 通信前，由 UE 向 gNodeB 请求接入，gNodeB 进行响应并给 UE 下发 TA 命令、分配上行资源，建立和恢复 UE 与 gNodeB 之间上行同步，以进行正常业务传输的过程。

随机接入过程分为竞争模式（CB-RA）和非竞争模式（CF-RA）两种。

（1）竞争模式

接入前导由 UE 随机选定，不同 UE 选择的前导可能冲突，gNodeB 需要通过竞争解决不同 UE 的接入。

（2）非竞争模式

接入前导由 gNB 分配给 UE，这些接入前导属于专用前导。这种情况下，UE 之间不会发生前导冲突。但当专用资源不足时，gNB 会指示 UE 发起基于竞争的随机接入过程。

RA 的触发场景和类型见表 3-1。

表3-1　RA的触发场景和类型

触发场景	场景描述	类型
初始 RRC 连接建立	UE 从空闲态或 RRC_INACTIVE 状态转到连接态，需要建立 RRC 连接时会发起 RA 过程	基于竞争的 RA
RRC 连接重建	UE 检测到无线链路失败，需要重新建立 RRC 连接时会发起 RA 过程	基于竞争的 RA
切换	UE 进行切换时，UE 会在目标小区发起 RA	优先采用基于非竞争的 RA，但在 gNodeB 专用前导用完时，采用基于竞争的 RA
下行数据到达	当 UE 处于连接态，gNodeB 有下行数据需要传输给 UE，却发现 UE 上行失步状态，则 gNodeB 将控制 UE 发起 RA	基于非竞争的 RA
上行数据发送	当 UE 处于连接态，UE 有上行数据需要传输给 gNodeB，却发现自己处于上行失步状态，则 UE 将发起 RA	基于竞争的 RA
请求 OSI[1]	当 UE 请求某类 OSI 时，按照按需订阅方式，通过 Msg1 请求这类 OSI	基于非竞争的 RA
	当 UE 请求某类 OSI 时，按照按需订阅方式，通过 Msg3 请求这类 OSI	基于竞争的 RA
波束失败恢复	当 UE 物理层检测到波束失步时，通知 UE MAC 层发起 RA 过程选择新的波束	基于非竞争的 RA（可配置）
添加 NR 小区	NSA 场景添加 NR 小区时，需要发起 RA	基于非竞争的 RA

注：1. OSI（Other System Information，其他系统消息）。

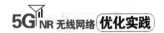

3.1.1 竞争模式

UE 在发送 RA 前导前，先将小区内所有 SSB 波束的 RSRP 与规定的 RSRP 门限进行比较（该门限对应 3GPP TS 38.331 协议信元 rsrp-ThresholdSSB，可通过参数进行配置），选择一个大于该门限的 SSB Index。如果没有满足要求的 SSB，则任意选择一个 SSB Index。然后，UE 利用从系统消息中获得的 PRACH 配置，计算出该 SSB Index 对应的 PRACH occasion（即时频资源），并在对应的 occasion 上发送随机接入前导。而当基站收到 UE 发来的 preamble 时，根据 SSB Index 和发射时机（RO）关联关系确定指向 UE 的波束索引，进行初始波束管理。初始接入过程如图 3-3 所示。

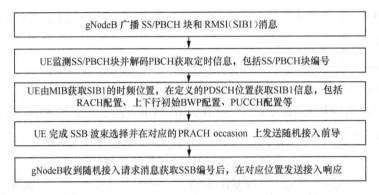

gNodeB 广播 SS/PBCH 块和 RMSI（SIB1）消息

UE 监测 SS/PBCH 块并解码 PBCH 获取定时信息，包括 SS/PBCH 块编号

UE 由 MIB 获取 SIB1 的时频位置，在定义的 PDSCH 位置获取 SIB1 信息，包括 RACH 配置、上下行初始 BWP 配置、PUCCH 配置等

UE 完成 SSB 波束选择并在对应的 PRACH occasion 上发送随机接入前导

gNodeB 收到随机接入请求消息获取 SSB 编号后，在对应位置发送接入响应

图3-3 初始接入过程

基于竞争的 RA 流程如图 3-4 所示。

（1）Msg1：随机接入前导

UE 在 PRACH 信道发送随机接入请求，消息中携带 Preamble 码。UE 发送了随机接入前导后在随机接入响应窗口中监测 RA-RNTI 标识的 PDCCH 来接收相应的随机接入响应消息，随机接入响应窗口的长度由基站在系统消息 SIB1 中发送给 UE。

传输前导的目的在于向基站指示当前终端的随机接入尝试，使基站能够估计 gNodeB 和终端之间的传输时延。

（2）Msg2：随机接入响应

gNodeB 收到消息后，在 PDSCH 上返回随机接入响应，并指示 UE 调整上行同步。Msg2 由 gNodeB 的 MAC 层组织，并由 DL_SCH 承载，一条 Msg2 可以同时响应多个 UE 的随机接入请求。基站使用 DCI1_0 格式 PDCCH 调度 Msg2，并通过 RA-RNTI 进行加扰，Msg2 包含上行传输定时提前量 TA（TA=0，1，2 … 3846）为 MSG 3 分配的上行资源等。

（3）Msg3：第 1 次调度传输

UE 收到 Msg2 后，判断是属于自己的随机接入响应消息（利用 Preamble ID 核对），解码后获得 UL Grant、MCS、TPC、CSI 请求、临时小区无线网络临时识别（Temporary-Cell Radio Network Temporary Identify，T-CRNTI）信息，并在指定的 PUSCH 上发送 Msg3。针对不同的场景，Msg3 包含不同的内容，主要分为以下几种情况。

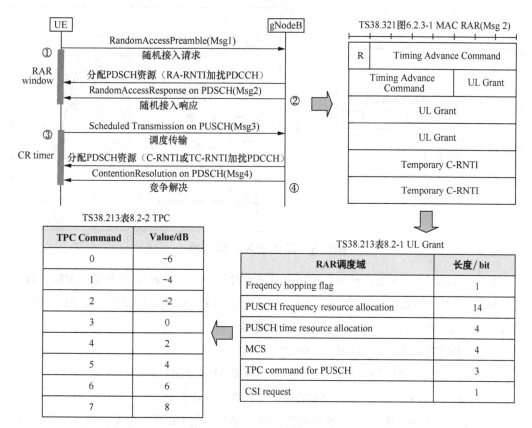

图3-4 基于竞争的RA流程

● 初始接入：携带 RRC 建立请求，包含 UE 的初始标识 SAE 临时移动用户标识（SAE-Temporary Mobile Subscriber Identify，S-TMSI）或随机数。

● 连接重建：携带 RRC 层生成的 RRC 连接重建请求、小区无线网络临时识别（Cell Radio Network Temporary Identify，CRNTI）和 PCI。

● 切换：传输 RRC 切换完成消息及 UE 的 CRNTI。

● 上下行数据到达：传输 UE 的 CRNTI。

● 其他情况：传输 UE 的 CRNTI。

（4）Msg4：竞争解决

当不同的 UE 同时使用同一前导序列时会发生冲突，冲突解决是基于 PDCCH 上的 CRNTI 或者 DL-SCH 上的 UE 冲突解决 ID 时进行的。如果有 CRNTI，则用 CRNTI 加扰

Msg4 的 PDCCH，冲突解决基于此 CRNTI（连接状态）；如果没有 CRNTI，则用 T-CRNTI 加扰 PDCCH，冲突解决基于 UE 竞争解决标识（非连接状态）。UE 只有收到属于自己的下行 RRC 竞争解决消息（Msg4），才能回复 HARQ ACK。随机接入冲突解决如图 3-5 所示。

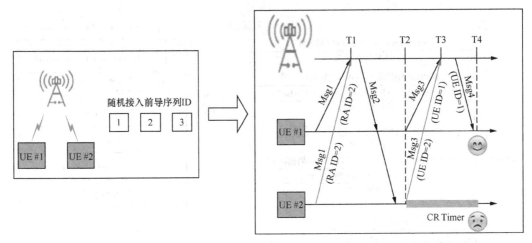

图3-5 随机接入冲突解决

UE 在发送了 Msg3 后，开始启动竞争解决定时器（CR Timer），竞争解决定时器时长为 64ms。在竞争解决定时器超时前，UE 一直监听 PDCCH 信道。如果存在以下任一情况，则 UE 认为竞争解决成功，并停止竞争解决定时器。

- 在 PDCCH 上监听到该 UE 的 CRNTI。
- 在 PDCCH 上监听到该 UE 的 T-CRNTI，并且 MAC PDU 解码成功。

解码成功是指 UE 接收到的 PDSCH 中的 UE 竞争解决标识与 UE 发送的 Msg3 中携带的 UE 竞争解决标识相同。如果竞争解决定时器超时，则 UE 将认为此次竞争解决失败。竞争失败后，如果 UE 的 RA 尝试次数小于最大次数，则重新发起 RA 尝试，否则，RA 流程失败。

3.1.2 非竞争模式

与竞争模式相比，非竞争模式的最大差别在于接入前导是由 gNB 分配的，这样也就减少了竞争和冲突解决的过程。非竞争随机接入包括切换过程中随机接入、RRC 连接状态下行数据到达、NSA 添加 NR 小区等场景。基于非竞争的 RA 流程如图 3-6 所示。

gNB 为 UE 分配 RA 前导时，先通过 PDCCH 或 RRC 信令的方式通知 UE 指示的 SSB。UE 发送 RA 前导前，根据 gNB 的指示选择 SSB。不同场景下，UE 的 SSB 选择策略有所不同。

- PDCCH 方式：当 SSB 指示信息通过 PDCCH 方式通知 UE 时，UE 直接选择指示的

SSB，完成非竞争 RA 的后续流程。

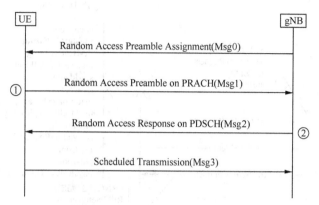

图3-6 基于非竞争的RA流程

• RRC 信令方式：当 SSB 指示信息通过 RRC 信令方式通知 UE 时，UE 需要将指示的 SSB 的 RSRP 与规定的 SS-RSRP 门限进行比较。如果超过该门限，则选择指示的 SSB，完成非竞争 RA 的后续流程；如果未超过该门限，则发起基于竞争的 RA。

基于非竞争 RA 的过程说明如下。

① Msg0：随机接入指配。gNB 的 MAC 层通过下行专用信令（DL-SCH）给 UE 指派一个特定的 Preamble 序列（该序列不是基站在广播信息中广播的随机接入序列组）。

② Msg1：随机接入前导。UE 接收到信令指示后，在特定的时频资源发送指定的 Preamble 序列。

③ Msg2：随机接入响应。基站接收到随机接入 Preamble 序列后，发送随机接入响应。不同场景下随机接入响应消息携带的内容会有所不同。

• 切换时，随机接入响应消息中包含 TA 信息和初始上行授权信息。

• 下行数据到达时，随机接入响应包含 TA 信息和 RA 前导识别。

• NSA 添加 NR 小区场景，随机接入响应至少包含 TA 和 RA 前导识别。

④ RA 响应成功后，基于非竞争的 RA 过程结束，UE 进行上行调度传输。

●● 3.2 RRC 连接建立

UE 在 RRC 空闲状态下收到 NAS 高层请求建立信令连接的消息后，发起 RRC 连接建立流程。UE 通过信令承载 SRB0 向 gNB 发送 RRC 建立请求消息，如果 RRC 建立请求消息的冲突解决成功，则 UE 将从 gNB 收到 RRC 建立消息。UE 根据 RRC 建立消息进行资源配置，并进入 RRC 连接状态，配置成功后，向 gNB 反馈 RRC 建立完成消息。RRC 连接建立如图 3-7 所示。

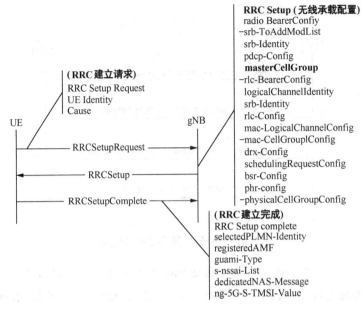

RRC Setup (无线承载配置)
radio BearerConfiy
—srb-ToAddModList
srb-Identity
pdcp-Config
masterCellGroup
—rlc-BearerConfig
logicalChannelIdentity
srb-Identity
rlc-Config
mac-LogicalChannelConfig
—mac-CellGrouplConfig
drx-Config
schedulingRequestConfig
bsr-Config
phr-config
—physicalCellGroupConfig

（RRC建立请求）
RRC Setup Request
UE Identity
Cause

UE   gNB

RRCSetupRequest

RRCSetup

RRCSetupComplete

（RRC建立完成）
RRC Setup complete
selectedPLMN-Identity
registeredAMF
guami-Type
s-nssai-List
dedicatedNAS-Message
ng-5G-S-TMSI-Value

图3-7　RRC连接建立

① UE 通过 SRB0 向 gNB 发送 RRCSetupRequest 消息，携带 UE 标识和 RRC 建立原因，例如，主叫、被叫、信令等，并启动计时器 T300，收到 RRCSetup（RRC 建立）或 RRCReject（RRC 拒绝）消息后停止，如果计时器超时，则 UE 进入空闲态。UE 标识可以是 S-TMSI 或随机数。

● 如果上层提供 S-TMSI，则携带 S-TMSI 信息给 gNB。

● 如果没有 S-TMSI 信息，则生成一个 $0 \sim 2^{39}-1$ 的随机数给 gNB。

② gNB 通过 SRB0 向 UE 回复 RRCSetup 消息（调度 PDCCH 使用 DCI 1_0 格式并进行 TC-RNTI 加扰），消息中携带 SRB1 资源配置的详细信息。

③ UE 解码 RRCSetup 消息获得无线承载相关配置和 MCG 信息参数。UE 根据消息指示进行无线资源配置，然后通过 SRB1 发送 RRCSetupComplete 消息给 gNB，携带 UE 注册的 AMF、选择的 PLMN 标识、UE 专用的 NAS 消息。至此，RRC 连接建立完成，具体描述如下。RRCSetupComplete 消息解析见表 3-2。

RRCSetupComplete message

--ASN1START	
--TAG-RRCSETUPCOMPLETE-START	
RRCSetupComplete ::=	SEQUENCE {
rrc-TransactionIdentifier	RRC-TransactionIdentifier,
criticalExtensions	CHOICE {
rrcSetupComplete	RRCSetupComplete-IEs,

```
        criticalExtensionsFuture                      SEQUENCE {}
    }
}

RRCSetupComplete-IEs ::=                   SEQUENCE {
    selectedPLMN-Identity                  INTEGER (1..maxPLMN),
    registeredAMF                          RegisteredAMF                OptionAL,
    guami-Type                             ENUMERATED {native, mApped}  OptionAL,
    s-nssai-List                           SEQUENCE OF S-NSSAI          OptionAL,
    dedicatedNAS-Message                   DedicatedNAS-Message,
    ng-5G-S-TMSI-Value                     CHOICE {
        ng-5G-S-TMSI                           NG-5G-S-TMSI,
        ng-5G-S-TMSI-Part2                     BIT STRING (SIZE (9))
    }                                                                   OptionAL,
    lateNonCriticalExtension               OCTET STRING                 OptionAL,
    nonCriticalExtension                   SEQUENCE{}                   OptionAL
}

RegisteredAMF ::=                          SEQUENCE {
    plmn-Identity                          PLMN-Identity                OptionAL,
    amf-Identifier                         AMF-Identifier
}

--TAG-RRCSETUPCOMPLETE-STOP
--ASN1STOP
```

表3-2 RRCSetupComplete消息解析

信息（IE）单元	内容描述
guami-Type	用于指示 GUAMI 是本机（源自本机 5G-GUTI）还是映射得到（来自 EPS，派生自 EPS GUTI）
ng-5G-S-TMSI-Part2	5G-S-TMSI
registeredAMF	UE 上次注册的 AMF。首次开机不会携带 AMF，由 gNB 在 UE 选择 selectedPLMN 范围内寻找 AMF 注册
selectedPLMN-Identity	UE 从 SIB1 PLMN 标识列表（plmn-IdentityList）中选择的 PLMN 索引。以电联基站共享为例，同一个 NR 小区连接两个 5GC，共享 NR 小区在 SIB1 里面会同时广播中国电信和中国联通两个 PLMN 网络号。基站根据 UE 选择的 PLMN 进行路由，选择对应的核心网提供服务
s-NSSAI-List	UE 支持的切片列表
dedicatedNAS-Message	UE 初始直传信息，专用的 NAS 消息，经 gNB 透传给 AMF，例如，注册请求会携带注册类型、5G-GUTI、最后登记的 TAI、请求的 NSSAI、UE 能力、PDU 会话列表等信息，详细信息可参阅 3GPP TS24.501 第 8 章

●● 3.3 RRC 连接重建

RRC 重建流程是由 UE 发起，用于快速建立 RRC 连接的业务处理流程。该过程旨在重建 RRC 连接，包括 SRB1 操作的恢复及安全的重新激活。只有已成功建立 RRC 连接，并且已成功启用安全模式的 UE 才能发起 RRC 重建流程。触发 RRC 重建过程的场景包括以下几个方面。

- 检测到无线链路失败。
- NR-RAN 向异系统网络切换失败。
- NR-RAN 内切换失败。
- 完整性校验失败。
- RRC 连接重配置失败。

在 RRC 重建初始化阶段，UE 会启动定时器 T311，挂起除了 SRB0 的所有 RB，复位 MAC，释放当前服务小区配置，并进行小区选择。当选择一个合适的小区后，RRC 重建初始化完成，停止计时器 T311。此时，UE 向选择的小区发起 RRC 重建请求，执行后续 RRC 重建过程。RRC 连接重建过程如图 3-8 所示。

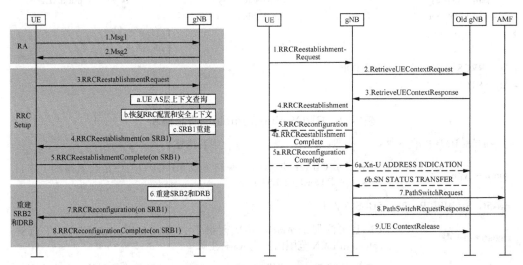

图3-8 RRC连接重建过程

① UE 向 gNB 发送 Msg1 随机接入请求。

② gNB 向 UE 发送 Msg2 随机接入响应，为 UE 分配上行资源。

③ UE 在 Msg2 指定的时频资源通过 SRB0 向 gNB 发送 RRC 重建请求消息，并启动定时器 T301。消息中携带 UE ID、重建原因，以及重建前的 CRNTI、physCellId 和 shortMAC-I。

④ gNB 收到 RRCReestablishmentRequest 消息后，进行如下处理。

- 根据 CRNTI、physCellId 和 shortMAC-I，查找 RRC 重建前的 UE 上下文。

- 根据查找到的 UE 上下文，恢复 RRC 配置信息和安全信息。
- 重建 SRB1。

完成上述动作后，gNB 通过 SRB1 承载向 UE 发送 RRCReestablishment 消息，携带下一跳链接计数（Next Hop Chaining Count，NCC）信元。

⑤ UE 收到后停止计时器 T301，并向 gNB 回复 RRCReestablishmentComplete 消息。

UE 根据收到的 NCC 参数更新 AS 层安全密钥 K_{gNB}，并使用更新后的安全密钥对传输的内容进行完整性保护和加密。

⑥ gNB 重建 SRB2 和 DRB 承载。

⑦ gNB 向 UE 发送 RRCReconfiguration 消息，指示重建 SRB2 和 DRB。

⑧ UE 向 gNB 回复 RRCReconfigurationComplete 消息，RRC 重建过程完成。

RRC 重建计时器见表 3-3。

表3-3　RRC重建计时器

定时器	开始	停止	计时器超时后动作
T310	一旦 UE 检测到物理层问题，例如，UE 连续收到 N310 个底层失步指示	在 T310 溢出前，UE 连续收到 N311 个同步指示	如果 UE 安全没有激活，则转入空闲态，否则，触发 RRC 连接重建初始化过程
T311	UE 启动 RRC 连接重建初始化过程	UE 选择一个合适小区驻留成功	UE 转入空闲态
T301	UE 向基站发送 RRCReestabli-shmentRequest 消息后启动	UE 收到 RRCReestablishment 或 RRCSetup 消息后停止	UE 转入空闲态

●●3.4　上下文管理

上下文管理包括上下文建立、上下文修改和上下文释放 3 个部分，详细信息可查阅 3GPP TS 38.413 第 8.3 节 "UE Context Management Procedures"。

RRC 建立成功后，gNodeB 将 RRC 连接建立完成消息中携带的 NAS 消息，通过初始 UE 消息发送给 AMF，开始建立专用 NG-C 连接。当 gNodeB 收到 AMF 发来的初始上下文建立请求消息后，NG-C 连接建立完成。上下文管理流程如图 3-9 所示。

① InitialUEmessage（初始 UE 消息），由基站发往核心网，携带服务小区的 TAI、NCGI、RRC 建立原因，例如，mo-Signalling、mo-Data、mt-Access 等，请求在核心网创建上下文。gNodeB 收到 RRC 连接建立完成消息，将给 UE 分配专用的标识 RAN-UE-NGAP-ID，并将 NGAP-ID 和 RRC 连接建立完成消息中的 NAS 消息，填入初始 UE 消息中，将其发送给 AMF。InitialUEmessage 消息解析见表 3-4。

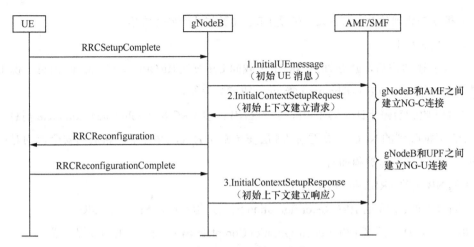

图3-9　上下文管理流程

表3-4　InitialUEmessage消息解析

信息单元/组名称	必要性	内容描述
Message Type	M[1]	消息类型
RAN UE NGAP ID	M	基站侧为 UE 分配的 NGAP ID，用于控制信令路由
NAS-PDU	M	NAS-PDU 内容可参阅 3GPP TS24.501 第 8.2 节
User Location Information	M	用户位置信息，包括 NR CGI 和 TAI 等
RRC Establishment Cause	M	RRC 建立原因，例如，mo-data、mt-access 等
AMF Set ID	O[2]	标识 AMF 区域内的 AMF 集
UE Context Request	O	UE 上下文请求，指示 5GC 需要在 NG-RAN 上设置包含安全信息的 UE 上下文
Allowed NSSAI	O	允许的网络切片标识集合

注：1. M 表示该 IE 必选（消息中必须携带该信元）。

　　　2. O 表示该 IE 可选，下同。

　　② Initial Context Setup Request（初始上下文建立请求），由核心网 AMF 发往基站，消息中包含分配的 PDU 会话 ID、UPF 的 IP 地址和隧道标识 GTP-TEID、QoS Flow 级 QoS 参数、UE 安全能力、允许的 NSSAI 等。AMF 收到初始 UE 消息后，根据网络建立的具体原因处理 UE 业务请求，为 UE 分配专用的标识 AMF-UE-NGAP ID，用于建立 gNodeB 和 AMF 之间的信令路由，并向 gNB 发送初始上下文建立请求消息。gNB 收到后，根据消息中 QoS Flow 级 QoS 参数要求为该 UE 分配资源，建立 DRB 数据承载并完成 QoS Flow 和 DRB 的映射。InitialContextSetupRequest 消息见表 3-5，PDU SessionResourceSetupRequestTransfer 消息见表 3-6。

表3-5　InitialContextSetupRequest消息

信息单元/组名称	必要性	描述
Message Type	M	消息类型
AMF UE NGAP ID	M	AMF 侧为 UE 分配的 NGAP ID，用于控制信令路由
RAN UE NGAP ID	M	基站侧为 UE 分配的 NGAP ID
Old AMF	O	旧 AMF 名称
UE Aggregate Maximum Bit Rate		UE 聚合最大速率
Core Network Assistance Information	O	核心网辅助信息，包括 gNB 用于计算寻呼帧的 UE 标识索引值、Paging DRX、周期性位置更新计时器、MICO 指示、RRC 非激活态 TAI 列表等
GUAMI	M	AMF 标识
PDU Session Resource Setup Request List		PDU 会话资源建立请求列表
>PDU Session Resource Setup Request Item		PDU 会话资源建立请求项
>>PDU Session ID	M	PDU 会话标识
>>NAS-PDU	O	NAS 协议数据单元（3GPP TS24.501 第 8.3 节）
>>S-NSSAI	M	标识该 PDU 会话关联的网络切片
>>PDU Session Resource Setup Request Transfer	M	PDU 会话资源配置信息，包括 UPF IP 地址和隧道标识，QoS Flow 级 QoS 参数
Allowed NSSAI	M	允许的网络切片标识集合
UE Security Capabilities	M	UE 安全能力，指示 UE 支持的加密算法和完整性保护算法
Security Key	M	安全密钥，即 K_{gNB}
Trace Activation	O	跟踪激活
Mobility Restriction List	O	移动限制列表，由可服务 PLMN、RAT 限制、禁止区、服务区限制、核心网类型限制构成，该 IE 为后续移动操作定义漫游或访问限制，例如，某些区域只允许特定 UE 才能接入或者切换进来。**RAT 限制：** 定义了 UE 不能接入的 RAT，例如，当 UE 处于连接态，基站对 UE 进行切换判决时不能选择一个受限的 RAT 作为切换目标。**禁止区：** 定义 UE 不能在此区域下发起任何通信，网络在注册响应中给 UE 下发禁止区信息（如果有的话）。**服务区限制：** 定义 UE 可以和网络通信的区域，以及不可以通信的区域。服务区限制可以通过注册流程或者 UE 配置更新流程进行更新。一个服务区限制包含一个或多个（最多 16 个）完整的跟踪区 TAs。如果网络向 UE 发送服务区限制，则发送允许区或发送不允许区，二者不能同时发送。如果 UE 从网络收到一个允许区，则任何不属于该允许区的 TA 都会被认为是不允许区，反之亦然。**核心网类型限制：** 定义了 UE 是否可以在一个网络下接入 5GC

99

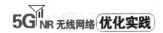

信息单元 / 组名称	必要性	描述
UE Radio Capability	O	UE 无线能力, 例如, UE 支持的 RAT 类型、频段、功率等级等
Index to RAT/Frequency Selection Priority (RFSP)	O	RAT/ 频率选择优先级的索引, 用于 RRM 管理, 例如, 空闲态的小区驻留优先级以及连接态的 RAT 间 / 频率间切换控制
Masked IMEISV	O	移动设备识别号和软件版本 (暗码)
NAS-PDU	O	NAS 协议数据单元(可参见 3GPP TS24.501 第 8 章)
Emergency Fallback Indicator	O	紧急回落指示
RRC Inactive Transition Report Request	O	此 IE 用于请求 NG-RAN 节点在 UE 进入或离开 RRC_INACTIVE 状态时, 向 5GC 报告或停止报告
UE Radio Capability for Paging	O	UE 用于寻呼的无线能力

表3-6　PDU SessionResourceSetupRequestTransfer消息

信息单元 / 组名称	必要性	描述
PDU Session Aggregate Maximum Bit Rate	O	PDU 会话最大聚合速率, 存在 non-GBR QoS Flow 时该字段有效
UL NG-U UP TNL Information	M	UPF 传输层 IP 地址和隧道标识
Data Forwarding Not Possible	O	此 IE 表示 5GC 决定相应的 PDU 会话将不受数据转发
PDU Session Type	M	PDU 会话类型, 例如, IPv4、IPv6、IPv4v6、Ethernet 等
Security Indication	O	指示用户面是否进行加密和完整性保护
Network Instance	O	提供 NG-RAN 节点在选择特定传输网络资源时使用的网络实例
QoS Flow Setup Request List		QoS Flow 建立请求列表
>QoS Flow Setup Request Item		QoS Flow 建立请求项
>>QoS Flow Identifier	M	QoS Flow 标识, 用于标识 PDU 会话中的不同 QoS Flow
>>QoS Flow Level QoS Parameters	M	QoS Flow 级 QoS 参数
>>E-RAB ID	O	E-RAB 的标识符

③ InitialContextSetupResponse (初始上下文建立响应), 由 gNB 发往 AMF, 消息中包含 gNB IP 地址和隧道标识 GTP-TEID、接受的 PDU 会话列表、拒绝的 PDU 会话列表和建

立失败原因，至此完成 gNB 和 UPF 之间的 NG-U 连接建立。InitialContextSetupResponse
消息见表 3-7，PDU SessionResourceSetupResponseTransfer 消息见表 3-8。

表3-7　InitialContextSetupResponse消息

信息单元 / 组名称	必要性	描述
Message Type	M	消息类型
AMF UE NGAP ID	M	AMF 侧为 UE 分配的 NGAP ID，用于控制信令路由
RAN UE NGAP ID	M	基站侧为 UE 分配的 NGAP ID
PDU Session Resource Setup Response List		PDU 会话资源建立响应列表
>PDU Session Resource Setup Response Item		PDU 会话资源建立响应项
>>PDU Session ID	M	PDU 会话标识
>>PDU Session Resource Setup Response Transfer	M	PDU 会话资源配置信息，包括 gNB 的 IP 地址和隧道标识
PDU Session Resource Failed to Setup List		PDU 会话资源建立失败列表
>PDU Session Resource Failed to Setup Item		PDU 会话资源建立失败项
>>PDU Session ID	M	建立失败的 PDU 会话标识
>>PDU Session Resource Setup Unsuccessful Transfer	M	指示建立失败的会话和原因，例如，IMSvoiceEPSfallbackorRATfallbacktriggered、无资源、传输资源不可用、鉴权失败、传输语法错误等

表3-8　PDU SessionResourceSetupResponseTransfer消息

信息单元 / 组名称	必要性	描述
QoS Flow per TNL Information	M	NG-U 传输层信息（和 PDU 会话关联的 gNB 侧 IP 地址和 GTP 隧道终结点标识符）及关联 QoS 流列表
Security Result	O	指示该 PDU 会话用户面完整性保护和加密是否被执行
QoS Flow Failed to Setup List	O	建立失败的 QoS Flow 标识及失败原因

初始直传消息示例如图 3-10 所示。

初始 UE 消息包含 RAN-UE-NGAP ID，NAS 协议数据单元（用于生成安全密钥的 ngKSI 和 NAS count 值、用于初始 UE 消息完整性保护的验证码）、TAI、NCGI、RRC 连接建立原因等。有时也会携带 5G-S-TMSI（O）、AMF Set ID（O）（集合标识）和 Allowed NSSAI（O）（允许的 NSSAI 信息）。初始上下文建立请求消息示例如图 3-11 所示。

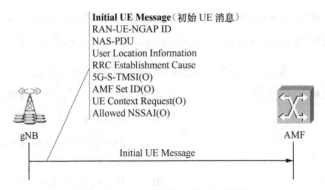

Initial UE Message（初始 UE 消息）
RAN-UE-NGAP ID
NAS-PDU
User Location Information
RRC Establishment Cause
5G-S-TMSI(O)
AMF Set ID(O)
UE Context Request(O)
Allowed NSSAI(O)

gNB AMF

Initial UE Message

图3-10 初始直传消息示例

Initial Context Setup Request（初始上下文建立请求）
AMF-UE-NGAP-ID
RAN-UE-NGAP-ID
Old AMF(O)
UE Aggregate Maximum Bit Rate
Core Network Assistance Information(O)
GUAMI
PDU Session Resource Setup Request List（请求建立的PDU会话列表）
＞PDU Session Resource Setup Request Item
＞＞PDU Session ID（PDU会话ID）
＞＞NAS-PDU(O)
＞＞S-NSSAI
＞＞PDU Session Resource Setup Request Transfer
Allowed NSSAI
UE Security Capabilities（UE安全能力）
Security Key
Trace Activation(O)
Mobility Restriction List(O)
UE Radio Capability(O)（UE安全能力）
Index to RAT/Frequency Selection Priority(O)
Masked IMEISV(O)
NAS-PDU(O)
Emergency Fallback Indicator(O)
RRC Inactive Transition Report Request(O)
UE Radio Capability for Paging(O)

gNB AMF SMF

Initial Context Setup Request（初始上下文建立请求）

Initial Context Setup Response（初始上下文建立响应）

UPF

PDU session ID（PDU 会话标识） UPF地址和TEID

图3-11 初始上下文建立请求消息示例

初始上下文建立请求消息主要包括 AMF-UE-NGAP-ID、RAN-UE-NGAP-ID、UE 聚合最大速率（UE Aggregate Maximum Bit Rate）、请求建立的 PDU 会话列表（包含 PDU 会话 ID、QoS Flow 级的 QoS 参数、UPF IP 地址和隧道标识 GTP-TEID、NAS 协议数据单元）、UE 安全能力、安全密钥等。根据 UE 状态和业务类型（例如，业务类型、是否初次接入等），

其可能会携带 UE 无线能力信息、RAT/ 频率优先级等信息。初始上下文建立响应消息示例
如图 3-12 所示。

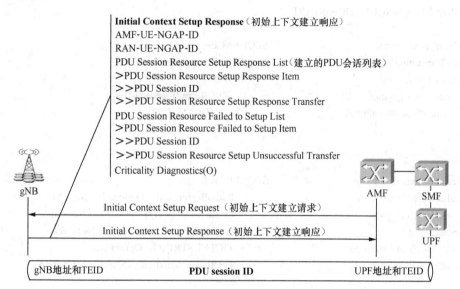

图3-12　初始上下文建立响应消息示例

初始上下文建立响应消息主要包含 AMF-UE-NGAP-ID、RAN-UE-NGAP-ID、建立
的 PDU 会话列表（包括建立的 PDU 会话 ID、gNB IP 地址和隧道标识 GTP-TEID）。如果
PDU 会话建立失败，则初始上下文建立响应消息返回 PDU 会话建立失败列表和失败原因
信息。

3.5　RRC 重配置

RRC 重配置消息由基站通过 SRB1 发送给 UE。RRC 重配置流程如图 3-13 所示。RRC
重配置过程的目的是修改 RRC 连接，
例如，建立 / 修改 / 释放无线承载、
使用同步执行重配置（切换）、设置 /
修改 / 释放测量、添加 / 修改 / 释放
SCells 和小区组，以及传输专用 NAS
信息给 UE。

① gNodeB 向 UE 发 送 RRC 重
配置消息，发起 RRC 重配置过程，
具体配置如下。RRCReconfiguration
消息主要信元见表 3-9。

图3-13　RRC重配置流程

RRCReconfiguration message

```
--ASN1START
--TAG-RRCRECONFIGURATION-START

RRCReconfiguration ::=                      SEQUENCE {
    rrc-TransactionIdentifier                   RRC-TransactionIdentifier，
    criticalExtensions                          CHOICE {
        rrcReconfiguration                          RRCReconfiguration-IEs，
        criticalExtensionsFuture                    SEQUENCE {}
    }
}

RRCReconfiguration-IEs ::=                   SEQUENCE {
    radioBearerConfig                           RadioBearerConfig OptionAL，  Need M
    secondaryCellGroup                          (CellGroupConfig) OptionAL，  Need M
    measConfig                                  MeasConfig          OptionAL，  Need M
    lateNonCriticalExtension                    OCTET STRING   OptionAL，
    nonCriticalExtension                        RRCReconfiguration-v1530-IEs      OptionAL
}

RRCReconfiguration-v1530-IEs ::=                SEQUENCE {
    masterCellGroup                             (CellGroupConfig)       OptionAL， --Need M
    fullConfig                                  {true}    OptionAL， --Cond FullConfig
    dedicatedNAS-MessageList                            OptionAL， --Cond nonHO
    masterKeyUpdate                             MasterKeyUpdate    OptionAL， --Cond
    dedicatedSIB1-Delivery                      (SIB1)             OptionAL， --Need N
    dedicatedSystemInformationDelivery          (SystemInformation) OptionAL， --Need N
    otherConfig                                 OtherConfig        OptionAL， --Need M
    nonCriticalExtension                        RRCReconfiguration-v1540-IEs    OptionAL
}

RRCReconfiguration-v1540-IEs ::=                SEQUENCE {
    otherConfig-v1540                           OtherConfig-v1540     OptionAL， --Need M
    nonCriticalExtension                        SEQUENCE {}           OptionAL
}

MasterKeyUpdate ::=                 SEQUENCE {
    keySetChangeIndicator               BOOLEAN，
    nextHopChainingCount                NextHopChainingCount，
    nas-Container                       OCTET STRING    OptionAL，         --Cond securityNASC
    ...
}

--TAG-RRCRECONFIGURATION-STOP
--ASN1STOP
```

表3-9 RRCReconfiguration消息主要信元

IE 名称	IE 描述
dedicatedNAS-MessageList	专用的 NAS 消息列表
dedicatedSIB1-Delivery	传递 SIB1 系统消息
dedicatedSystemInformationDelivery	传递 SIB6、SIB7、SIB8 消息（ETWS 或 CMAS 信息）
fullConfig	指示对系统内的 intra-RAT 切换的 RRCReconfiguration 消息使用全量配置选项
keySetChangeIndicator	切换时密钥改变指示，用于决定是否更新 AS 安全密钥 K_{gNB}
masterCellGroup	配置主小区组，详见下文 CellGroupConfig
nas-Container	NAS 容器，即网络发给 UE 的 NAS 信息，例如，PDU SESSION MODIFICATION COMMAND、SERVICE ACCEPT 等，详细信息可参阅 TS 24.501 第 8.2 节 /8.3 节
nextHopChainingCount	在切换或者连接重建立的时候，UE 根据信元指示更新 AS 安全密钥 K_{gNB}
otherConfig	包含与其他配置相关的配置
radioBearerConfig	配置无线承载（SRB、DRB），包括 SDAP/PDCP。在 EN-DC 中，只有通过 SRB3 传输 RRC 重配置消息时，此字段才有效
secondaryCellGroup	配置辅小区组（EN-DC）

字段 CellGroupConfig 用于配置主小区组（MCG）或辅小区组（SCG）。小区组由一个 MAC 实体、一组具有关联的 RLC 实体的逻辑信道、主小区（SpCell）和一个或多个辅小区（SCells）组成。需要说明的是，信元 CellGroupConfig 内容解析（3GPP TS38.331 第 6.3.2 节）的相关描述如下。

```
--ASN1START
--TAG-CELL-GROUP-CONFIG-START
--Configuration of one Cell-Group:
CellGroupConfig ::=              SEQUENCE {
     cellGroupId                     CellGroupId
     rlc-BearerToAddModList           RLC-BearerConfig
     rlc-BearerToReleaseList         LogicalChannelIdentity
     mac-CellGroupConfig             MAC-CellGroupConfig
     physicalCellGroupConfig         PhysicalCellGroupConfig
     spCellConfig                    SpCellConfig    /* PCell of MCG or PSCell of SCG 配置 */
     sCellToAddModList               SCellConfig /* PCell 或 PSCell 对应的辅小区配置 */
     sCellToReleaseList              SCellIndex
     reportUplinkTxDirectCurrent-v1530  ENUMERATED {true}
}
--Serving cell specific MAC and PHY parameters for a SpCell:
SpCellConfig ::=                    SEQUENCE {
```

servCellIndex	ServCellIndex
reconfigurationWithSync	ReconfigurationWithSync
rlf-TimersAndConstants	SetupRelease { RLF-TimersAndConstants }
rlmInSyncOutOfSyncThreshold	ENUMERATED {n1}
spCellConfigDedicated	ServingCellConfig /* 含有详细 BWP 配置 */

}

ReconfigurationWithSync ::=   SEQUENCE {   /* 用于网内切换 */

spCellConfigCommon	ServingCellConfigCommon
newUE-Identity	RNTI-Value,
t304	ENUMERATED {ms50, ms100, ms150, ······ }
rach-ConfigDedicated	CHOICE {
uplink	RACH-ConfigDedicated,
supplementaryUplink	RACH-ConfigDedicated
}	
smtc	SSB-MTC

}/* 需要注意的是，信元 reconfigurationWithSync 是用于从源小区到目标小区进行同步重配的消息，消息中除了服务小区通用配置信息，还包含随机接入相关参数，例如，切换过程需要从源小区到目标小区进行同步的流程，利用该信令通知目标小区同步所用的参数，即与随机接入过程相关的参数 */

SCellConfig ::=   SEQUENCE {

sCellIndex	SCellIndex,
sCellConfigCommon	ServingCellConfigCommon
sCellConfigDedicated	ServingCellConfig
smtc	SSB-MTC
}	

ServingCellConfigCommon ::=   SEQUENCE {

physCellId	PhysCellId
downlinkConfigCommon	DownlinkConfigCommon
uplinkConfigCommon	UplinkConfigCommon
supplementaryUplinkConfig	UplinkConfigCommon
n-TimingAdvanceOffset	ENUMERATED { n0, n25600, n39936 }
ssb-PositionsInBurst	CHOICE {shortBitmap, mediumBitmap, longBitmap}
ssb-periodicityServingCell	ENUMERATED {ms5, ms10, ms20, ms40, ms80, ms160}
DM-RS-TypeA-Position	ENUMERATED {pos2, pos3},
lte-CRS-ToMatchAround	
rateMatchPatternToAddModList	
rateMatchPatternToReleaseList	
ssbSubcarrierSpacing	SubcarrierSpacing
tdd-UL-DL-ConfigurationCommon	TDD-UL-DL-ConfigCommon
ss-PBCH-BlockPower	INTEGER (−60···50),
...,	

}

ServingCellConfig ::=   SEQUENCE {

| tdd-UL-DL-ConfigurationDedicated | TDD-UL-DL-ConfigDedicated |
| initialDownlinkBWP | BWP-DownlinkDedicated |

```
            downlinkBWP-ToReleaseList
            downlinkBWP-ToAddModList
            firstActiveDownlinkBWP-Id            BWP-Id
            bwp-InactivityTimer                  ENUMERATED {ms2，ms3，... }
            defaultDownlinkBWP-Id                BWP-Id
            uplinkConfig                         UplinkConfig
            supplementaryUplink                  UplinkConfig
            pdcch-ServingCellConfig              SetupRelease { PDCCH-ServingCellConfig }
            pdsch-ServingCellConfig              SetupRelease { PDSCH-ServingCellConfig }
            csi-MeasConfig                       SetupRelease { CSI-MeasConfig }
            sCellDeactivationTimer               ENUMERATED {ms20，ms40，...}
            crossCarrierSchedulingConfig         CrossCarrierSchedulingConfig
            tag-Id                               TAG-Id,
            dummy1                               ENUMERATED {enabled}
            pathlossReferenceLinking             ENUMERATED {spCell，sCell}
            servingCellMO                        MeasObjectId
            ...,
}
--TAG-CELL-GROUP-CONFIG-STOP
--ASN1STOP
```

② UE 根据 RRC 重配置消息指示进行无线承载重配，然后发送 RRC 重配置完成消息给 gNodeB，RRC 连接重配完成。

●●3.6 服务质量控制

5G 核心网采用 PDU 会话进行 UE 和 UPF 之间的数据传输，基于 QoS Flow 进行业务质量管控，基站执行核心网 QoS Flow 和接入网 DRB 的映射。UE 和 UPF 之间 PDU 会话建立后，也意味着建立了一条 UE 和 UPF 之间的数据传输通道。一个 PDU 会话可以包含最多 64 条 QoS Flow，但每条 QoS Flow 的 QFI 不同（其取值范围为 0 ~ 63）。在 N3 接口和 N9 接口，一个 PDU 会话只建立一个 GTP-U 隧道；在 Uu 接口，一个 UE 最多建立 29 个 DRB（参阅 3GPP TS 38.331 第 6.4 节中的 maxDRB 定义），一个 DRB 只能属于一个 PDU 会话。

5GS 服务质量控制的最小颗粒度是 QoS Flow，每个 PDU 会话中每条 QoS Flow 用 QFI 标识，具有相同 QFI 的用户面数据会获得相同的转发处理（例如，调度策略、排队管理策略、速率修正策略、RLC 配置等）。QoS Flow 由 QoS 规划（QoS rules）、QoS profile 和 PDRs 共同定义。

• QoS rules：存储于 UE，用于上行数据分类和标记，包括 QFI、报文过滤集合、一个 precedence 值（优先级）、默认 QoS rules。QoS rules 可以由网络通过 PDU SessionEstablishment/ ModificationProcedure 显式发给 UE，或者在 UE 中预配置，或者 UE 通过应用 Reflective QoS 控制获取 QoS 规则。同一个 QoS Flow（QFI）可以对应一个或多个 QoS 规则。

● QoS profile：存储于基站节点（gNB），用于基站做 DRB 映射。QoS profile 可以由基站预配置，或者由 SMF 经 AMF 转发给基站。每个 QoS profile 与一个 QFI 标识对应，但这个 QFI 并不在 QoS profile 中。

● PDRs：包检测规则，由 SMF 通过 N4 接口 PFCP 消息提供给 UPF，UPF 根据 PDRs 规则进行下行数据包分类和标记。

端到端 QoS 控制示例如图 3-14 所示。

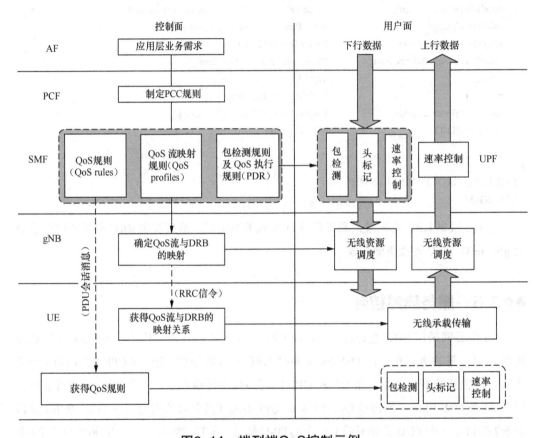

图3-14　端到端QoS控制示例

下行数据传输时，UPF 根据包检测规则（PDRs）将应用层数据映射到不同的 QoS Flow，发送给基站（gNB），基站收到后，根据 QoS profile 配置的信息将 QoS Flow 映射到合适的无线承载（DRB），通过空口发送给 UE。

上行数据传输时，UE 根据网络侧下发的 QoS rules，或通过反射式 QoS 机制自行生成的 QoS rules，将应用层数据映射到不同的 QoS Flow，SDAP 层再根据 QoS Flow 与 DRB 的映射关系，将收到的 QoS Flow 映射到合适的无线承载（DRB），由空口发送给基站。

对于支持反向映射 QoS 功能的 UE，并且 UE 在 PDU 会话流程中向网络指示支持反向映射 QoS，因此，可以不需要网络侧提供 QoS 规则。UE 根据收到的下行数据包自行生成 QoS 规则（包括 QFI、优先级和上行包过滤器），实现上行用户面数据流到 QoS Flow 的映射。

根据 QoS 保证类型的不同，5G QoS Flow 分为以下 3 种。

- GBR QoS Flow。
- Non-GBR QoS Flow。
- Delay Critical GBR QoS Flow。

其中，GBR QoS Flow 是指 QoS Flow 要求的比特速率被网络优先保障分配，即使在网络资源紧张的情况下，相应的比特速率也能够被优先保持。

Non-GBR QoS Flow 在网络拥堵的情况下，业务需要承受降低速率的要求。由于 Non-GBR QoS Flow 不需要占用固定的网络资源，所以可以长时间建立，而 GBR QoS Flow 一般只是在需要时才建立。

Delay Critical GBR 是 5G 系统新增的 QoS 承载类型，主要用于时延要求更加严格的 uRLLC 业务。如果数据传输时延超过要求，则会被认定为数据传输失败。

3.6.1 QoS 参数

无论是保障速率的 GBR QoS Flow，还是非保障速率的 Non-GBR QoS Flow，都包含 5G 业务质量标识（5G Quality of Service Identifier，5QI）和分配保留优先级（Allocation and Retention Priority，ARP）两个参数。其中，GBR QoS Flow 主要用于语音、实时游戏等实时业务；Non-GBR QoS Flow 则主要用于 Email（电子邮件）、文件传输协议（File Transfer Protocol，FTP）等非实时业务。Delay Critical GBR 用于 uRLLC 场景。QoS 参数说明示例见表 3-10。

表3–10 QoS参数说明示例

QoS 参数	参数说明
5QI	用于索引一个 5G QoS 特性。需要注意的是，5QI 和 QFI 二者的区别，5QI 表示一组 QoS 参数集，而 QFI 用于标识 QoS Flow
ARP	分配和保留优先级，包含优先级、抢占能力、可被抢占等信息。在系统资源受限时，ARP 参数决定一个新的 QoS Flow 是被接受还是被拒绝，当前 QoS Flow 能否被抢占
RQA[1]	可选参数，指示该 QoS Flow 上的某些业务受到反向映射 QoS 的影响。仅当核心网通过信令将一个 QoS Flow 的 RQA 参数配给接入网时，接入网才会使能 RQI 在这条流的无线资源上传输。RQA 可以在 UE 上下文建立时或通过 "PDU SESSION RESOURCE SETUP REQUEST" 消息中的 "QoS Flow Level QoS Parameters" 发送给 NG-RAN

QoS 参数	参数说明
AMBR[2]	属于用户订阅数据，SMF 从 UDM 获取，分为 Session-AMBR 和 UE-AMBR 两种。其中，Session-AMBR 定义一个 PDU 会话的所有 non-GBR QoS Flow 的比特率之和上限；UE-AMBR 定义一个 UE 所有的 non-GBR QoS Flow 比特率之和上限
GFBR[3]	表示 QoS Flow 的保障速率，上行和下行独立定义
MFBR[4]	表示 QoS Flow 的最大速率，上行和下行独立定义。超过 MFBR 时数据包可能被 UE/gNB/UPF 丢弃，或延迟传输等
QNC[5]	核心网通过该参数控制 NG-RAN 在 GBR QoS Flow 的 GFBR 无法满足时，上报消息通知核心网。使能情况下，NG-RAN 发现某 QoS Flow 的 GFBR 无法满足时，向 SMF 发送通知。核心网在 "PDU SESSION RESOURCE SETUP REQUEST" 消息的 QoS Flow Level QoS Parameters→GBR QoS Flow Information 中配置该参数
Default（默认）	针对每个 PDU 会话进行设置。SMF 从 UDM 检索订阅的默认 5QI 和 ARP 值，SMF 使用授权的默认 5QI 和 ARP 值去配置默认 QoS Flow 的 QoS 参数。订阅的默认 5QI 值应为标准化值范围中的 non-GBR 5QI

注：1. RQA（Reflective QoS Attribute，反射式 QoS 属性）。

2. AMBR（Aggregate Maximum Bit Rate，聚合最大比特速率）。

3. GFBR（Guaranteed Flow Bit Rate，保证流量比特率）。

4. MFBR（Maximum Flow Bit Rate，最大流量比特率）。

5. QNC（QoS Notification Control，QoS 通知控制）。

QoS Flow 的 5QI 值决定了其在 SMF 和 gNB 侧的处理策略。例如，对于误包率要求比较严格的 QoS Flow，gNB 侧一般通过配置 AM 模式来提高空口传输的准确率。标准 5QI 到 QoS 特性的映射见表 3-11。

表3-11 标准5QI到QoS特性的映射

5QI	资源类型	优先级[1]	时延	误包率	最大数据突发量[2]	平均窗口时长[3]	应用场景
1	GBR	20	100ms	10^{-2}		2000ms	语音会话
2		40	150ms	10^{-3}		2000ms	视频会话（实时数据流）
3		30	50ms	10^{-3}		2000ms	实时游戏，V2X 消息，过程自动化——监控
4		50	300ms	10^{-6}		2000ms	非对话视频（缓冲流）
65		7	75ms	10^{-2}		2000ms	关键任务用户平面推送对话语音
66		20	100ms	10^{-2}		2000ms	非关键任务用户平面推送对话语音
67		15	100ms	10^{-3}		2000ms	关键任务视频用户面
75		仅用于通过 3GPP TS 23.285 中定义的 MBMS[4] 承载器传输 V2X 消息					

续表

5QI	资源 类型	优先级 [1]	时延	误包率	最大数据 突发量 [2]	平均窗口 时长 [3]	应用场景
5	Non- GBR	10	100ms	10^{-6}			IMS 信令
6		60	300ms	10^{-6}			视频（缓冲流）、TCP 业务（例如，电子邮件、FTP、文件共享等）
7		70	100ms	10^{-3}			语音、视频（实时流）、互动游戏
8		80	300ms	10^{-6}			视频（缓冲流）、TCP 业务（例如，电子邮件、FTP、文件共享、渐进式视频等）
9		90					
69		5	60ms	10^{-6}			关键任务延迟敏感信号（例如，MC-PTT[5] 信号）
70		55	200ms	10^{-6}			关键任务数据
79		65	50ms	10^{-2}			V2X 消息
80		68	10ms	10^{-6}			AR
82	Delay Critical GBR （延迟 关键保 证比特 率）	19	10ms	10^{-4}	255bytes	2000ms	离散自动化
83		22	10ms	10^{-4}	1354bytes	2000ms	离散自动化, V2X 消息（UE-RSU[6] 组队，高级驾驶：低等级自动驾驶的协同变道）
84		24	30ms	10^{-5}	1354bytes	2000ms	智能交通系统
85		21	5ms	10^{-5}	255bytes	2000ms	配电—高压, V2X 消息（远程驾驶）
86		18	5ms	10^{-4}	1354bytes	2000ms	V2X 消息（高级驾驶：避免碰撞，高等级自动驾驶的车辆列队行驶）

注：1. 优先级，其值越小，表示优先级越高。

2. 最大数据突发量用于指示 5G-AN 在一个 Packet Delay Budget 期间需要服务的最大数据量。

3. 平均窗口时长用于 GBR QoS Flow 相关网元统计 GFBR 和 MFBR。

4. MBMS（Multimedia Broadcast Multicast Service，多媒体广播多播服务）。

5. MC-PTT（Mission Critical Push to Talk，关键任务一键通）。

6. UE-RSU（User Equipment-Road Side Unit，用户设备 - 路侧单元）。

QoS Flow 类型和参数如图 3-15 所示。

在 5GS 中，每个 PDU 会话都要配置一个默认的 QoS rules，默认的 QoS rules 在 PDU 会话建立时关联到一条 QoS Flow，并且在 PDU 会话的整个生命周期内，这条默认 QoS Flow 一直保持存在。默认的 QoS Flow 必须是 Non-GBR QoS Flow。3GPP 协议中定义默认 QoS rules 是在 PDU 会话中唯一的一个包过滤集，可以包含允许所有上行的包过滤器的 QoS rules，也可以理解为一个数据包所有 QoS rules 都不满足时，可以通过默认的 QoS Flow 进行传输。默认 QoS rules 可以配置为允许通过所有上行包，不是必须配置为允许通过所有上行包。

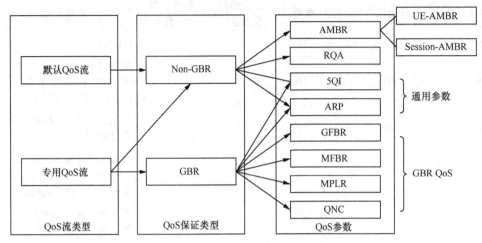

图3-15　QoS Flow类型和参数

3.6.2　QoS 映射

在用户入网时，用户签订合约并将定义的合约信息保存在 UDM 中。当用户发起业务请求时，SMF 从 UDM 获取用户签约信息，负责 QoS 的控制，并会为 UPF、gNodeB 和 UE 配置相应的 QoS 参数，UPF、gNodeB 和 UE 基于该 QoS 参数为用户提供服务。QoS Flow 映射过程如图 3-16 所示。

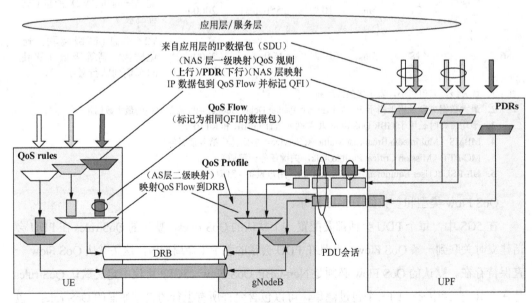

图3-16　QoS Flow映射过程

上行链路：UE 根据 QoS rules 对上行数据包进行匹配和 QFI 标记，将相同 QFI 的上行数据包映射到同一个 QoS Flow 以及与之对应的上行 DRB 传输。

下行链路：UPF 根据数据包检测规则（PDRs）对下行数据包进行分类和 QFI 标记，将相同 QFI 的下行数据包映射到同一个 QoS Flow，通过 N3 接口发送给 gNB，由 gNB 根据 QoS Profile 将之映射到对应的下行 DRB 上传输。

●●3.7 开机入网流程

开机入网流程包括公共陆地移动网（Public Land Mobile Network，PLMN）选择、小区选择和注册登记过程，下文把小区重选放入该章节主要是为了和小区选择进行区分。UE 开机流程如图 3-17 所示。

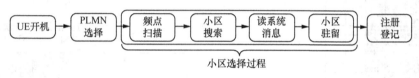

图3-17 UE开机流程

UE 开机后先进行非接入层（Non-Access Stratum，NAS）PLMN 选择，该过程在 UE 侧完成（详细描述可参阅 TS23.122 第 5 章节）。在 PLMN 选择期间，根据 PLMN 优先级顺序，可以自动或手动选择特定的 PLMN［RPLMN（注册 PLMN）→ 高优先级 EHPLMN（等效本地 PLMN）→HPLMN（归属 PLMN）］。根据选择的 PLMN 确定允许搜索的频段，然后开始进行小区选择和注册登记过程。

需要说明的是，HPLMN 为归属 PLMN，其"MCC+MNC"标识与 IMSI 的"MCC+MNC"标识相同；EHPLMN 为同等 HPLMN 的 PLMN，是一个 PLMN 列表，即 EHPLMN list，存储在 USIM 卡中，不同的 EHPLMN 可以定义不同的优先级。UE 选择 PLMN 时应使用这个列表代替原来从国际移动用户标志（International Mobile Subscriber Identity，IMSI）中获得的 HPLMN。这个 EHPLMN 列表中可以包含 IMSI 中得到的 HPLMN。如果不包含，则从 IMSI 中得到的 HPLMN 在 PLMN 选择过程中将被视为 VPLMN（访问 PLMN）。例如，某电信运营商最开始的 PLMN 为 46000，之后随着用户增多等原因又增加了 46002、46007 两个号段，则 46002 和 46007 相对 46000 就是 EHPLMN，电信运营商"烧卡"时写入全球用户识别卡（Universal Subscriber Identity Module，USIM）中。

3.7.1 小区搜索

小区搜索即 UE 与小区获得时间和频率同步，获得物理小区标识和其他系统消息的过程。小区搜索过程分为主同步信号（PSS）搜索、辅同步信号（SSS）搜索、物理广播信道（PBCH）检测和读取系统消息 4 个部分。

NR 同步信号块 SSB 的时域位置和频域位置灵活可变。频域上，SSB 不再固定于频带中间；时域上，SSB 发送的位置和数量与小区频段、参数配置有关。因此，在 NR 中，仅通过解调 PSS/SSS 信号，无法获得频域和时域资源的完全同步，必须完成 PBCH 的解调，才能实现时频资源的同步。同步信号块 SSB 构成如图 3-18 所示。

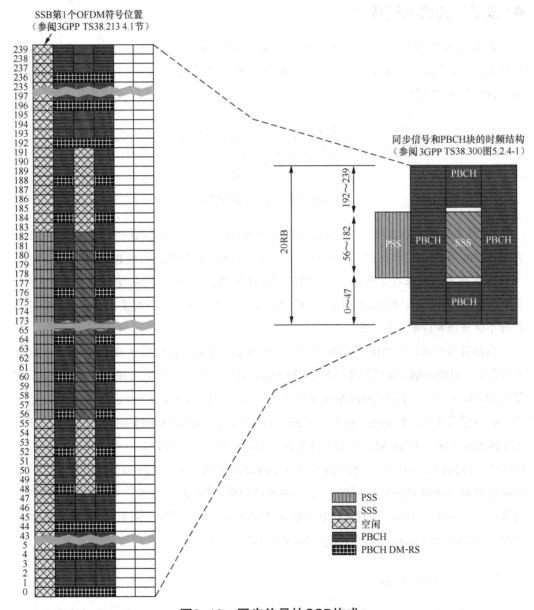

图3-18　同步信号块SSB构成

NR 小区搜索流程如图 3-19 所示。

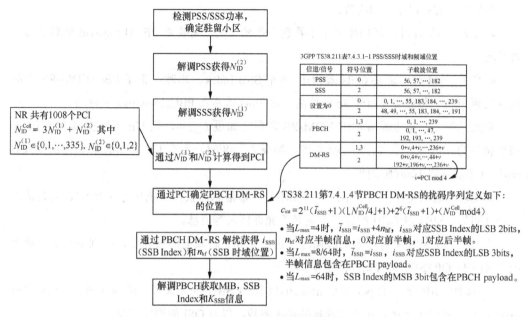

图3-19　NR小区搜索流程

UE 开机后按照 3GPP TS38.104 定义的同步栅格（Synchronization Raster，SR）搜索特定频点，尝试检测 PSS/SSS，取得下行时钟同步，并获取小区的 PCI，如果失败，则搜索下一个频点。详细小区搜索流程的相关描述如下。

① UE 首先搜索 SSB 块，检测主同步信号 PSS，完成符号边界同步和 SSB 频率同步，并获得物理小区标识的组内标识 $N_{ID}^{(2)}$。

在 SSB 的第一个符号时间内，SSB 频域范围内只有 PSS 信号，因此，可以对它做相关检测（由于 SSS 和 PBCH 共用第 3 个符号，暂时无法对 SSS 做时域相关检测）。

② 根据 PSS 的位置可以获取 SSS 的参考位置信息，在频域对 SSS 做相关检测，获得物理小区标识的组编号 $N_{ID}^{(1)}$。至此，UE 完成 SSB 的符号同步和 SSB 同步。

③ UE 根据 $N_{ID}^{(1)}$ 和 $N_{ID}^{(2)}$，计算得到物理小区号 N_{ID}^{Cell}，即物理小区标识 PCI。

$$N_{ID}^{Cell} = 3N_{ID}^{(1)} + N_{ID}^{(2)}$$

④ UE 根据 PCI 确定 PBCH DM-RS 的位置，通过解码 PBCH DM-RS 获得 SSB Index 和所在半帧编号（即确定检测到的 SSB 位于前半帧还是后半帧），获得 10ms 帧同步。

PBCH DM-RS 的扰码序列定义如下（3GPP TS38.211 第 7.4.1.4 节）。

$$C_{int} = 2^{11}(\bar{i}_{SSB}+1)\left(\lfloor N_{ID}^{Cell}/4\rfloor+1\right)+2^{6}(\bar{i}_{SSB}+1)+(N_{ID}^{Cell}\bmod 4)$$

根据协议描述，当 SSB 数 L_{max}=4 时，$\bar{i}_{SSB}=i_{SSB}+4n_{hf}$，$i_{SSB}$对应 SSB Index 的 LSB 2Bits，n_{hf}对应半帧信息（0 对应前半帧，1 对应后半帧）。当 $L_{max}=8/64$ 时，$\bar{i}_{SSB}=i_{SSB}$，i_{SSB}对应

SSB Index 的 LSB 3bits。

需要注意的是以下几项内容。

● 当 L_{max} =8/64 时，扰码序列中不再包含半帧信息，需要在 PBCH payload 中解调出半帧信息。

● 当 L_{max}=64 时，需要 6bits 来指示 64 个 SSB Index，此时，除了 PBCH DM-RS 中解调得到的 3bits，仍然需要额外 3bits 信息，这 3bits 信息在 PBCH payload 中得到。

至此，当 UE 成功解调 PBCH DM-RS 之后，如果 L_{max}=4，则 UE 可以得到 SSB Index 和半帧信息，时域上获得 10ms 帧同步。如果 L_{max}=8/64，那么 UE 需结合解调出的 PBCH payload 才能获得 10ms 帧同步。

⑤ UE 读取 PBCH 上的主信息块（MIB）广播消息，获得系统帧号（SFN）、公共信道子载波间隔、SIB1 PDCCH 配置、小区是否允许接入等信息。

当 UE 完成 SSB 所有内容的解调时，也就完成了时域上的帧同步，得到下一步要解调的 SIB1 的 CORESET 和搜索空间等信息。

⑥ 按照 MIB 配置的 pdcch-ConfigSIB1（调度 SIB1 的 PDCCH 时频位置）方式读取 SIB1 信息，获取小区接入和小区选择的相关参数，以及 OSI 的调度信息。

⑦ 小区搜索完成后，UE 发起随机接入，执行网络注册登记过程。

3.7.2　小区选择

当 UE 开机、脱网后重新进入覆盖区、呼叫重建，或从连接态转移到空闲态时，需要进行小区选择，UE 进行小区选择的过程如下（从连接态转移到空闲态下 UE 的具体行为可以参考 3GPP TS 38.304 第 5.2.6 节）。

① UE 优先根据 RRC Release 消息中信元 redirected Carrier Info 携带的重定向频点选择合适的小区驻留。

② 如果选不到合适的小区或 RRC Release 消息中没有包含信元 redirected Carrier Info，则尝试选择在连接态时所在的最后一个小区，作为合适的小区驻留。

③ 如果仍选不到合适的小区，则尝试"利用存储的信息进行小区选择"的方式，寻找合适的小区驻留。

④ 如果仍选不到合适的小区，则启用"初始小区选择"的方式，寻找合适的小区驻留。

⑤ 如果"初始小区选择"方式仍未选到合适的小区，则 UE 将进入任意小区选择状态。

任意小区选择状态下的 UE 会一直尝试搜索可接受的小区。搜索到可接受的小区后，UE 将选择在该小区驻留下来，获得限制服务，同时也会周期性地使用"初始小区选择"方式搜索合适的小区。

小区选择过程包括初始小区选择和利用存储的信息进行小区选择两种方式。小区选择流程如图 3-20 所示。

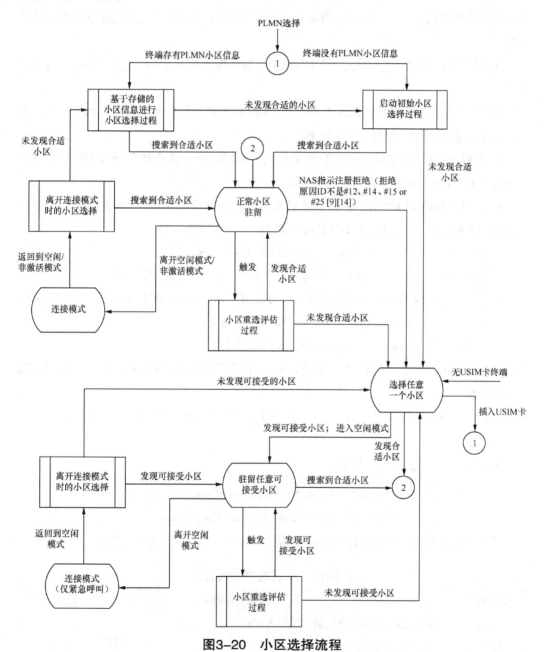

图3-20 小区选择流程

（1）初始小区选择（事先不知道哪个 RF 信道是 NR 频率）

在此方式下，UE 会扫描其支持制式上的所有载波频点，搜索合适的小区。在每个载波频点上，UE 仅搜索信号最强的小区，并驻留到最先搜索到的合适的小区。

（2）利用存储的信息进行小区选择（可以加快小区选择）

在此方式下，UE 会根据早前存储的载波频点信息和小区参数（通过之前收到的测量控制信息或者检测到的小区系统消息获得）进行小区选择，搜索满足条件的小区作为合适的小区。

① 对于不在 SNPN 接入模式下工作的 UE，如果满足以下条件，则认为小区是合适的小区。

一是该小区是 UE 所选 PLMN 或等效 EPLMN 列表中某个 PLMN 或注册 PLMN 的一部分，对于该小区 PLMN 的相关说明如下。

● 该 PLMN 的 PLMN-ID 由没有相关联的 CAG ID 的小区广播，并且 UE 中针对该 PLMN 的 CAG-only 指示不存在或出现错误。

● 该 PLMN 的 PLMN-ID 由有相关联的 CAG ID 的小区广播，并且 UE 中针对该 PLMN 的允许 CAG 列表包括由小区针对该 PLMN 广播的 CAG-ID。

二是小区没有被禁止，并且满足小区选择规则条件（S 准则）。

三是该小区至少是一个 TA 的一部分，该 TA 不属于"禁止跟踪区域"。

② 对于在 SNPN 接入模式下工作的 UE，如果满足以下条件，则认为小区是合适的小区。

一是小区是 UE 所选的 SNPN 或注册 SNPN 的一部分。

二是小区没有被禁止，并且满足小区选择规则条件。

三是该小区至少是一个 TA 的一部分，该 TA 不属于所选 SNPN 或 UE 注册 SNPN 的"禁止跟踪区域"。

UE 根据"S 准则"进行小区选择，只有满足此条件的小区，UE 才能够选择驻留。小区"S 准则"的判决公式如下。

$S_{rxlev} > 0$ 并且 $S_{qual} > 0$。其中，

$$S_{rxlev} = Q_{rxlevmeas} - (Q_{rxlevmin} + Q_{rxlevminoffset}) - P_{compensation} - Q_{offsettemp}$$

$$S_{qual} = Q_{qualmeas} - (Q_{qualmin} + Q_{qualminoffset}) - Q_{offsettemp}$$

小区选择参数含义见表 3-12（需要说明的是，目前，NR 小区选择只考虑 $S_{rxlev} > 0$）。

表3-12　小区选择参数含义

参数名称	参数含义描述
S_{rxlev}	小区选择接收信号强度值，单位为 dB
$Q_{rxlevmeas}$	实际测量的电平值（RSRP），单位为 dBm
$Q_{rxlevmin}$	小区参数定义的最小接收电平值（dBm），由 SIB1 下发给 UE，单位为 2dBm
$Q_{rxlevminoffset}$	$Q_{rxlevmin}$ 电平偏移值，单位为 dB。在 S_{rxlev} 评估中，UE 驻留在 VPLMN 中时补偿由于定期搜索更高优先级的 PLMN 而导致的信号 $Q_{rxlevmin}$ 偏移

续表

参数名称	参数含义描述
$P_{\text{compensation}}$	如果 UE 支持 NR–NS–PmaxList 中的附加 $P_{\max}$，并且在 SIB1、SIB2 和 SIB4 中有附加的 $P_{\max}$，则 $\max(P_{\text{EMAX1}}-P_{\text{PowerClass}},\ 0)-[\min(P_{\text{EMAX2}},\ P_{\text{PowerClass}})-\min(P_{\text{EMAX1}},\ P_{\text{PowerClass}})]$，单位为 dB， 否则，$\max(P_{\text{EMAX1}}-P_{\text{PowerClass}},\ 0)$，单位为 dB
$P_{\text{EMAX1} \sim \text{EMAX2}}$	小区定义的 UE 可以使用的最大上行发射功率，单位为 dBm，在 SIB1 中下发给 UE
$P_{\text{PowerClass}}$	协议定义的终端最大上行发射功率，单位为 dBm，通常为 26dBm
S_{qual}	小区选择信号质量值，单位为 dB
Q_{qualmeas}	实际测量的小区质量等级（RSRQ），单位为 dB
Q_{qualmin}	小区参数定义的最低质量等级，单位为 dB
$Q_{\text{qualminoffset}}$	Q_{qualmin} 质量偏移值，单位为 dB
$Q_{\text{offsettemp}}$	小区的偏移量，单位为 dB

UE 根据"S 准则"寻找标识合适的小区。如果找不到合适的小区，则标识一个可以接受的小区。当寻找到合适的小区或者可以接受的小区后发起小区重选过程。

"合适小区"表示可以让驻留其中的 UE 获得正常服务的小区。

"可接受小区"表示可以让驻留其中的 UE 获得限制服务（例如，紧急呼叫，接收 ETWS，CMAS 通知等）的小区。该小区必须满足条件：小区没有被禁止，并且满足小区选择规则。

"被禁小区"表示禁止服务小区。如果是属于单家电信运营商小区，则会在 MIB 消息中指示；如果是属于多家电信运营商小区，则会在 SIB1 消息中分不同的电信运营商进行指示。

3.7.3 小区重选

小区重选是指 UE 在空闲模式下通过监测邻区和当前小区的信号质量以选择一个更好的小区提供服务的过程。当 UE 驻留当前小区超过 1 秒后，邻区的信号质量及电平满足"R 准则"且满足一定重选判决门限时，终端将重选到该小区。

为了更好地均衡网络负荷、提升资源利用率，5G 网络引入了频点优先级。频点优先级由网络配置，通过系统消息 SIB2（服务小区优先级）、SIB4（同系统异频邻区优先级）、SIB5（异系统频率优先级）或通过 RRC 连接释放消息通知 UE，对应参数为 CellReselectionPriority，配置单位是频点，取值为（0，1，2，…，7），其值越大，表示优先级越高。需要注意的是，NR 的同异频小区是指 SSB 的中心频点是否相同，在邻区关系中配置的是 SSB 中心频点。

根据频点优先等级不同，小区重选分为同优先级小区重选、高优先级小区重选和低优先级小区重选 3 种。不同优先级的小区重选门限如图 3-21 所示。

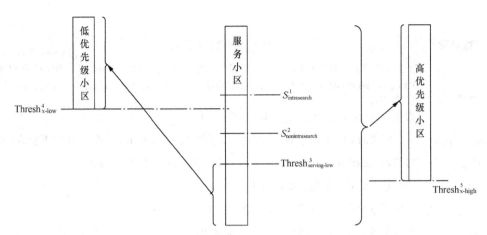

1. $S_{intrasearch}$ 是指同频测量启动门限（服务小区）。
2. $S_{nonintrasearch}$ 是指异频 / 异系统测量启动门限（服务小区）。
3. $Thresh_{serving-low}$ 是指低优先级重选门限（服务小区）。
4. $Thresh_{x-low}$ 是指低优先级重选门限（邻小区）。
5. $Thresh_{x-high}$ 是指高优先级重选门限（邻小区）。

图3-21　不同优先级的小区重选门限

1. 同优先级小区重选

同优先级小区重选包括测量启动条件和重选触发条件两个过程。

（1）测量启动条件

UE 根据服务小区 RSRP 测量结果计算 $S_{servingcell}$，并将 $S_{servingcell}$ 与 $S_{intrasearch}$（同频）和 $S_{nonintrasearch}$（异频）比较作为启动邻区测量的判决条件。判决规则如下。

$$S_{servingcell} = Q_{meas} - Q_{rxlevmin}$$

同频邻区测量启动条件：$S_{servingcell} \leqslant S_{intrasearch}$

异频邻区测量启动条件：$S_{servingcell} \leqslant S_{nonintrasearch}$

Q_{meas} 为服务小区 RSRP 值，$Q_{rxlevmin}$ 为 SIB1 广播的 q-RxLevMin，$S_{intrasearch}$ 和 $S_{nonintrasearch}$ 由 SIB2 发送给 UE。当服务小区的 $S_{servingcell}$ 低于同频 / 异频测量启动门限时，启动同频 / 异频测量，开始测量相邻小区的 RSRP 值。

（2）重选触发条件

① 选择满足"S 规则"的邻区，即 $S_{nonservingcell} > 0$ 的邻区，其中，同频和异频邻区涉及的相关参数如下。

- 同频邻区计算 $S_{nonservingcell}$ 时，$Q_{rxlevmin}$ 使用 SIB2 广播的小区最低接收电平值。
- 异频邻区计算 $S_{nonservingcell}$ 时，$Q_{rxlevmin}$ 使用 SIB4 广播的小区最低接收电平值。

② 在当前服务小区和满足"S 规则"的邻区中，UE 根据"R 规则"对服务小区信号质量等级 R_s 和邻区信号质量等级 R_n 进行排序，UE 选择信号质量等级 R 最高的小区作为 highest ranked cell。"R 规则"的定义如下。

$$R_s = Q_{meas, s} + Q_{hyst} - Q_{offsettemp, s}$$
$$R_n = Q_{meas, n} - Q_{offset} - Q_{offsettemp, n}$$

式中,

- $Q_{meas, s}$:基于 SSB 测量出来的服务小区的接收信号电平值,即服务小区 RSRP 值。
- $Q_{meas, n}$:基于 SSB 测量出来的邻区的接收信号电平值,即邻区 RSRP 值。
- Q_{hyst}:小区重选迟滞,由 SIB2 下发给 UE。
- Q_{offset}:邻区重选偏置。对于同频邻区,Q_{offset} 为 SIB3 广播的 q-OffsetCell;对于异频邻区,Q_{offset} 为 SIB4 广播的 "q-OffsetCell+q-OffestFreq"。
- $Q_{offsettemp, s}$ 和 $Q_{offsettemp, n}$:二者都是临时偏置值。由服务小区 SIB1 消息中广播的 ConnEstFailureControl 信元下的子信元 connEstFailOffset 定义,并下发给 UE。当 UE 接入某个小区时,如果 UE 接入该小区失败,且连续失败次数超过一定门限,则在连接建立失败偏置有效时间内,UE 如果进行小区重选判决,则计算该小区的信号质量等级时应用 $Q_{offsettemp, s}$ 和 $Q_{offsettemp, n}$。

如果 SIB2 中未配置 rangeToBestCell,则 UE 选择 R 值最大的小区为重选候选小区,忽略步骤 3。如果配置了 rangeToBestCell,则执行步骤 3。

③ 根据下述规则识别出信号质量满足条件的邻区作为候选邻区。

$$R_{highest\ ranked\ cell} - R \leqslant rangeToBestCell$$

式中,$R_{highest\ ranked\ cell}$ 为排名最高小区的 R 值;R 为当前服务小区或满足"S 规则"的邻区的信号质量等级;rangeToBestCell 在 SIB2 消息中指示。

在排名最高的小区和满足条件的小区中,选择 RSRP 值大于 absThreshSS-BlocksConsolidation 门限且波束个数最多的小区作为最好的小区。如果同时有多个满足条件的小区,则在其中选择 R 值最高的小区作为最好的小区。如果没有任何一个小区的波束级 RSRP 值大于门限,则直接选择排名最高的小区作为最好小区。

④ 在满足上述重选条件情况下,还需要满足如下条件才能触发重选到新小区。

- UE 在当前小区驻留时长超过 1 秒。
- 在重选时间 $T_{reselectionRAT}$ 间隔内,新小区一直优于服务小区(同频邻区用 SIB2 广播的 $T_{reselectionRAT}$,异频邻区用 SIB4 广播的 $T_{reselectionRAT}$)。

2. 高优先级小区重选

高优先级小区重选时,UE 始终对其测量。如果同时满足以下条件,则 UE 将重选到高优先级小区。

- UE 在当前小区驻留时长超过 1 秒。

- 高优先级小区在重选时间 $T_{reselectionRAT}$ 间隔内满足 $S_{nonservingcell} > Thresh_{x\text{-}high}$。

参数 $T_{reselectionRAT}$ 和 $Thresh_{x\text{-}high}$ 由 SIB4 下发给 UE。如果存在多个小区同时满足条件，则按照"R 规则"对多个小区的信号质量进行排序，选择信号质量等级 R 最高的邻区进行小区重选。

需要注意的是，$S_{nonintrasearch}$ 仅用于重选优先级相同或低于服务频点的异频/异系统，对于优先级高于服务小区的频点，UE 始终对其测量。重选到高优先级小区时，不考虑服务小区电平，即使服务小区 $S_{servingcell}$ 好于高优先级小区 $S_{nonservingcell}$，只要高优先级小区满足 $Thresh_{x\text{-}high}$ 条件就可以触发重选。

3. 低优先级小区重选

低优先级小区重选包括测量启动条件和重选触发条件两个过程。

（1）测量启动条件

如果服务小区满足下面条件，则启动低优先级邻区测量。

$$S_{servingcell} \leqslant S_{nonintrasearch}$$

（2）重选触发条件

重选到低优先级邻区需要同时满足如下条件。

① UE 在当前小区驻留时长超过 1 秒。

② 高优先级邻区和同优先级邻区中没有合适的邻区。

③ 在 SIB4 广播的重选时间 $T_{reselectionRAT}$ 间隔内同时满足。

- 服务小区 $S_{servingcell} < Thresh_{serving\text{-}low}$（$Thresh_{serving\text{-}low}$ 由 SIB2 下发给 UE）。
- 低优先级邻区 $S_{nonservingcell} > Thresh_{x\text{-}low}$（$Thresh_{x\text{-}low}$ 由 SIB4 下发给 UE）。

需要注意的是，$S_{servingcell}$ 和 $S_{nonservingcell}$ 分别指服务小区的 S_{relev} 和邻区的 S_{rxlev}。S_{rxlev} 为测量电平 RSRP 减去系统消息中下发的最低接入电平。

终端遵循的频率优先级可能存在几种情况，尚未获取专有频率优先级时使用广播的频率优先级进行小区重选。如果终端收到基站通过 RRCrelease 下发的专有频率优先级，则 UE 忽略广播消息中的优先级信息，并启动计时器 T320，T320 溢出前使用专有频率优先级进行小区重选。终端侧 T320 超时后，才能启用广播的频率优先级进行小区重选。

3.7.4 初始接入流程

UE 首次开机后，初始接入流程如图 3-22 所示。

初始接入流程的具体描述如下。

① UE 完成 PLMN 选择、小区选择、读取系统消息后，向服务小区发起随机接入。

② UE 向 gNB 发送 RRC 建立请求，携带 UE 标识和建立原因值。

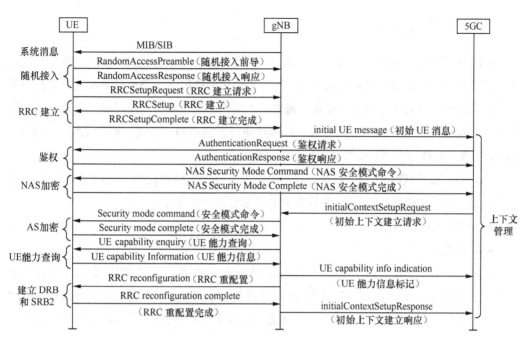

图3-22　初始接入流程

③ gNB 向 UE 回复 RRC 连接建立，开始建立 SRB1。

④ UE 向 gNB 回复建立完成，携带 selectedPLMN-Identity、registeredAMF、snssai-list 和专用 NAS 消息。

⑤ gNB 向核心网 AMF 发送初始上下文信息。

⑥ 核心网向 UE 发起鉴权请求。

⑦ UE 向核心网回复鉴权响应。

⑧ 核心网向 UE 发送加密指示。

⑨ UE 向核心网回复加密完成。

⑩ 核心网向 gNB 发送上下文建立请求，包括 UE AMBR、mobility Restriction List、coreNetworkAssistanceInformationForInactive 等信元。

⑪ gNB 向 UE 发送安全模式指示，包括加密算法和完整性算法。

⑫ UE 回复安全模式加密完成。

⑬ gNB 向 UE 发送查询 UE 能力信息指示，包括 freqBandinformation 信元。

⑭ UE 向 gNB 回复 UE 能力信息，包括 PDCP/RLC/MAC/PHY 和 RF 等支持的能力。

⑮ gNB 将 UE 能力信息透传给核心网。

⑯ gNB 向 UE 发送 RRC 重配置消息。

⑰ UE 向 gNB 回复 RRC 重配置完成。

⑱ gNB 向核心网回复 UE 上下文建立响应消息，通知 UE 上下文建立已完成。

3.7.5 注册过程

5G 用户注册过程就如同员工入职。员工收到录用通知后，直接去办公室工作吗？这是不行的。如果这样的话，容易被人冒充，而且不登记的情况下，公司也不知道员工的联系方式，有时候开会都找不到人。因此，通常员工要先到人事部门，使用身份证先办理入职流程，公司分配一个工牌，由此可知，终端注册就是核心网（公司）要登记终端（员工）信息，分配 UE 能力（岗位职责）和标识的一个过程。

UE 和网络之间进行注册（注册流程主要发生在 UE 和 AMF 之间），其目的是在网络建立用户上下文。注册成功后，UE 可以获取的信息包括以下内容。

- 5G-GUTI（5G-S-TMSI）。
- 注册区。
- UE 路径选择策略（UE Route Selection Policy，URSP）。由于 PDU 会话的属性参数中包含 S-NSSAI，所以可以使用 URSP 规则将特定 App 的业务数据流绑定到不同的网络切片。简单来讲，UE 根据 AppID、访问的域名、IP 或者 DNN 将该业务映射到对应的切片。
- UE-AMBR。
- 移动性限制，切换时可以依据该 IE 选择切换目标。
- 周期性注册更新定时器 T3152。
- LADN 信息（对应一个 TA 集）。
- Allowed NSSAI。
- 仅移动端发起的连接（Mobile Initiated Connection Only，MICO）模式。
- IMS 语音会话指示。
- DRX 参数。
- 支持互操作 N26 接口的指示。

注册成功后，UE 完成用户位置登记、新 GUTI 分配等。5G 核心网中保留注册用户的会话状态，使用户可以快速发起业务，缩短控制面接入时延。根据注册原因不同，5G 注册流程分为以下 4 种类型。

① 初始注册：UE 开机进行网络注册登记过程（类似 4G 中的 Attach）。

② 移动更新注册：UE 移动到新的 TA 小区，触发的注册登记过程。

③ 周期性注册：UE 侧周期性注册定时器 T3512 超时，触发的注册登记过程。

④ 紧急注册。

注册登记过程如图 3-23 所示。

图 3-23 中注册登记过程的具体说明如下。

步骤 1：终端向网络发起注册请求，由 RRCSetupComplete 消息发送给基站，并启动定时器 T3510（时长 15 秒）。消息包含 AN 参数和 NAS 消息两个部分。

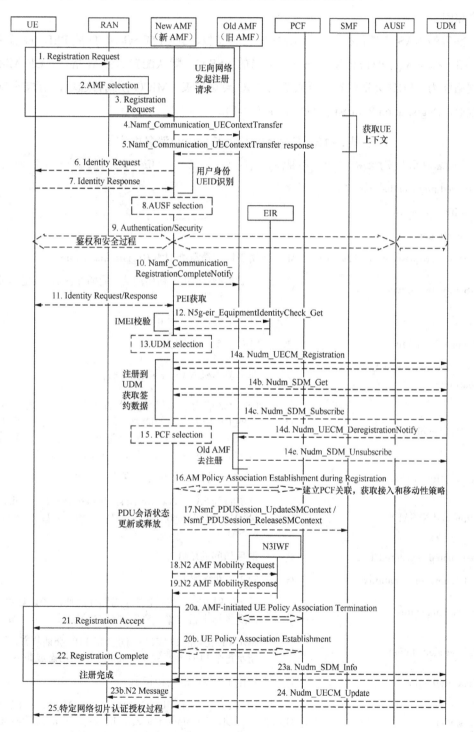

图3-23　注册登记过程

携带的 AN 参数包括（发给基站）SUCI 或 5G-GUTI、选择的 PLMN ID、请求的 NSSAI、建立原因。

携带的 NAS 信息包括（发给 AMF）注册类型、SUCI 或 5G-GUTI 或 PEI、最后访问的 TAI、标识 K_{AMF} 的密钥集标识符、请求的 NSSAI、默认配置 NSSAI 指示、UE MM 核心网络能力、PDU 会话状态、要激活的 PDU 会话列表、MICO 模式首选项、请求的 DRX 参数等。Registration Request 消息内容见表 3-13。

表3-13　Registration Request消息内容

信息单元（IE）名称	必要性	IE 字段描述
Extended protocol discriminator	M	
Security header type	M	
Spare half octet	M	
Registration request message identity	M	用于标识消息类型为 RegistrationRequest
5GS registration type	M	注册类型，例如，初始注册、周期性注册、紧急注册、移动性注册
ngKSI	M	密钥集标识符，标识 K_{AMF}
5GS mobile identity	M	SUCI、5G-GUTI 或 PEI
Non-current native NAS key set identifier	O	非当前本机 NAS 密钥集标识符
5GMM capability	O	UE 网络能力，向网络提供有关与 5GC 或与 EPS 交互的 UE 相关方面的能力，例如，是否支持异系统切换、S1 Mode、网络切片的认证和授权能力 NSSAA 等。对 EPS Fallback 而言，UE 必须支持 S1 Mode
UE security capability	O	UE 侧支持的加密和完保算法
Requested NSSAI	O	请求的 NSSAI。如果 UE 没有 allowed NSSAI、configured NSSAI、default configured NSSAI，则 UE 不包含 requested NSSAI
Last visited registered TAI	O	最后访问的 TAI
S1 UE network capability	O	S1 UE 网络能力
Uplink data status	O	该 IE 适用于移动性注册或周期性注册流程。如果 UE 需要发送上行数据，则需要包含该字段
PDU session status	O	指示 UE 在当前 PLMN 以前建立的 PDU 会话状态，用于指示每个 PDU 会话的 5G SM 状态是激活态或非激活态
MICO indication	O	仅限 UE 发起的连接指示
UE status	O	UE 状态，指示 UE 4G MM 和 5G MM 状态：注册或非注册。N1 Mode reg 表示 UE 在 5GC 的注册状态，S1 Mode reg 表示 UE 在 EPC 的注册状态

续表

信息单元（IE）名称	必要性	IE 字段描述
Additional GUTI	O	附加的 GUTI
Allowed PDU session status	O	允许的 PDU 会话状态
UE's usage setting	O	0=voice centric，表示语音优先，要求 UE 驻留的网络必须支持语音业务（EPS Fallback 或 VoNR） 1=data centric，表示数据优先，驻留的网络可以不支持语音业务
Requested DRX parameters	O	请求的 DRX 参数
EPS NAS message container	O	EPS NAS 消息容器
LADN indication	O	本地数据网指示
Payload container type	O	容器携带的消息类型，如果 UE 有保存的 UE policy sections，则 UE 需要设置 Payload container type IE 为 "UE policy container"，并在 Payload container IE 中包含 "ue state indication" 消息。网络收到该消息后，会执行 UE Configuration Update（UE 配置升级）流程下发新的 UE 策略 URSP
Payload container	O	容器携带的消息内容
Network slicing indication	O	网络切片指示。如果 UE 使用 Default Configured NSSAI 进行注册，则需要包含该字段
5GS update type	O	UE 的 SMS over NAS 支持情况、UE radio capability 更新指示
Mobile station classmark 2	O	移动台等级信息
Supported code	O	支持的编码
NAS message container	O	NAS 消息容器
EPS bearer context status	O	EPS 承载上下文状态
Requested extended DRX parameters	O	请求的扩展 DRX 参数
T3324 value	O	

步骤 2：gNB 根据 UE 携带的参数选择合适的 AMF。gNB 优先根据 UE 上报的 5G-S-TMSI 或 GUAMI 选择 AMF，如果 5G-S-TMSI、GUAMI 未指示有效的 AMF，则 gNB 根据选择的 PLMN 和请求的 NSSAI（如果可用）选择 AMF。如果仍然没有合适的 AMF，则选择默认 AMF。如果 UE 处于连接态，则 gNB 通过已有 N2 连接将注册请求消息转发给 AMF。

步骤 3：gNB 通过 N2 消息将 NAS 层的 Registration Request 消息发给 AMF。如果 gNB 和 AMF 之间已存在 UE 的信令连接，则 N2 消息为 "Uplink NAS Transport" 消息，否则为 "Initial UE Message"。如果注册类型为周期性注册，则忽略步骤 4～步骤 20。

步骤 4、步骤 5：[C]（[C] 表示满足条件时触发该过程，下同。）新 AMF 向旧 AMF 获取 UE 的上下文信息。旧 AMF 回复响应消息，响应消息中携带 SUPI、UE 上下文、SMF 信息、PCF ID。

步骤 6、步骤 7：[C] 新 AMF 向 UE 获取用户身份 UEID 信息。如果 UE 注册请求中未提供 SUCI，并且也没有从旧 AMF 中获取到用户标识，则 AMF 触发用户身份请求过程，向 UE 发起身份识别请求要求提供 SUCI 消息。

步骤 8：AMF 基于 SUPI 或 SUCI 选择鉴权服务器。

步骤 9：UE 与核心网之间的安全过程和鉴权过程，具体描述详见 3.8 节介绍。

步骤 10：[C] 新 AMF 通知旧 AMF 终端的注册结果。

步骤 11：[C] 永久设备标识（Permanent Equipment Identifier，PEI）（类似 4G 的 IMEI）获取流程。如果 UE 没有提供 PEI 且无法从旧 AMF 中获取到，那么 AMF 就会触发 PEI 查询流程来获取 PEI，PEI 应该进行加密传输，但无鉴权的紧急注册除外。

步骤 12：（[O] 表示该过程为可选，不是必须发生，下同。）AMF 请求 EIR 检查 ME ID 的合法性。

步骤 13：新 AMF 进行 UDM 选择。

步骤 14a ～步骤 14c：AMF 将 UE 注册到 UDM，并更新 UDM 信息，包括终端信息、支持的能力、访问的 PLMN ID、接入类型、注册类型等。AMF 从 UDM 获取 UE 的接入和移动订阅数据、SMF 选择订阅数据、UE 在 SMF 的上下文信息等。

步骤 14d：UDM 通知旧 AMF 删除 UE 注册信息和 UE 上下文等信息。

步骤 14e：旧 AMF 向 UDM 取消终端的相关订阅。

步骤 15、步骤 16：如果 AMF 还没有 UE 的有效接入和移动策略信息，那么选择合适的 PCF 去获取 UE 的接入和移动策略信息，例如，服务区域限制和 RFSP 索引。

步骤 17：（可选）PDU 会话状态更新。对于紧急注册的 UE，当注册类型为移动注册更新时，才会在注册流程中调用 PDU 会话更新流程。对于非紧急注册 UE，注册流程完成后，单独发起 PDU 会话建立流程，包括 UE 会话的 IP 地址分配。

步骤 18、步骤 19：通知 N3IWF，国内不涉及。

步骤 20：旧 AMF 触发 Policy Association 终结流程。

步骤 21：新 AMF 向 UE 发送注册接受消息 RegistrationAccept，指示注册请求已被接受，UE 收到后停止计时器 T3510。RegistrationAccept 消息承载在 InitialContextSetupRequest（N2 接口消息）和 RRCReconfiguration 消息（RRC 层消息）中发送给 UE。消息中包括新分配的 5G-GUTI（可选）、注册区域、移动性限制、PDU 会话状态、允许的 NSSAI、周期性注册更新计时器、LADN 信息和接受的 MICO 模式、支持 PS 语音的 IMS 语音指示、紧急服务支持指示符、接受的 DRX 参数、网络切片订阅更改指示、N26 接口的互联互通支持指示等。Registration Accept 消息内容见表 3-14。

表3-14　Registration Accept消息内容

信息单元（IE）名称	必要性	IE 字段描述
Extended protocol discriminator	M	
Security header type	M	
Spare half octet	M	
Registration accept message identity	M	用于标识消息类型为 RegistrationAccept
5GS registration result	M	5G 系统注册结果，例如，是否需要对切片执行鉴权和授权（NSSAA）
5G-GUTI	O	5G 临时身份标识
Equivalent PLMNs	O	等效的 PLMNS
TAI list	O	TAI 列表
Allowed NSSAI	O	允许的网络切片标识集合，是指不需要 NSSAA 的切片或 NSSAA 验证成功的切片，最多包含 8 个 S-NSSAI
Rejected NSSAI	O	拒绝的 NSSAI
Configured NSSAI	O	配置的 NSSAI，是指当前服务 PLMN 配置的 NSSAI，UE 收到该参数后可以知道哪些 S-NSSAI 可用。每个 PLMN 最多只能配置一个配置 NSSAI，最多包含 16 个 S-NSSAI
5GS network feature support	O	指示 UE 网络是否支持某些功能，例如，是否支持 IMS-VoPS-3GPP，是否支持 N26 接口等
PDU session status	O	PDU 会话状态，用于指示每个 PDU 会话的 5G SM 状态是激活态或非激活态
PDU session reactivation result	O	PDU 会话激活结果，指示 PDU 会话用户面资源建立结果
PDU session reactivation result error cause	O	用户面资源建立失败的 PDU 会话对应错误原因值
LADN information	O	本地数据网信息，对应一个 TAs 集合
MICO indication	O	MICO 模式指示，用于物联网。UE 启用 MICO 模式时，如果 UE 处于 CM-IDLE 状态，则只能发起主叫业务，不能做被叫和接收寻呼消息，只有 UE 处于 CM-CONNECTED 态时，网络才可以将下行数据或者消息发给终端
Network slicing indication	O	UDM 签约切片变化指示
Service area list	O	服务区域列表，是一个 TAs 集合
T3512 value	O	用于周期性注册登记的计时器，默认值：54 min，参阅 TS24.501 表 10.2.1
Non-3GPP de-registration timer value	O	非 3GPP 去附着计时器
T3502 value	O	UE 侧 T3510 计时器超时（注册失败）后启动，T3502 溢出后重新发起注册请求，参阅 TS24.501 表 10.2.1

信息单元（IE）名称	必要性	IE 字段描述
Emergency number list	O	紧急号码列表
Extended emergency number list	O	扩展紧急号码列表
SOR transparent container	O	传输和携带漫游指引信息
EAP message	O	该 IE 用于承载 EAP 认证过程中的消息。EAP 是一种网络认证协议，用于在无线网络、以太网等环境中进行用户身份验证
NSSAI inclusion mode	O	NSSAI 包含模式，可取值有 No NSSAI、Default NSSAI 和 Explicit NSSAI
Operator-defined access category definitions	O	为 UE 提供电信运营商定义的接入类别定义，或从 UE 中删除电信运营商定义的接入类别定义
Negotiated DRX parameters	O	协商的 DRX 参数
Non-3GPP NW policies	O	非 3GPP NW 策略
EPS bearer context status	O	EPS 承载上下文状态
Negotiated extended DRX parameters	O	协商的扩展 DRX 参数
T3447 value	O	设备失去网络连接后等待重新连接的时间
T3448 value	O	表示设备在重新连接失败后，等待再次尝试重新连接的最长时间间隔
T3324 value	O	T3324 计时器值
Pending NSSAI	O	需要授权和验证（NSSAA）的切片列表
CAG information list	O	为 UE 提供 CAG 信息列表，或者从 UE 中删除 CAG 信息列表

其中，信元 5GS Network Feature Support 里面 IWK N26 取值为 0 时，表示 "interworking without N26 interface not supported"，即 AMF 支持 N26 接口，此时 UE 只能工作于 "单注册模式"。IWK N26 取值为 1 时表示 "interworking without N26 interface supported"，即 AMF 不支持 N26 接口，此时 UE 可以工作于 "单注册模式" 或 "双注册模式"。

步骤 22：UE 回复网络注册完成消息。如果 Registration Accept 消息分配了新的 5G-GUTI 或者网络切片订阅发生改变时，则 UE 需要回复注册完成消息。

步骤 23～步骤 24：SDM 为 SOR 接收确认，UECM 为 IMS 会话支持一致性指示。

需要注意的是，切片认证由 AMF 完成。4G 的附着流程和 TAU 流程，在 5G 网络中都是通过注册流程实现的。另外，与 EPC 的附着流程相比，5GC 的注册流程中不含 4G 附着流程中的会话（媒体面通道）建立过程。

3.7.6 AMF 选择和发现过程

在 UE 接入 gNodeB 过程中，gNodeB 需要建立到 AMF 的专用连接。如果 gNodeB 与多个 AMF 相连，则需要为该 UE 选择某个 AMF 建立专用连接。AMF 选择过程示意如图 3-24 所示。

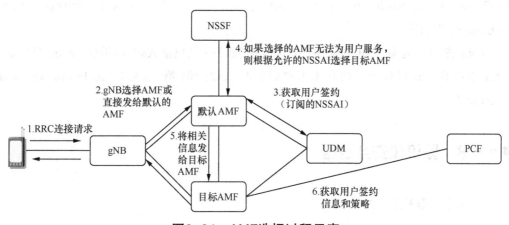

图3-24 AMF选择过程示意

当 gNodeB 收到来自 UE 的 RRCSetupComplete 消息，且该消息携带 selectedPLMN-Identity、registeredAMF（可选）、s-nssai-list（可选）信息时，gNodeB 根据 selectedPLMN-Identity、registeredAMF、s-nssai-list、AMF 负荷选择 AMF 节点。AMF 负荷由 AMF 通知 gNB，当基站收到某个 AMF 高负荷通知时，会避免选择该 AMF 作为服务 AMF。

① UE 提供 GUAMI 时，存在如下两种情况。

● 如果根据 GUAMI 找到合适的 AMF，则 gNodeB 选择该 AMF 并建立连接。

● 如果根据 GUAMI 未找到合适的 AMF（例如，找到的 AMF 出现故障），则根据 GUAMI 携带的信息选择 AMF 候选集。

② UE 未提供 GUAMI，但提供 5G-S-TMSI 时，gNodeB 根据 5G-S-TMSI 携带的信息选择 AMF 候选集。

③ UE 未提供 GUAMI，且未提供 5G-S-TMSI，或者 5G-S-TMSI 和 GUAMI 未指示有效的 AMF 时，存在如下情况。

● 如果 UE 提供网络切片信息 S-NSSAI，则 gNodeB 选择包含该 S-NSSAI 的 AMF 候选集。

● 如果 UE 未提供 S-NSSAI，存在如下情况。

一是如果 gNodeB 配置了 default AMF，且 default AMF 的电信运营商信息和 UE 携带的 PLMN 一致，则 gNodeB 选择包含该 PLMN 的所有 default AMF 作为 AMF 候选集。

二是如果 gNodeB 没有配置 default AMF，则 gNodeB 选择包含的电信运营商信息和 UE 携带的 PLMN 一致的所有 AMF 作为 AMF 候选集。

④ 基于切片的 AMF 选择过程可参阅下文 "3.13.1 切片注册流程"。

需要说明的是，gNB 选择 AMF 集合考虑的因素包括从 GUAMI 派生出来的 AMF Region ID 和 AMF Set ID、Requested NSSAI、本地策略、RRC 信令中携带的 5G CIoT 特征指示、IAB 指示、NB-IoT RAT 类型、CatM 指示、RedCap 指示、RRC 信令中携带 SNPN Onboarding 指示等。

gNB 或 CP NFs 从 AMF 集合中选择 AMF 考虑的因素包括 AMF 可用性、AMF 负载等，AMF 选择和发现过程的详细介绍可参阅 3GPP TS23.501 第 6.3.5 节"AMF discovery and selection"。

3.8 鉴权和安全过程

3.8.1 鉴权过程

LTE 系统 AKA 流程中，归属网络鉴权中心（Authentication Center，AC，常写作 AUC）将一组鉴权向量和预期用户响应（Expected User Response，EUR，常写作 XRES）发送给访问网络 MME，由访问网络 MME 根据这些参数对 UE 进行鉴权，归属网络并不关心 UE 的鉴权结果。5G AKA 流程中，归属网络 AUSF 将一组 5G 鉴权向量和对应的预期用户响应（Hash Expected User RESponse，HXRES*）发送给访问网络的安全锚点功能（SEcurity Anchor Function，SEAF）（和 AMF 在一起），访问网络 SEAF 根据这些参数对 UE 鉴权后，还需要将 UE 的鉴权响应发回给归属网络 AUSF 做进一步鉴权，归属网络再将鉴权结果发给访问网络，从而完成最终鉴权。5G AKA 鉴权过程如图 3-25 所示。

UE 向 AMF 发送初始 UE 消息，携带用户标识。本地 AMF 收到后，如果发现没有 UE 安全上下文且不能从最近访问的旧 AMF 中获取 UE 安全上下文信息，或初始消息完整性校验失败，则启动鉴权认证过程。

步骤 1：对于每个 Nudm_UE Authenticate_Get 请求，UDM/ARPF 都会创建鉴权向量 5G HE AV（RAND、AUTN、XRES*、K_{AUSF}）。

步骤 2：UDM/ARPF 在 Nudm_Authenticate_Get 响应消息中将 5G HE AV（RAND、AUTN、XRES*、K_{AUSF}）发送给 AUSF。如果在 Nudm_Authenticate_Get 请求消息中包含 SUCI，则 UDM/ARPF 在 Nudm_Authenticate_Get 响应中携带参数 SUPI。

步骤 3：AUSF 将 XRES *、K_{AUSF} 与收到的 SUCI 或 SUPI 一起存储。

步骤 4：AUSF 创建 5G AV（RAND、AUTN、HXRES*、K_{SEAF}）。按照 TS33.501 Annex A.5 由 XRES* 推导出 HXRES*，按照 TS33.501 Annex A.6 由 K_{AUSF} 推导出 K_{SEAF}，用推导出来的 HXRES* 和 K_{SEAF} 替换掉 5G HE AV（RAND、AUTN、XRES*、K_{AUSF}）的 XRES*、K_{AUSF}，得到 5G AV（RAND、AUTN、HXRES*、K_{SEAF}）。

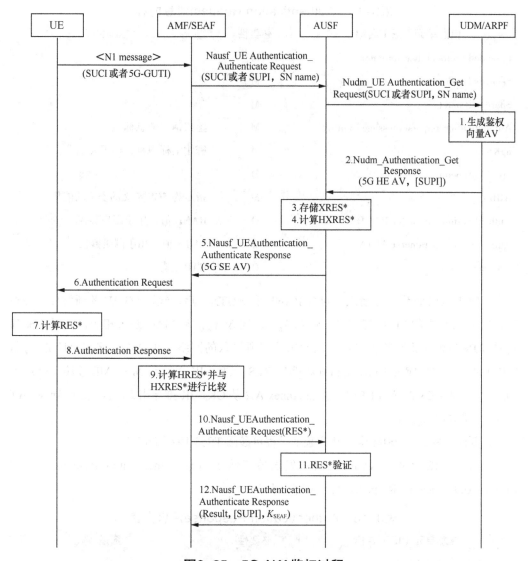

图3-25 5G AKA鉴权过程

步骤5：AUSF 给 SEAF 发送 Nausf_UEAuthentication_Authenticate 响应消息，消息携带 5G AV（RAND、AUTN、HXRES*、K_{SEAF}）。

需要说明的是，从步骤4和步骤5中可以看出，XRES*、K_{AUSF} 不会离开归属网络的鉴权中心 AUSF，归属网络从这两个参数进一步推导出 HXRES* 和 K_{SEAF} 给 SEAF 使用。

步骤6：SEAF（AMF）向 UE 发送鉴权请求 Authentication Request，携带鉴权参数 RAND、AUTN 和 ngKSI。其中，ngKSI 参数是安全密钥索引，RAND 和 AUTN 用于网络和终端设备鉴权。Authentication Request 消息内容见表 3-15。

表3-15　Authentication Request消息内容

信息单元（IE）名称	必要性	描述
Extended protocol discriminator	M	
Security header type	M	
Spare half octet	M	
Authentication request message identity	M	鉴权请求消息标识
ngKSI	M	密钥集标识符，标识 K_{AMF}
Spare half octet	M	
ABBA	M	指示为 5GS 定义的安全功能集
Authentication parameter RAND	O	RAND 值，用于用户鉴权
Authentication parameter AUTN	O	AUTN 值，用于网络鉴权
EAP message	O	EAP 消息

步骤 7：UE 收到认证请求（包含 RAND 和 AUTN）后，验证 5G AV 的新鲜度，并通过提取 AUTN 中的 MAC 等信息，计算 X_{MAC}，比较 X_{MAC} 和 MAC 是否相等，同时检验序列号 SQN 是否在正常的范围内，以此来认证所接入的网络是否合法。这些验证通过后，USIM 接着计算出响应 RES，USIM 将响应 RES、CK、IK 返回给 ME，ME 按照 TS33.501 Annex A.4 从 RES 推导出 RES*，按照 Annex A.2 从 CK、IK 推导出 K_{AUSF}，按照 Annex A.6 从 K_{AUSF} 推导出 K_{SEAF}。

需要注意的是，USIM 卡计算和验证过程可参阅 TS33.102 第 6.3.3 节。

步骤 8：UE 给网络 AMF（SEAF）发送鉴权响应消息 Authentication Response，携带 RES*。Authentication Response 消息内容见表 3-16。

表3-16　Authentication Response消息内容

信息单元（IE）名称	必要性	描述
Extended protocol discriminator	M	
Security header type	M	
Spare half octet	M	
Authentication response message identity	M	鉴权响应消息标识
Authentication response parameter RES*	O	鉴权响应参数 RES*
EAP message	O	EAP 消息

步骤 9：SEAF 收到 UE 发上来的 RES* 后，按照 TS33.501 Annex A.5 推导出 HRES*，然后将 HRES* 和 HXRES* 进行比较，如果比较的结果通过，则在待访问网络的 SEAF 侧完成初步鉴权。

步骤 10：SEAF 给归属网络鉴权中心 AUSF 发送 Nausf_UEAuthentication_Authenticate 请求，携带 UE 发送过来的 RES* 参数及加密的用户身份标识（SUbscription Concealed Identifier，SUCI）或用户永久标识（SUbscription Permanent Identifier，SUPI）。

步骤 11：归属网络 AUSF 接收到 Nausf_UEAuthentication_Authenticate 请求后，首先判断 AV 是否过期，如果 AV 过期，则认为鉴权失败；否则，对 RES* 和 XRES* 进行比较，如果二者相等，则在归属网络侧鉴权成功。

步骤 12：AUSF 给 SEAF 发送 Nausf_UEAuthentication_Authenticate 响应，通知 SEAF 该 UE 在归属网络的鉴权结果。

如果鉴权成功，则 SEAF 收到的 5G AV 中的 K_{SEAF} 就会成为锚点 key。SEAF 按照 TS33.501 Annex A.7 从 K_{SEAF} 推导出 K_{AMF}，然后将 ngKSI 和 K_{AMF} 发送给 AMF 使用。

AUC 侧鉴权向量生成如图 3-26 所示，用户 USIM 侧鉴权如图 3-27 所示。

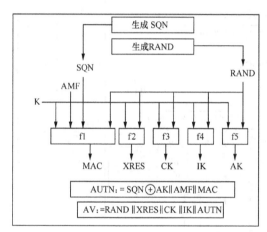

图3-26　AUC侧鉴权向量生成

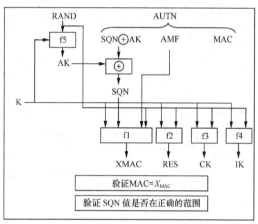

图3-27　用户USIM侧鉴权

3.8.2　安全过程

安全过程包括完整性保护和加密两个部分。其中，完整性保护是强制执行的；加密为可选项。加密又分为 AS 层加密和 NAS 层加密。AS 层加密又可以分为控制面信令加密和用户面数据加密。NAS 层加密和完保由 UE 和 AMF 完成，AS 层加密和完保由 UE 和 gNB 完成。5GS 安全过程示意如图 3-28 所示。

步骤 1：UE 通过初始 UE 消息向 AMF 发起注册请求或业务请求。

如果 UE 没有 NAS 安全上下文，则初始 NAS 消息仅包含明文字段，即用户标识符（例如，SUCI 或 GUTI）、UE 安全能力、S-NSSAI、ngKSI，最后访问的 TAI 等。如果 UE 具有 NAS 安全上下文，则初始消息应包含完整消息。其中，上面给出的信息将以明文形式发送，但消息的其余部分被加密发送。其中，UE 安全能力指示 UE 支持的安全算法，例如，EA 和 IA 算法；ngKSI 是 K_{AMF} 的索引，标识 UE 和 AMF 中的 K_{AMF}，如果"ngKSI=7"，则表示 UE 没有安全密钥。

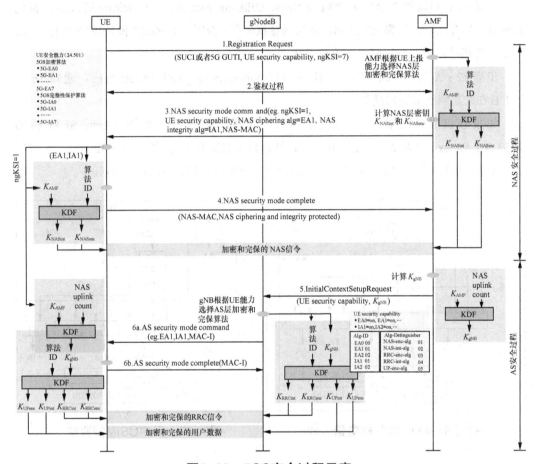

图3-28 5GS安全过程示意

步骤 2：如果服务的 AMF 没有 UE 安全上下文且不能从最近访问的旧 AMF 中获取安全上下文信息，或初始消息完整性校验失败，则 AMF 启动与 UE 的鉴权认证过程。

步骤 3：如果鉴权成功，AMF 向 UE 发送 NAS 安全模式命令消息。

5GC 在成功对 UE 进行鉴权以后，就会根据 UE 上报的安全能力来选择合适的算法进行 NAS 层的加密和信令完整性保护。AMF 通过 NAS SecurityModeCommand 消息将选中的算法发送给 UE，同时 AMF 也会将接收到的 UE 安全能力返回给 UE。

步骤 4：UE 向 AMF 发送 NAS 安全模式完成消息。

UE 接收到 NAS 层的 SecurityModeCommand 消息后，首先验证其中的 UE 安全能力与自己上报给 AMF 的是否一致，然后根据 NAS SecurityModeCommand 中选中的算法计算出 NAS 层的完整性保护密钥 K_{NASint} 和加密密钥 K_{NASenc}，并生成 NAS SecurityModeComplete 消息，进行完整性保护和加密后发送给 AMF。此时，NAS 层的安全保护已经激活。

步骤 5：AMF 向 gNodeB 回复初始上下文建立请求消息，消息中包含 UE 支持的安全能力和基站级安全密钥 K_{gNB}。

步骤 6：gNodeB 收到后，启动 AS 层安全过程。

AS 层安全过程包括控制面信令和用户面数据加密和完整性保护。gNB 通过 RRC SecurityModeCommand 通知 UE 启动完整性保护和加密过程，该消息由 gNB 进行完整性保护。UE 根据消息中的安全算法计算获取 AS 层密钥 K_{RRCint}、K_{RRCenc}、K_{UPenc} 和 $K_{UPenint}$，并生成 RRC SecurityModeComplete 消息进行加密和完整性保护后发送给 gNB。RRC SecurityModeCommand 消息里面定义的加密算法对 SRB 和 DRB 都有效，至此，AS 层的安全保护已经激活。

5GS 密钥分层架构如图 3-29 所示，5G 密钥派生过程如图 3-30 所示。其中，UDM 和 AUSF 位于归属网络，SEAF 和 AMF 位于访问网络。

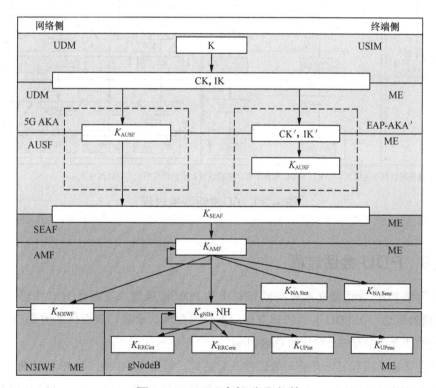

图3-29 5GS密钥分层架构

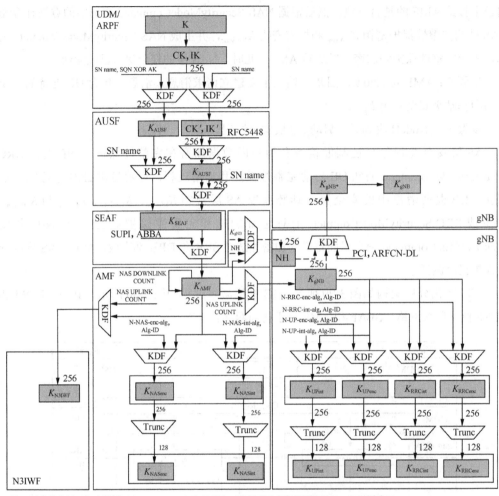

注: 源基站使用目标小区的PCI、ARFCN-DL 和基于水平密钥或垂直密钥派生的K_{gNB}/NH 派生K_{gNB*}。

图3-30　5G密钥派生过程

●● 3.9　PDU 会话过程

5G 网络 PDU 会话建立过程类似 EPC 中的 PDN 连接建立，但是 5GC 中已经没有了 EPS 承载的概念。在 PDU 会话的建立中，不会包含默认承载，取而代之的是 QoS Flow，在每个 PDU 会话中有一个默认的 QoS Flow。

4G 会话建立流程可以伴随附着过程一起完成，但是在 5G 中，AMF 的注册登记流程和 SMF 的 PDU 会话建立过程完全独立（除非紧急注册），即 AMF 通知 SMF 处理 PDU 会话的请求之前，AMF 需要先行完成注册过程。

另外，5G 中永久在线（always-on PDU session）是可选项，并且 5GC 的 PDU 会话建

立只能由 UE 发起。PDU 会话建立过程如图 3-31 所示，PDU 会话建立如图 3-32 所示。

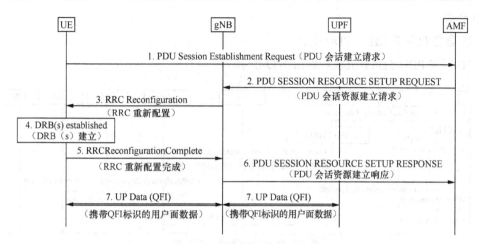

图3-31 PDU会话建立过程

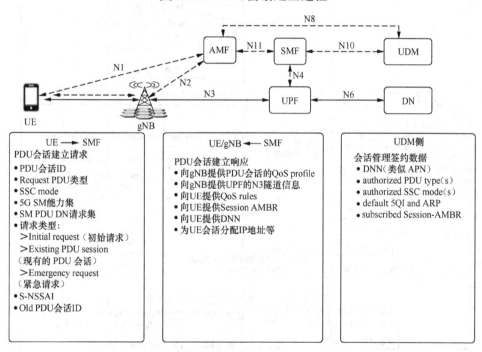

图3-32 PDU会话建立

3.9.1 PDU 会话建立流程

以下 4 种场景会触发 PDU 会话的建立过程。

① 建立一个新的 PDU 会话。

② 在无 N26 接口的情况下，将 EPS 中的 PDN 连接切换到 5GS 中的 PDU 会话。

③ 在非 3GPP 接入和 3GPP 接入之间切换的过程中，核心网之间传递用户已经建立的 PDU 会话。

④ 紧急业务请求建立 PDU 会话。

5G 网络 PDU 会话建立流程如图 3-33 所示。

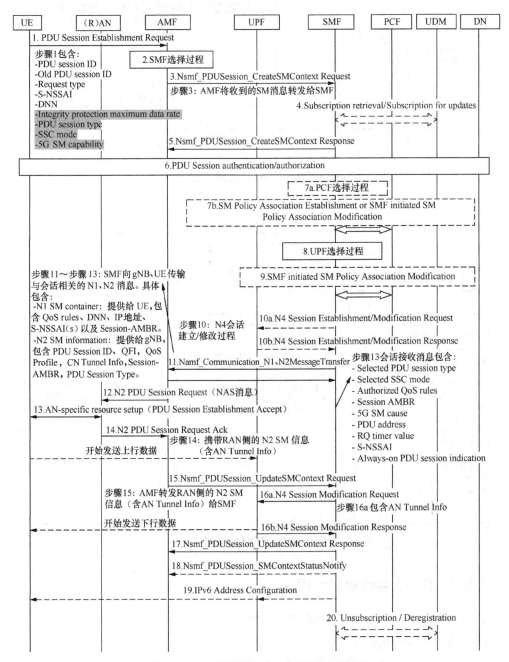

图3-33 5G网络PDU会话建立流程

步骤 1：UE 向 AMF 发送 PDU 会话建立请求消息，携带 S-NSSAI(s)、DNN、PDU Session ID、Request type、Old PDU Session ID、N1 SM container（PDU SessionEstablishmentRequest）。如果接入层（AS）和 AMF 之间已经存在 UE 的信令连接，则 N2 消息为 "Uplink NAS Transport" 消息，否则为 "Initial UE Message"。UL NAS Transport 消息内容见表 3-17。

表3-17　UL NAS Transport消息内容

信息单元 / 组名称	必要性	描述
Extended protocol discriminator	M	
Security header type	M	
Spare half octet	M	
UL NAS TRANSPORT message identity	M	用于指示该消息类型，本例消息类型为 UL NAS TRANSPORT
Payload container type	M	容器类型（3GPP TS24.501 第 8.2.6.17A 节），本例中容器类型为 N1 SM information
Spare half octet	M	
Payload container	M	容器内容 PDUSessionEstablishmentRequest 消息
PDU session ID	C	UE 新生成的会话标识
Old PDU session ID	O	旧的 PDU 会话标识
Request type	O	请求类型，例如，initial request，existing PDU session，modification request 等
S-NSSAI	O	UE 首选的网络切片或 UE 之前注册过的 NSSAI
DNN	O	Data Network Name，数据网格名称，类似于 LTE 中的 APN，标识 UE 想要接入的数据网络
Additional information	O	
MA PDU session information	O	MA PDU 会话信息

需要注意的是，PDU SessionEstablishmentRequest 包含在 "UplinkNASTransport" 消息中的 Payload container 中或 "initial UE message" 消息的 NAS-PDU 信元中，消息中的 RequestType 用于指示 PDU 会话请求类型，例如，InitialRequest、existingPDUSession 等，existingPDUSession 表示已经建立的 PDU 会话，而容器中的 RequestedPDUSessionType 是指 PDU 会话类型，例如，IPv4、IPv6、IPv4v6、Ethernet 等。PDU SessionEstablishmentRequest 见表 3-18。

步骤 2：AMF 收到会话建立请求消息后，执行 SMF 选择流程，选择提供服务的 SMF。

步骤 3：如果 PDU 会话建立请求消息中的请求类型为初始请求 "initial request"，则 AMF 调用 Nsmf_PDUSession_CreateSMContext 服务向 SMF 发送 PDU 会话建立请求，参数包括 SUPI、DNN、S-NSSAI、PDU 会话 ID、AMF ID、请求类型、PCF ID、优先级接

入、N1 SM 容器（PDU SessionEstablishmentRequest）、用户位置信息、接入类型、PEI、GPSI、UE presence in LADN service area（用于指示 UE 是否在 LADN 服务区）、PDU 会话状态通知的订阅、DNN 选择模式等。如果 NAS 消息中不包含 S-NSSAI，则 AMF 选择默认的 S-NSSAI，或者基于电信运营商策略，选择一个 S-NSSAI。

表3-18　PDU SessionEstablishmentRequest

信息单元 / 组名称	必要性	描述
Extended protocol discriminator	M	
PDU session ID	M	PDU 会话标识
PTI	M	程序事务标识
PDU SESSION ESTABLISHMENT REQUEST message identity	M	消息类型
Integrity protection maximum data rate	M	提供完整保护的最大速率（上下行独立设置）
PDU session type	O	PDU 会话类型，例如，IPv4、IPv6、IPv4v6、Ethernet 等
SSC mode	O	会话和服务连续模式，包括 mode1、mode2 和 mode3 共 3 种
5GSM capability	O	UE 与 PDU 会话相关的能力，例如，是否支持 RQoS，S1 模式时以太网 PDN 类型（Ethernet PDN type in S1 mode）等
Maximum number of supported packet filters	O	支持的最大包过滤器数目，取值范围为 17 ～ 1024
Always-on PDU session requested	O	指示是否建立一条一直保持的 PDU 会话
SM PDU DN request container	O	UE 请求建立的 PDU 会话需要外部网络进行鉴权和授权时，UE 在该 IE 中提供相关信息
Extended protocol configuration Options	O	扩展协议配置选项（PCO）

注：5GS 支持 3 种不同的会话和服务连续性（SSC）模式。

其中，SSC mode1 是指网络会一直维持在 PDU 会话建立时充当 PDU 会话锚点的 UPF，例如，IMS 语音业务。

SSC mode2 是指用户移动要求重新选择会话锚点 UPF 时，先断后连，即先断开已连接的 PDU 会话，再建立一条到新锚点 UPF 的会话（接入相同的 DN），并重新分配 IP 地址，适合对连续性要求不高的场景，例如，浏览类业务。

SSC mode3 是指用户移动要求重新选择会话锚点 UPF 时，先连后断，即先建立一条到新锚点 UPF 的会话（接入相同 DN），再断开先前的 PDU 会话，需重新分配 IP 地址，例如，视频直播业务。mode3 仅用于 IP 类型的 PDU 会话，接入模式可以是 3GPP 或 non-3GPP。一个 PDU 会话的 SSC mode 在该 PDU 会话的整个生命周期内保持不变。

如果请求类型为现有 PDU 会话 "existingPDUsession"，则 AMF 调用 Nsmf_PDUSession_UpdateSMContext 服务向 SMF 发送 PDU 会话建立请求，参数包括 SUPI、DNN、S-NSSAI、PDU 会话 ID、AMF ID、请求类型、N1 SM 容器（PDU 会话建立请求）、用户位置信息、

访问类型、RAT 类型和 PEI 等。

步骤 4：（可选）如果对应 SUPI、DNN 和 S-NSSAI 的会话管理订阅数据不可用，则 SMF 向 UDM 发起会话注册、检索会话管理订阅数据，并订阅更新通知。

步骤 5：Nsmf_PDUSession_CreateSMContext Response，SMF 收到消息 3 后回复 AMF 响应消息，参数包括 cause、SM Context ID 或 N1 SM container［PDU Session Reject（Cause）］。如果 SMF 在步骤 3～步骤 4 出现异常，container 应包含 Reject 消息，否则仅通知 AMF，SM Context 在处理中。

如果请求类型为 "existing PDU session"，则 SMF 回复 AMF 响应消息 Nsmf_PDUSession_UpdateSMContext Response，参数包括 N2 SM information（PDU Session ID、QFIs、QoS Profiles、Session-AMBR、CN Tunnel Info）、N1 SM container ［PDU Session Modification Command（PDU Session ID、QoS rule(s)、QoS rule operation、QoS Flow level QoS parameters、Session-AMBR）］。

步骤 6：（可选）UE 和 DN 之间二次鉴权 / 授权。

步骤 7a、步骤 7b：PCF 选择与会话策略建立。如果 SMF 采用动态 PCC，则 SMF 需要选择一个 PCF，否则 SMF 应用本地策略。

步骤 8、步骤 9：SMF 执行 UPF 选择过程，选择一个 / 或多个 UPF 为 UE 服务，并为 UE 会话分配一个 IP 地址（基于请求的 PDU 会话类型），用户面数据转发将会在此 UPF 上进行。

步骤 10a：N4 Session Establishment/Modification Request，即 N4 会话建立 / 修改过程，SMF 向 UPF 发送请求，要求建立或修改一个 PDU 会话。

如果请求类型为 "initial request"，则 SMF 启动 N4 会话建立过程，否则启用 N4 会话修改过程。

SMF 向选择的 UPF 发起 N4 会话建立 / 调整请求，并提供要在该 PDU 会话的 UPF 上安装的分组检测（Packet detection）、执行（enforcement）以及报告规则（reporting rules）。如果由 SMF 分配 UPF 的隧道信息，则 N4 会话建立 / 调整请求中包含分配的 UPF 隧道信息（CN Tunnel Info）。

步骤 10b：N4 Session Establishment/Modification Response，UPF 向 SMF 回复 N4 会话建立 / 调整确认消息。如果由 UPF 分配隧道信息，则 N4 会话建立 / 调整响应消息中包含分配的 UPF 隧道信息（CN Tunnel Info）。如果该 PDU 会话选择多个 UPF 服务，则 SMF 与每个 UPF 启动 N4 会话建立 / 修改过程。

步骤 11：Namf_Communication_N1N2MessageTransfer，SMF 向 AMF 发送与 N1、N2 接口相关的 SM 消息，包含 PDU Session ID、N1 SM container 以及 N2 SM information。

N1 SM container：提供给 UE 使用，是一个 SM 消息（PDU SessionEstablishedAccept），包含 QoS rule(s)、S-NSSAI(s)、DNN、UE 会话级 IP 地址以及 Session-AMBR。其中，QoS rule(s) 用于 UE 对一个会话多个 QoS Flow 的配置，IP 地址用于 UE 从 UPF 出口以后的数据路由。

N2 SM information：提供给 gNB 使用，包含 PDU Session ID、QFI(s)、QoS Profile(s)、CN Tunnel Info、Session-AMBR、PDU Session Type。其中，QoS Profile(s) 用于 gNB 对一个会话多个 QoS Flow 的配置，CN Tunnel Info 则用于标识此会话在 N3 口 UPF 侧节点。

步骤 12：N2 PDU Session Request，包含 SMF 要发给 RAN 的 N2 SM information 和 NAS 消息（PDU SessionEstablishedAccept）。基站根据收到的 N2 SM information 获知 PDU 会话在 N3 口 UPF 侧的 CN Tunnel Info，即 UPF 隧道地址和 TEID，至此基站已可以在用户面上向 UPF 传输上行数据。

步骤 13：UE 与 RAN 交互，建立针对此会话的无线传输通道，同时，RAN 将从 AMF 侧收到的 N1 SM container（含 PDU Session Established Accept）通过 RRC 重配消息转发给 UE。PDU SessionEstablishmentAccept（PDU 会话建立接受）见表 3-19。

表3-19　PDU SessionEstablishmentAccept（PDU会话建立接受）

信息单元 / 组名称	必要性	描述
Extended protocol discriminator	M	
PDU session ID	M	PDU 会话标识
PTI	M	程序事务标识
PDU SESSION ESTABLISHMENT ACCEPT message identity	M	用于标识消息类型为 PDU 会话建立接受消息
Selected PDU session type	M	协商选择的 PDU 会话类型
Selected SSC mode	M	协商选择的 SSC 模式
Authorized QoS rules	M	授权的 QoS rules，用于 UE 对上行数据分类和标记
Session AMBR	M	用于指示 UE 建立 PDU 会话时的初始订阅 PDU 会话聚合的最大比特率，或指示新订阅的 PDU 会话聚合的最大比特率（如果网络有调整），上下行独立设置
5GSM cause	O	指示 5GSM 被拒绝的原因，例如，没有充足的资源、无法识别的 DNN、PTI 已经在使用等
PDU address	O	SMF 分配给 UE 会话的 IP 地址信息，地址类型可以是 IPv4、IPv6、IPv4v6
RQ timer value	O	
S-NSSAI	O	用于标识一个网络切片，由 SST 和 SD 组成
Always-on PDU session indication	O	用于指示是否建立一个 PDU 会话作为 Always-on 的 PDU 会话

续表

信息单元 / 组名称	必要性	描述
MApped EPS bearer contexts	O	指示 PDU 会话映射的一组 EPS 上下文
EAP message	O	EAP 消息
Authorized QoS Flow descriptions	O	授权给 UE 的一组 QoS Flow 描述，包括 QFI、操作代码（创建、删除、调整 QoS Flow 描述）、5QI 等
Extended protocol configuration Options	O	扩展协议配置选项（PCO），例如，P-CSCF 地址信息
DNN	O	类似于 LTE 中的 APN，代表 UE 想要接入的数据网络
5GSM network feature support	O	指示 UE 网络是否支持 Ethernet PDN type in S1 mode，是否支持 IMS-VoPS-3GPP
Serving PLMN rate control	O	允许 UE 每 6 分钟间隔通过 PDN 连接发送的上行 ESM 数据传输消息（包括用户数据容器 IE）的最大数量
ATSSS container	O	ATSSS[1] 容器
Control plane only indication	O	指示 PDU 会话是否仅用于控制平面 CIoT 5GS 优化
Header compression configuration	O	报头压缩配置文件信息

注：1. ATSSS（Access Traffic Steering, Switching, Splitting，接入流量导向、转换、拆分）。

步骤 14：N2 PDU Session Response 包含 PDU 会话 ID、原因、RAN 要发给 SMF 的 N2 SM information（PDU 会话 ID、AN Tunnel Info、接受 / 拒绝的 QFI(s) 列表、用户面执行策略通知）。

步骤 15：Nsmf_PDUSession_UpdateSMContext Request，AMF 收到消息 14 后，通过该消息将来自 gNB 侧的 N2 SM 信息（含 AN Tunnel Info）转发给 SMF。

步骤 16a：SMF 收到后，向 UPF 发送 N4 Session Modification Request，并将下行的转发规则告知 UPF（包含 AN Tunnel Info）。

步骤 16b：UPF 向 SMF 发送 N4 Session Modification Response，UPF 收到 AN Tunnel Info 后，在 N3 口建立会话的下行隧道。UPF 更新会话上下文，并向 SMF 报告。

步骤 17：Nsmf_PDUSession_UpdateSMContext Response，SMF 收到 UPF 下行隧道建立响应消息后，对步骤 15（AMF 的更新 SM 上下文请求）进行确认。至此，完成 PDU 会话建立流程。

3.9.2 PDU 会话修改流程

当 UE 和网络间的一个或多个 QoS 发生改变时，UE 或网络侧会发起 PDU 会话修改过程。UE 或网络侧发起的 PDU 会话修改流程如图 3-34 所示。

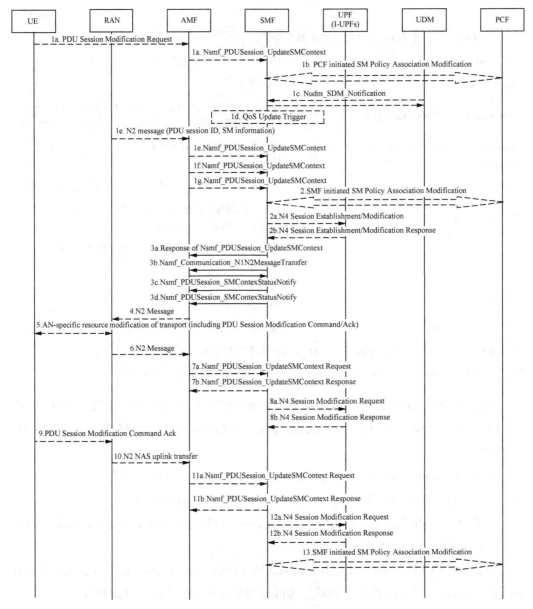

图3-34　UE或网络侧发起的PDU会话修改流程

步骤1a：UE发起PDU会话修改过程时，UE向RAN（即基站）发送PDU会话修改请求来执行PDU会话调整过程。

基站再将收到的PDU会话修改请求消息和用户位置信息指示发送给AMF。AMF收到后，调用PDU会话更新服务Nsmf_PDUSession_UpdateSMContext（SM上下文标识、N1 SM容器（PDU SessionModificationRequest））向SMF发送PDU会话修改请求。PDU SessionModificationRequest（PDU会话修改请求）见表3-20。

表3-20　PDU SessionModificationRequest（PDU会话修改请求）

信息单元/组名称	必要性	描述
Extended protocol discriminator	M	扩展协议鉴别器，例如，5GSMobilityManagement
PDU session ID	M	PDU 会话标识
PTI	M	程序事务标识
PDU SESSION MODIFICATION REQUEST message identity	M	用于标识消息类型为 PDU 会话修改请求消息
5GSM capability	O	UE 与 PDU 会话相关的能力，例如，是否支持 RQoS，S1 模式属于以太网 PDN 类型（Ethernet PDN type in S1 mode）等
5GSM cause	O	当 UE 由于 QoS 操作中或者包过滤中的语义或语法错误而释放 PDU 会话时，包含该 IE
Maximum number of supported packet filters	O	支持的最大包过滤器数目
Always-on PDU session requested	O	用于指示是否建立一个 PDU 会话作为 Always-on（经常在线）的 PDU 会话
Integrity protection maximum data rate	O	提供完整保护的最大速率（上下行独立设置）
Requested QoS rules	O	请求授权的 QoS 规则
Requested QoS flow descriptions	O	请求的 QoS 流描述，例如，QFI、5QI、操作
MApped EPS bearer contexts	O	指示 PDU 会话映射的一组 EPS 上下文
Extended Protocol Configuration Options（PCO）	O	扩展协议配置选项，例如，要求提供 P-CSCF 地址信息

步骤 1b：PCF 发起的 SM 策略关联修改程序，通知 SMF 有关策略修改的信息。这可能是由策略决策或 AF 的请求触发的。以 VoNR 为例，AF（即 P-CSCF）向 PCF 发送 AAR 请求，申请专用的音视频会话资源，触发 PCF 根据 AF 下发的流信息进行策略判断，将生成的 QoS 规则下发给 SMF，再由 SMF 发起 PDU 会话修改。

步骤 2a、步骤 2b：N4 会话建立/修改请求和响应过程。SMF 向 UPF 发送请求，要求建立或修改一个 PDU 会话（同 PDU 会话建立过程）。

步骤 3a：对于 UE 或基站发起的修改请求，SMF 调用服务 Nsmf_PDUSession_UpdateSMContext Response 向 AMF 发送 PDU 会话修改命令，参数包括 N2 SM information 和 N1 SM container（PDUSessionModificationCommand）。

步骤 3b：对于 SMF 发起的 PDU 会话修改请求，SMF 调用服务 Namf_Communication_N1N2MessageTransfer 向 AMF 发送 PDU 会话修改命令，参数包括 N2 SM information 和 N1 SM container。

步骤 4：AMF 将来自 SMF 的 N2 SM 信息和 NAS 消息转发给基站，用于指示基站执行相应的会话修改操作。

步骤5：基站向UE发送RRC重配置消息，建立针对此会话的无线传输通道，同时基站将从AMF侧收到的N1 SM container（PDUSessionModificationCommand）转发给UE。如果在消息4中只收到了来自AMF的NAS消息，则基站只会将NAS消息传输给UE。PDU SessionModificationCommand（PDU会话修改指令）见表3-21。

表3-21　PDU SessionModificationCommand（PDU会话修改指令）

信息单元/组名称	必要性	描述
Extended protocol discriminator	M	扩展协议鉴别器，例如，5GS Mobility Management
PDU session ID	M	PDU会话标识
PTI	M	程序事务标识
PDU SESSION MODIFICATION COMMAND message identity	M	用于标识消息类型为PDU会话修改命令消息
5GSM cause	O	指示5GSM被拒绝的原因，例如，没有充足的资源、无法识别的DNN、PTI已在使用等
Session AMBR	O	用于指示UE建立PDU会话时的初始订阅PDU会话聚合的最大比特率，或指示新订阅的PDU会话聚合的最大比特率（如果网络有调整），上下行独立设置
RQ timer value	O	GPRS timer
Always-on PDU session indication	O	用于指示是否建立一个PDU会话作为Always-on的PDU会话
Authorized QoS rules	O	授权的QoS规则
MApped EPS bearer contexts	O	指示PDU会话映射的一组EPS上下文
Authorized QoS flow descriptions	O	授权的QoS流描述
Extended Protocol Configuration Options	O	扩展协议配置选项（PCO），如果请求中要求提供P-CSCF地址信息，则该处返回P-CSCF地址信息
Session-TMBR	O	订阅的PDU会话总最大比特率

步骤6：基站向AMF发送PDU会话请求确认消息。该消息包含了接受/拒绝的QFI列表、AN隧道信息、PDU会话ID和用户位置信息等。

步骤7a、步骤7b：AMF调用Nsmf_PDUSession_UpdateSMContext Request服务将从基站收到的N2 SM information和用户位置信息转发给SMF。SMF回复Nsmf_PDUSession_UpdateSMContext Response消息进行确认。

步骤8a：SMF收到后，向UPF发送N4 Session Modification Request，并将下行的转发规则告知UPF，携带参数AN Tunnel Info。

步骤8b：UPF向SMF发送N4 SessionModificationResponse，UPF收到AN Tunnel Info

后，在 N3 口建立会话的下行隧道。UPF 更新会话上下文，并向 SMF 报告。

步骤 9～步骤 11：UE 通过 ULInformationTransfer 消息向 SMF 回复 PDU 会话修改确认消息，即 PDU Session Modification Complete。

步骤 12a、步骤 12b：SMF 更新 UPF 的 N4 会话规则。

步骤 13：SMF 初始 SM 政策关联修改。

3.9.3 PDU 会话资源建立

PDU 会话资源建立的过程包括核心网 NG-U 用户面连接建立和无线侧 DRB 建立两个部分，其目的是在无线侧为 PDU 会话和 QoS Flow 分配资源，为 UE 建立相关 DRB。PDU 会话资源建立请求消息包含要建立的 PDU 会话标识、NAS-PDU 信元、网络切片标识 S-NSSAI 等。gNB 收到消息后，执行相关配置，分配资源，建立至少一个 DRB，并将 QoS Flow 关联到 DRB，完成后由 gNB 向 UE 转发 PDU 会话 NAS-PDU 信元。

PDU 会话建立流程如图 3-35 所示。

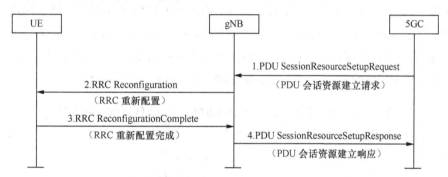

图3-35　PDU会话建立流程

步骤 1：5GC 向基站发送 PDU 会话资源建立请求（消息 InitialContextSetupRequest），携带的信息包含 PDU 会话资源请求列表，列表中包含请求建立的 PDU 会话标识、对应的网络切片标识 S-NSSAI、UPF 传输层 IP 地址和隧道标识 GTP-TEID、QoS Flow 级的 QoS 参数等。PDU 会话资源建立请求消息（PDU SessionResourceSetupRequest）见表 3-22。

表3-22　PDU会话资源建立请求消息（PDU SessionResourceSetupRequest）

信息单元 / 组名称	必要性	描述
Message Type	M	消息类型
AMF UE NGAP ID	M	AMF 侧分配的 NGAP ID
RAN UE NGAP ID	M	RAN 侧分配的 NGAP ID
RAN Paging Priority	O	RAN 寻呼优先级
NAS-PDU	O	NAS 层协议数据单元（3GPP TS24.501 第 8.3 节）

信息单元 / 组名称	必要性	描述
PDU Session Resource Setup Request List		PDU 会话资源请求列表
>PDU Session Resource Setup Request Item		PDU 会话资源请求项
>>PDU Session ID	M	PDU 会话标识
>>PDU Session NAS–PDU	O	NAS 层协议数据单元（3GPP TS24.501 第 8 章）
>>S–NSSAI	M	网络切片标识，由 SST 和 SD 两个部分组成
>>PDU Session Resource Setup Request Transfer	M	PDU 会话资源配置信息，包括 UPF IP 地址和隧道标识，QoS Flow 级 QoS 参数

步骤 2：基站收到步骤 1 发送的消息后，触发建立 DRB 承载，并向 UE 发送 RRC 重配置消息。

步骤 3：UE 收到重配置消息后，根据消息指示建立对应的 PDCP 实体并配置相关安全参数，建立并配置 RLC 实体、DTCH 逻辑信道，完成后向基站发送重配置完成消息。

步骤 4：基站收到重配置完成消息后，向 5GC 发送 PDU 会话资源建立响应消息（空闲态 UE 发起业务请求时，包含在消息"InitialContextSetupResponse"），携带的信息包含 gNB 传输层 IP 地址和隧道标识 GTP-TEID、接受的 PDU 会话列表、拒绝的 PDU 会话列表和建立失败原因。PDU Session Resource Setup Response 消息见表 3-23。

表3-23　PDU Session Resource Setup Response消息

信息单元 / 组名称	必要性	描述
Message Type	M	消息类型
AMF UE NGAP ID	M	AMF 侧分配的 NGAP ID
RAN UE NGAP ID	M	RAN 侧分配的 NGAP ID
PDU SessionResourceSetupResponseList		PDU 会话资源建立响应列表
>PDU SessionResourceSetupResponseItem		PDU 会话资源建立响应项
>>PDU Session ID	M	PDU 会话标识
>>PDU Session Resource Setup Response Transfer	M	PDU 会话资源配置信息，包括 gNB IP 地址和隧道标识等
PDU Session Resource Failed to Setup List		PDU 会话资源建立失败列表
>PDU Session Resource Failed to Setup Item		PDU 会话资源建立失败项
>>PDU Session ID	M	建立失败的 PDU 会话标识
>>PDU Session Resource Setup Unsuccessful Transfer	M	指示 PDU 会话建立失败的原因，例如，IMS voice EPS fallback or RAT fallback triggered，无法识别的 QFI 等
Criticality Diagnostics	O	

3.9.4　PDU会话资源修改

PDU会话资源修改的目的有两个：一是对已建立的PDU会话进行配置修改，二是用于对已建立的PDU会话的QoS流进行设置、修改和释放。PDU会话修改流程如图3-36所示。

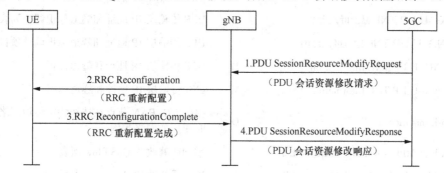

图3-36　PDU会话修改流程

步骤1：5GC AMF向gNB发送PDU SESSION RESOURCE MODIFY REQUEST消息，携带需要增删的QoS Flow Add or Modify Request List和QoS Flow to Release List。gNB根据QoS策略进行判决，其结果有以下3种可能。

- 新增DRB：新增的QoS Flow无法映射到存量的DRB上，需要新增DRB满足其QoS要求。

- 删除DRB：如果映射在某DRB上的QoS Flow被全部删除，则该DRB需要删除。

- 修改DRB：在存量的DRB上增加新的QoS Flow映射，或者删除QoS Flow映射。

PDU Session Resource Modify Request消息见表3-24，PDU Session Resource Modify Request Transfer见表3-25。

表3-24　PDU Session Resource Modify Request消息

信息单元/组名称	必要性	描述
Message Type	M	消息类型
AMF UE NGAP ID	M	AMF侧分配的NGAP ID
RAN UE NGAP ID	M	RAN侧分配的NGAP ID
PDU Session Resource Modify Request List		PDU会话资源修改请求列表
>PDU Session Resource Modify Request Item		PDU会话资源修改请求项
>>PDU Session ID	M	PDU会话标识
>> NAS-PDU	O	NAS层协议数据单元（3GPP TS24.501第8章）
>>PDU Session Resource Modify Request Transfer	M	PDU会话资源配置信息，包括UPF IP地址和隧道标识，QoS Flow级QoS参数
>>S-NSSAI	O	网络切片标识，由SST和SD两个部分组成

表3-25　PDU Session Resource Modify Request Transfer

信息单元/组名称	必要性	描述
PDU Session Aggregate Maximum Bit Rate	O	PDU 会话最大聚合速率，存在 non-GBR QoS Flow 时该字段有效
UL NG-U UP TNL Modify List		UPF 传输层 IP 地址和隧道标识调整列表
>UL NG-U UP TNL Modify Item		UPF 传输层 IP 地址和隧道标识调整项目
>>UL NG-U UP TNL Information	M	UPF 传输层 IP 地址和隧道标识
>>DL NG-U UP TNL Information	M	gNB 传输层 IP 地址和隧道标识
Network Instance	O	提供 NG-RAN 节点在选择特定传输网络资源时使用的网络实例
QoS Flow Add or Modify Request List		增加或修改的 QoS Flow 列表
>QoS Flow Add or Modify Request Item		增加或修改的 QoS Flow 项目
>>QoS Flow Identifier	M	QoS Flow 标识
>>QoS Flow Level QoS Parameters	O	QoS Flow 级 QoS 参数
>>E-RAB ID	O	E-RAB 的标识符
QoS Flow to Release List	O	删除的 QoS Flow 列表
Additional UL NG-U UP TNL Information	O	
Common Network Instance	O	

步骤 2：gNB 向 UE 发送 RRCReconfiguration 消息。

步骤 3：UE 向 gNB 回复 RRCReconfigurationComplte 消息。

步骤 4：gNB 向 5GC AMF 发送 PDU Session Resource Modify Response 消息，将修改的信息写入 PDU Session Resource Modify Response List 信元中。

3.9.5　SMF 选择和发现过程

AMF 收到 UE 发来的 PDU 会话建立请求 PDU Session Establishment Request 消息（包含在 UL NAS TRANSPORT 或 initial UE message）后，启动 SMF 选择过程。如果 PDU 会话建立请求消息中 Request Type IE 指示 "Existing PDU Session"，则 AMF 将根据从 UDM 接收的 SMF ID 选择 SMF。如果 Request Type IE 指示 "Initial Request"，则根据下面流程执行 SMF 选择。非漫游场景 SMF 选择流程如图 3-37 所示。

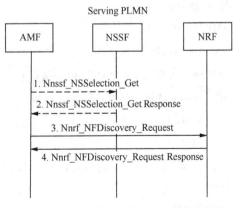

图3-37　非漫游场景SMF选择流程

AMF 调用 NSSF，NSSF 根据 AMF 提供的参数（S-NSSAI、UE 的 TA 位置信息等）选择网络切片实例，并返回所选网络切片实例相对应的 NRF 地址信息和 NSI ID（NSI ID 可选）。AMF 向指定 NRF 发出查询请求（携带 S-NSSAI、DNN 等信息），以获取与网络切片实例相关的 NFs/ 服务的信息。NRF 回复 AMF 与网络切片实例相关 SMF 实例的 IP 地址或者全限定域名（Fully Qualified Domain Name，FQDN）。

AMF 选择 SMF 时考虑的因素包括 S-NSSAI、DNN、NSI ID、UE 使用的接入技术、UE 签约信息、本地策略、SMF 负荷、UE 位置信息（例如 TA）、SMF 的服务区域、SMF 的能力、是否 EPS 互通、目标 DNAI 和 SMF 支持的 DNAI 列表等。

3.9.6 UPF 选择过程

SMF 收到 AMF 发来的创建/或更新上下文请求消息后，启动 UPF 选择过程。SMF 选择 UPF 时考虑的因素包括 S-NSSAI、DNN、DNAI、UE 位置信息、UE 使用的接入技术、UE 签约信息、PDU 会话类型、PDU 会话的 SSC 模式、本地策略和 UPF 负载等。UPF 选择过程示意如图 3-38 所示。

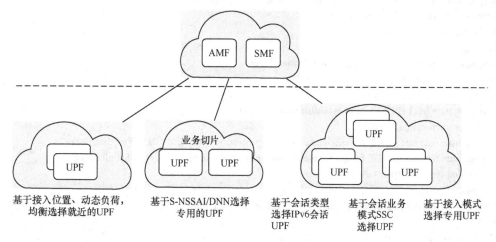

图3-38 UPF选择过程示意

3.9.7 信令消息

以 VoNR 会话为例，PDU 会话建立和修改过程的主要信令消息解析如下文描述。

步骤 1. Registration Request

步骤 2. Registration Accept

步骤 3. Registration Complete

步骤 4. PDU Session Establishment Request（DNN="internet DNN"，5QI=6）

步骤 5. PDU Session Establishment Accept

步骤 6. PDU Session Establishment Request（DNN="ims DNN"，5QI=5）

步骤 7. PDU Session Establishment Accept

步骤 8. SIP Registration

步骤 9. Initiate Voice call

步骤 10. PDU Session Modification Command（5QI=1）

步骤 11. PDU Session Modification Complete

步骤 12. SIP Traffic

其中，步骤 6 的 PDU Session Establishment Request（DNN="ims DNN"，5QI=5）内容解析如下。

```
Protocol discriminator = 0x7e (5GS Mobility Management)
Security header = 0x2 (Integrity protected and ciphered)
Auth code = 0xff096300
Sequence number = 0x02
Protocol discriminator= 0x7e (5GS Mobility Management)
Security header = 0x0( Plain 5GS NAS message，not security protected)
Message type = 0x67( UL NAS transport)
Payload container type = 1( N1 SM information)
Payload container:
   Protocol discriminator = 0x2e (5GS Session Management)
   PDU session identity=5
   Procedure transaction identity=9
   Message type = 0xc1 (PDU session establishment request)
   Integrity protection maximum data:
       Maximum data rate per UE for user-plane integrity protection for uplink = 0xff (Full data rate)
       Maximum data rate per UE for user-plane integrity protection for downlink = 0xff (Full data rate)
   PDU session type = 0x3(IPv4v6)
   SSC mode = 0x1(1)
   Extended protocol configuration Options:     /* 要求提供 P-CSCF 地址 */
   Ext=1
   Configuration protocol=0
   Protocol ID= 0x000a (IP address allocation via NAS signalling)
   Data=
   Protocol ID= 0x0002( IM CN Subsystem Signaling Flag)
   Data=
   Protocol ID= 0x0001( P-CSCF IPv6 Address Request)
   Data=
   Protocol ID = 0x000c( P-CSCF IPv4 Address Request)
   Data=
   Protocol ID= 0x0003( DNS Server IPv6 Address Request)
   Data=
   Protocol ID= 0x000d (DNS Server IPv4 Address Request)
   Data=
```

PDU session Id=5
Request type= 0x1(initial request)
DNN = "ims"

步骤 7 的 PDU Session Establishment Accept 内容解析如下。

Protocol discriminator = 0x7e (5GS Mobility Management)
Security header = 0x2 (Integrity protected and ciphered)
Auth code=0x66f143b0
Sequence number=0x03
Protocol discriminator =0x7e (5GS Mobility Management)
Security header=0x0 (Plain 5GS NAS message, not security protected)
Message type= 0x68(DL NAS transport)
Payload container type= 1 (N1 SM information)
Payload container:
  Protocol discriminator=0x2e (5GS Session Management)
  PDU session identity=5
  Procedure transaction identity=9
  Message type = 0xc1 (PDU session establishment accept)
  Selected PDU session type = 0x3(IPv4v6)
  Selected SSC mode = 0x1(1)
  Authorized QoS rules:
    QoS rule 1:
    QoS rule identifier=1
    Rule operation code = 1 (create new QoS rule)
    DQR = 1 (the QoS rule is the default QoS rule)
    Number of packet filters=1
    Packet filter identifier = 15
     packet filter direction= 3 (bidirectional)
     Match-all
    QoS rule precedence=255
    QFI=1
  Session AMBR:
    Session-AMBR for downlink = 3000000 kbit/s
    Session-AMBR for uplink = 1000000 kbit/s
  PDU address:
    PDU session type= 3 (IPv4v6)
    IPv6=::2001:468:3000:1
    IPv4=192.168.4.2
  Authorized QoS Flow descriptions:
    QoS Flow description 1:
    QFI = 1
    Operation code = 1 (create new QoS Flow description)
    E=1 (parameters 1ist is included)
    Number of parameters=1
    5QI=5

Extended protocol configuration Options:

   Ext=1

   Configuration protocol=0

   Protocol ID= 0x000d (DNS Server IPv4 Address Request)

   Data=8.8.8.8

   Protocol ID= 0x0003(DNS Server IPv6 Address Request)

   Data=2001:4860:4860:0:0:0:0:8888

   Protocol ID = 0x000c(P-CSCF IPv4 Address Request)

   Data=192.168.4.1

   Protocol ID= 0x0001(P-CSCF IPv6 Address Request)

   Data =2001:468:3000:1:0:0:0:0

   Protocol ID= 0x0002(IM CN Subsystem Signaling Flag)

   Data =

  DNN="ims.mnc001.mcc001.gprs"

PDU session Id=5

步骤 10 的 PDU Session Modification Command(5QI=1)内容解析如下。

Protocol discriminator = 0x7e (5GS Mobility Management)

Security header = 0x2 (Integrity protected and ciphered)

Auth code=0x1a236417

Sequence number=0x05

Protocol discriminator =0x7e (5GS Mobility Management)

Security header=0x0 (Plain 5GS NAS message, not security protected)

Message type= 0x68(DL NAS transport)

Payload container type= 1 (N1 SM information)

Payload container:

   Protocol discriminator=0x2e (5GS Session Management)

   PDU session identity=5

   Procedure transaction identity=0

  Message type = 0xcb(PDU session modification command)

   Authorized QoS rules:

     QoS rule 1:

     QoS rule identifier=2

     Rule operation code = 1 (create new QoS rule)

     DQR = 0 (the QoS rule is not the default QoS rule)

     Number of packet filters=2

     Packet filter identifier = 0

      packet filter direction= 3 (bidirectional)

      packet filter component 0x20=0x2001046830000001 0000···

     QoS rule precedence=0

   QFI=2

   Authorized QoS Flow descriptions:

     QoS Flow description 1:

     QFI = 2

     Operation code = 1 (create new QoS Flow description)

E=1 (parameters 1ist is included)

Number of parameters=5

5QI=1

GFBR uplink=49kbit/s

GFBR downlink=49kbit/s

MFBR uplink=51kbit/s

MFBR downlink =51kbit/s

Extended protocol configuration Options:

Ext=1

Configuration protocol=0

Protocol ID= 0x000d (DNS Server IPv4 Address Request)

Data=8.8.8.8

Protocol ID= 0x0003(DNS Server IPv6 Address Request)

Data=2001:4860:4860:0:0:0:0:8888

Protocol ID = 0x000c(P-CSCF IPv4 Address Request)

Data=192.168.4.1

Protocol ID= 0x0001(P-CSCF IPv6 Address Request)

Data =2001:468:3000:1:0:0:0:0

Protocol ID= 0x0002(IM CN Subsystem Signaling Flag)

Data =

PDU session Id=5

本例中用于传输 IMS 信令的 QoS 流标识 QFI=1、5QI=5，对应的 PDU Session ID=5，映射到 DRB Identity =1。PDU 会话 #5 建立 QFI=1 的 QoS Flow 示意如图 3-39 所示。

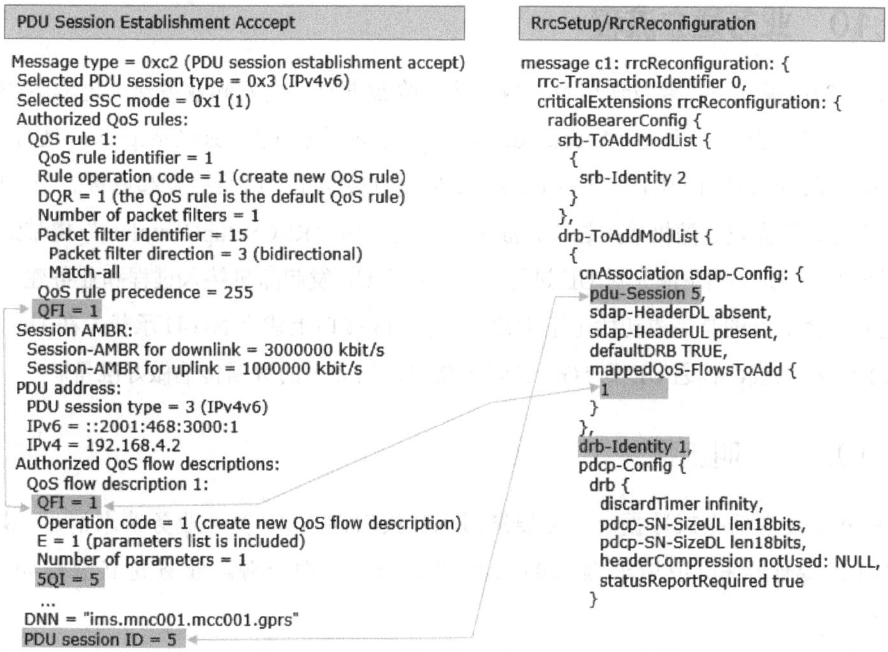

PDU Session Establishment Acccept
Message type = 0xc2 (PDU session establishment accept) Selected PDU session type = 0x3 (IPv4v6) Selected SSC mode = 0x1 (1) Authorized QoS rules: 　QoS rule 1: 　　QoS rule identifier = 1 　　Rule operation code = 1 (create new QoS rule) 　　DQR = 1 (the QoS rule is the default QoS rule) 　　Number of packet filters = 1 　　Packet filter identifier = 15 　　　Packet filter direction = 3 (bidirectional) 　　　Match-all 　　QoS rule precedence = 255 　　QFI = 1 Session AMBR: 　Session-AMBR for downlink = 3000000 kbit/s 　Session-AMBR for uplink = 1000000 kbit/s PDU address: 　PDU session type = 3 (IPv4v6) 　IPv6 = ::2001:468:3000:1 　IPv4 = 192.168.4.2 Authorized QoS flow descriptions: 　QoS flow description 1: 　　QFI = 1 　　Operation code = 1 (create new QoS flow description) 　　E = 1 (parameters list is included) 　　Number of parameters = 1 　　5QI = 5 　　... DNN = "ims.mnc001.mcc001.gprs" PDU session ID = 5

RrcSetup/RrcReconfiguration

message c1: rrcReconfiguration: {
rrc-TransactionIdentifier 0,
criticalExtensions rrcReconfiguration: {
　radioBearerConfig {
　　srb-ToAddModList {
　　　{
　　　srb-Identity 2
　　　}
　　},
　　drb-ToAddModList {
　　　{
　　　cnAssociation sdap-Config: {
　　　　pdu-Session 5,
　　　　sdap-HeaderDL absent,
　　　　sdap-HeaderUL present,
　　　　defaultDRB TRUE,
　　　　mappedQoS-FlowsToAdd {
　　　　　1
　　　　}
　　　},
　　　drb-Identity 1,
　　　pdcp-Config {
　　　　drb {
　　　　　discardTimer infinity,
　　　　　pdcp-SN-SizeUL len18bits,
　　　　　pdcp-SN-SizeDL len18bits,
　　　　　headerCompression notUsed: NULL,
　　　　　statusReportRequired true
　　　　}

图3-39　PDU会话#5建立QFI=1的QoS Flow示意

157

用于传输语音的 QoS 流标识 QFI=2、5QI=1，对应的 PDU Session ID=5，映射到 DRB Identity =2。PDU 会话 #5 增加 QFI=2 的 QoS Flow 示意如图 3-40 所示。

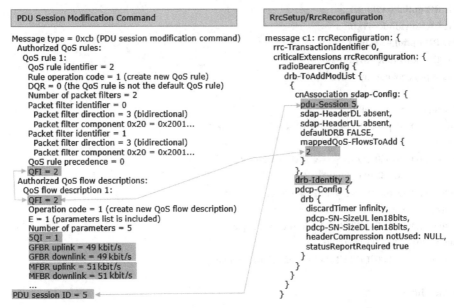

图3-40　PDU会话#5增加QFI=2的QoS Flow示意

●● 3.10　业务建立流程

UE 在空闲模式下需要发送信令、数据或接收数据时，会发起业务建立过程。UE 在发起业务前，先检查接入标识（Access Identity）和接入类别（Access Category）是否被限制接入（接入限制信息由 SIB1 发送给 UE），如果没有被禁止，则直接发起业务。当 UE 发起业务请求时，需先发起随机接入过程，业务请求消息由"RRCSetupComplete"携带给网络。当下行数据到达时，网络侧先对 UE 进行寻呼，随后 UE 发起随机接入过程和业务建立过程。业务建立流程的目的是完成初始上下文建立，在 N3 接口上建立 NG-U 承载，在 Uu 接口上建立数据无线承载，打通 UE 到 5GC 之间的路由，为后面的数据传输做好准备。

3.10.1　主叫流程

UE 需要发送信令或数据时，需要通过 NG 接口向 AMF 发送业务请求消息，以请求建立 NG 信令连接和 / 或请求为 PDU 会话建立用户平面资源。业务建立流程如图 3-41 所示。

步骤 1：UE 向 gNB 发送 RRC 建立请求消息"RRCSetupRequest"，包括连接建立原因，例如，mo-Data、mt-Access 等。

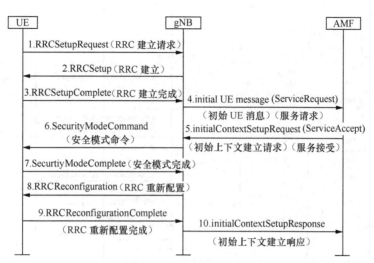

图3-41　业务建立流程

步骤2：gNB 向 UE 发送 RRC 建立消息"RRCSetup"，要求建立 SRB1 信令承载。

步骤3：UE 向 gNB 发送 RRC 建立完成消息"RRCSetupComplete"，携带 AN 参数和 UE 专用的 NAS ServiceRequest 消息。其中，AN 参数包括 PLMN ID、注册的 AMF、GUAMI 类型、S-NSSAI 列表信息。

步骤4：gNB 收到后向 AMF 发送初始 UE 消息"initial UE message"，包含用户位置信息（NCGI，TAI）、RRC 建立原因、5G-S-TMSI、UE 上下文请求、NAS-PDU（ServiceRequest）等。

步骤5：AMF 向 gNB 发送"InitialContextSetupRequest"消息，包含 AMF 侧为 UE 分配的 NGAP ID、UE 聚合最大速率、GUAMI、PDU 会话资源建立请求列表、NAS-PDU（ServiceAccept）、允许的 NSSAI、UE 安全能力、UE 无线能力、RAT/ 频率选择优先级的索引（RFSP）等。

步骤6：gNB 向 UE 发送安全模式命令消息，该消息被完整性保护。

步骤7：UE 回复安全模式完成消息，并对"SecurityModeComplete"消息进行加密和完整性保护。从"SecurityModeComplete"消息开始进行加密传输。

步骤8：gNB 向 UE 发送"RRCReconfiguration"重配置消息，要求建立 SRB2 和 DRB 承载。重配置包括但不限于以下情况：同步和安全密钥更新、MAC 重置、安全更新、RRC 和 PDCP 重建立。

步骤9：UE 向 gNB 回复重配置完成消息"RRCReconfigurationComplete"。

步骤10：gNB 收到重配置完成消息后向 AMF 发送初始上下文建立响应消息。

核心网侧 UE 发起的业务建立流程如图3-42所示。

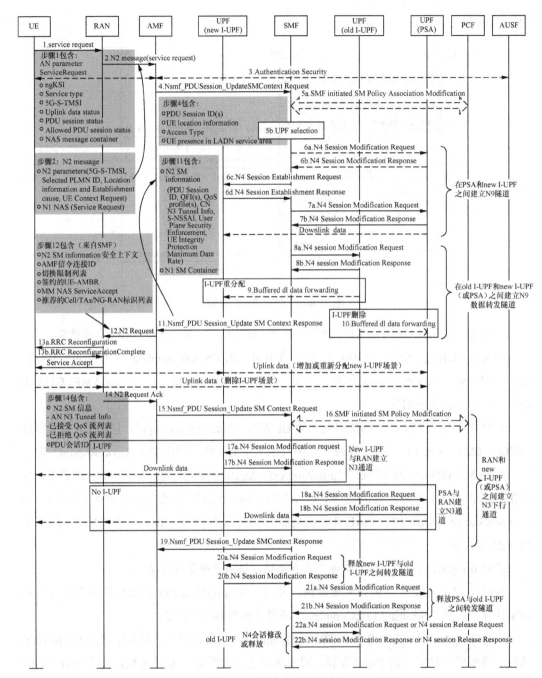

图3-42 核心网侧UE发起的业务建立流程

步骤1：UE向RAN（即gNB，为了便于理解下文用gNB描述）发起业务请求消息（ServiceRequest被封装在RRCSetupComplete信元dedicatedNAS-Message中），以请求建立N1 NAS信令连接和/或请求为PDU会话建立用户面资源，并启动定时器T3517。携带业务请求类型、安全参数、5G-S-TMSI、NAS 消息容器等信元。ServiceRequest 信元内容见表 3-26。

表3-26 ServiceRequest信元内容

信息单元 / 组名称	必要性	内容描述
Extended protocol discriminator	M	
Security header type	M	
Spare half octet	M	
Service request message identity	M	消息类型，用于标识 Service Request 消息
ngKSI	M	NAS 密钥集标识符，用于标识使用的 K_{AMF}，ngKSI=7 时表示 UE 无密钥标识符
Service type	M	指示业务类型，例如，主叫、被叫、紧急呼叫等
5G–S–TMSI	M	用户临时标识
Uplink data status	O	上行数据状态，如果终端有上行用户数据等待发送，则应包括此 IE
PDU session status	O	PDU 会话状态，用于指示每个 PDU 会话的 5G SM 状态是激活态或非激活态
Allowed PDU session status	O	指示网络与 non–3GPP 访问相关联的 PDU 会话的用户面资源是否允许通过 3GPP 访问重建
NAS message container	O	NAS 消息容器。可参阅 3GPP TS24.501 第 5.6.1 节中定义的服务请求消息

步骤 2：gNB 通过 N2 接口向 AMF 转发业务请求消息（ServiceRequest 被封装在 InitialUEMessage 信元 NAS-PDU 中），携带 N2 参数，包括 5G-S-TMSI、用户位置信息、业务请求原因、UE 上下文请求、允许的网络切片标识集合。

步骤 3：如果业务请求没有发送完整性保护或完整性保护验证失败，则 AMF 应启动 NAS 身份验证 / 安全过程，详见鉴权和安全过程。

步骤 4：如果 UE 在服务请求中要发送数据，则 AMF 向 SMF 发送 PDU 会话上下文更新请求消息 "Nsmf_PDUSession_UpdateSMContext Request"，携带 PDU 会话标识、操作类型、UE 位置信息、接入类型、RAT 类型、UE presence in LADN service area、可以更改访问类型的指示。

步骤 5a：如果步骤 4 中 AMF 通知 SMF 可以更改 PDU 会话的访问类型，并且部署了 PCC，且满足策略控制请求触发条件（即更改访问类型），则 SMF 将执行由 SMF 发起的 SM 策略修改过程。PCF 提供更新的 PCC 规则。

步骤 5b：SMF 执行 UPF 选择过程。如果 PDU 会话 ID 对应于一个本地数据网（LADN），并且 SMF 根据来自 AMF 的 "UE presence in LADN service area" 确定 UE 在 LADN 可用区

域之外，则 SMF 根据本地策略决定。

- 保留 PDU 会话，但拒绝激活 PDU 会话的用户平面连接，并通知 AMF。
- SMF 释放 PDU 会话，并通知 AMF。

在以上两种情况下，SMF 回复 AMF PDU 会话拒绝激活原因，并且停止 PDU 会话的用户平面激活。否则，SMF 根据从 AMF 收到的位置信息，检查 UPF 选择标准，并确定执行以下任一项。

- 接受用户面（UP）连接的激活并继续使用当前的 UPF。
- 接受用户面（UP）连接的激活并选择新的 I-UPF（中间 UPF），如果 UE 已移出以前连接到 AN 的 UPF 的服务区域，则保持 UPF 充当 PDU 会话锚点。
- 拒绝激活 SSC mode2 的 PDU 会话的用户面（UP）连接，并触发在服务请求过程后重新建立 PDU 会话，执行分配新的 UPF 以充当 PDU 会话锚点。例如，UE 已移出连接到 NG-RAN 的锚点 UPF 的服务区域。

步骤 6a：SMF 通过 N4 接口向锚点 UPF 发送会话修改请求消息（注：下文锚点 UPF 简称为 PSA）。在服务请求过程中，可能会更改 N3 或 N9 接口 PSA 的 CN 隧道信息，例如，连接到不同 IP 域的 UPF。如果需要使用不同的 CN 隧道信息，并且 CN 隧道信息由 UPF 分配，则 SMF 向 PSA 发送 N4 会话修改请求消息。如果 CN 隧道信息由 SMF 分配，则 SMF 会在步骤 7 中提供更新的 CN 隧道信息和上行数据包检测规则。

步骤 6b：PSA 通过 N4 接口向 SMF 发送会话修改响应消息。如果 PSA 分配了 PSA 的 CN 隧道信息，则 PSA 向 SMF 提供 CN 隧道信息。PSA 将 CN 隧道信息与 SMF 提供的上行数据包检测规则相关联。

步骤 6c：SMF 通过 N4 接口向新的中间 UPF（I-UPF）发送会话建立请求。

如果 SMF 选择一个新的 UPF 作为 PDU 会话的中间 UPF，或者 SMF 选择为没有中间 UPF 的 PDU 会话插入中间 UPF，则 SMF 将 N4 会话建立请求消息发送到新的 UPF，提供被部署在 I-UPF 上的数据包检测、数据转发、实施和报告规则，并将 PSA 的 CN 隧道信息提供给中间 UPF，用于建立 N9 隧道。

如果业务请求由网络触发，并且 SMF 选择了一个新的 UPF 来替换旧的 I-UPF，并且 UPF 分配 UP 隧道终结点信息，则 SMF 还可能包括请求 UPF 分配第二个隧道终结点，用于缓存来自旧 I-UPF 的下行数据。

步骤 6d：新 I-UPF 通过 N4 接口向 SMF 发送会话建立响应消息。如果 UPF 分配 CN 隧道信息，则按照 SMF 在步骤 6a 中的请求提供下行 CN 隧道。SMF 启动一个计时器，用于步骤 2a 中释放旧 I-UPF 中的资源。

步骤 7a：SMF 通过 N4 接口向 PSA 发送 N4 会话修改请求消息。

如果 SMF 选择一个新的 UPF 作为 PDU 会话的 I-UPF，SMF 向 PDU 会话锚定的 PSA

发送 N4 会话修改请求消息，提供来自新 I-UPF 的下行隧道信息。SMF 还可以提供更新的上行 CN 隧道信息。如果为 PDU 会话添加了新的 I-UPF，则 PSA 开始将下行数据按照 DL 隧道信息中的指示发送到新的 I-UPF。

如果业务请求由网络触发，则 SMF 会删除旧 I-UPF，但不会将其替换为新 I-UPF；如果 PSA 分配 UP 隧道终结点信息，则 SMF 还可能请求 PSA 分配第二个隧道终结点，用于缓存来自旧 I-UPF 的下行数据。这种情况下，PSA 同时缓存从 N6 接口（DN）接收的下行数据。

步骤 7b：PSA 通过 N4 接口向 SMF 发送 N4 会话修改响应消息。

如果 SMF 请求，PSA 会向 SMF 发送旧 I-UPF 的 CN DL 隧道信息。SMF 启动一个计时器，用于步骤 2a 中释放旧 I-UPF 中的资源。

如果连接到 RAN 的 UPF 是 PSA，并且 SMF 发现 PDU 会话在步骤 4 中接收 Nsmf_PDUSession_UpdateSMContext 请求时激活，操作类型设置为"UP 激活"以指示为 PDU 会话建立用户平面资源，则 SMF 删除 AN 隧道信息，并启动 N4 会话修改过程以删除 UPF 中的 AN 隧道信息。

步骤 8a：SMF 通过 N4 接口向旧 I-UPF 发送 N4 会话修改请求，携带新的 UPF 地址、新的 UPF DL 隧道 ID。

如果业务请求由网络触发，并且 SMF 删除旧的 I-UPF，则 SMF 会将 N4 会话修改请求消息发送到旧 I-UPF，为缓存的下行数据提供下行隧道信息。如果 SMF 分配了新的 I-UPF，下行隧道信息来自作为 N3 终止点的新 I-UPF。如果 SMF 未分配新的 I-UPF，则下行隧道信息来自作为 N3 终止点的新 PSA。SMF 启动一个计时器，监控转发隧道，类似步骤 6b 和步骤 7b。

如果 SMF 在步骤 4 中接收 Nsmf_PDUSession_UpdateSMContext 请求时激活 PDU 会话，操作类型设置为"UP 激活"以指示为 PDU 会话建立用户平面资源，它将删除 AN 隧道信息，并启动 N4 会话修改过程，以删除 UPF 中的 AN 隧道信息。

步骤 8b：旧的 I-UPF 通过 N4 接口向 SMF 发送 N4 会话修改响应。

步骤 9：I-UPF 重新分配情况下，新的 I-UPF 缓存旧的 I-UPF 转发过来的下行数据。如果 I-UPF 已更改，并且将转发隧道建立到新的 I-UPF，则旧的 I-UPF 将其缓存数据转发到充当 N3 终止点的新 I-UPF。

步骤 10：I-UPF 被删除且未分配新的 I-UPF，则 PSA 缓存旧的 I-UPF 转发过来的下行数据。如果旧的 I-UPF 被删除，并且没有为 PDU 会话分配新的 I-UPF，并且向 PSA 建立了转发隧道，则旧的 I-UPF 将其缓存数据转发到充当 N3 终止点的 PSA。

步骤 11：SMF 向 AMF 发送 Nsmf_PDUSession_UpdateSMContext 响应消息，包括发送给 AN 的 N2 SM 会话管理信息，发给 UE 的 N1 SM 容器。消息里面包含 PDU 会话 ID、QFI、QoS 配置文件、CN N3 隧道信息、S-NSSAI、用户平面安全强制、UE 完整性保护最大数据速率等。如果连接到 RAN 的 UPF 是 PSA，则 CN N3 隧道信息是 PSA 的上行隧道信息。如果连接到 RAN 的 UPF 是新的 I-UPF，则 CN N3 隧道信息是 I-UPF 的上行隧道信息。

SMF 应在适用的情况下向 AMF 发送 N1 SM 信息或 N2 SM 信息（例如，SMF 在步骤 4 中获知 PDU 会话的访问类型可以被更改）。

对于在步骤 5a 或步骤 5b 中，SMF 决定接受 UP 连接激活的 PDU 会话，SMF 仅生成 N2 SM 信息，并向 AMF 发送 Nsmf_PDUSession_UpdateSMContext 响应消息以建立用户面。

N2 SM 信息包含 AMF 应提供给 NG-RAN 的信息。如果 SMF 决定更改 SSC mode3 PDU 会话的 PSA，则 SMF 在接受 PDU 会话 UP 的激活后会触发 SSC mode3PDU 会话锚点的更改。

SMF 可以在 Nsmf_PDUSession_UpdateSMContext 响应中拒绝 PDU 会话 UP 的激活，相关拒绝原因如下。

• 如果 PDU 会话对应于 LADN，则 UE 在步骤 5b 中描述 LADN 的可服务区域之外。

• 如果 AMF 通知 SMF，则该 UE 只能用于监管优先服务，而要激活的 PDU 会话不能用于监管优先服务。

• 如果 SMF 决定更改请求的 PDU 会话的 PSA UPF，如步骤 5b 中所述，则在这种情况下，在发送 Nsmf_PDUSession_UpdateSMContext 响应后，SMF 触发另一个过程，指示 UE 重新建立 PDU 会话。

• SMF 在步骤 6b 中由于 UPF 资源不可用而收到负响应。

如果 PDU 会话已指配任意 EPS 承载 ID，则 SMF 还包括 EPS 承载 ID 和 QFI 之间的映射，包含在 N2 SM 信息中发送到 NG-RAN。

如果用户平面安全强制信息指示完整性保护是"首选"或"必需"，则 SMF 还包括 UE 完整性保护最大数据速率。

步骤 12：AMF 通过 N2 接口向 gNB 发送 N2 请求消息（即 InitialContextSetupRequest），携带从 SMF 接收的 N2 SM 信息、安全上下文、移动限制列表、UE-AMBR、MM NAS 服务接受（ServiceAccept）、推荐小区 /TA /NG-RAN 节点标识符列表、UE 无线能力、核心网络辅助信息、允许 NSSAI。如果订阅信息包括跟踪要求，则 AMF 在 N2 请求中包括跟踪要求。ServiceAccept 信元内容见表 3-27。

表3-27　ServiceAccept信元内容

信息单元 / 组名称	必要性	内容描述
Extended protocol discriminator	M	
Security header type	M	
Spare half octet	M	

续表

信息单元/组名称	必要性	内容描述
Service accept message identity	M	消息类型，用于标识 ServiceAccept 消息
PDU session status	O	PDU 会话状态，用于指示每个 PDU 会话的 5G SM 状态是激活态或非激活态
PDU session reactivation result	O	PDU 会话激活结果，指示 PDU 会话用户面资源建立结果
PDU session reactivation result error cause	O	用户面资源建立失败的 PDU 会话对应错误原因值
EAP message	O	EAP 消息
T3448 value	O	

步骤 13：gNB 向 UE 发起 RRC 重配置流程，并将收到的含有 ServiceAccept 的 NAS 消息转发给 UE，UE 收到后停止计时器 T3517。

如果 N2 请求包含 NAS 消息，NG-RAN 会将 NAS 消息转发到 UE，包括 ServiceAccept 消息。UE 本地删除 5GC 中不可用的 PDU 会话上下文。

用户面无线资源建立完成后，来自 UE 的上行数据现在可以发送到 NG-RAN。NG-RAN 将上行数据发送到步骤 11 中提供的 UPF 地址和隧道 ID。

步骤 14：gNB 向 AMF 回复 N2 请求响应消息（即 InitialContextSetupResponse），携带 N2 SM 信息（AN 隧道信息、已激活 UP 连接的 PDU 会话的已接受 QoS 流列表、已拒绝的 UP 连接已激活的 PDU 会话的 QoS 流列表）、PDU 会话 ID。

步骤 15：AMF 向 SMF 发送 Nsmf_PDUSession_UpdateSMContext 请求消息，携带 N2 SM 信息、RAT 类型、访问类型。AMF 根据与 N2 接口关联的全局 RAN 节点 ID 确定访问类型和 RAT 类型。如果 AMF 在步骤 14 中收到 N2 SM 信息（一个或多个），则 AMF 应将 N2 SM 信息转发到每个 PDU 会话 ID 相关的 SMF。

步骤 16：如果部署了动态路径计算终端（Path Computation Client，PCC），SMF 可能会执行 SMF 启动的 SM 策略修改过程，从而启动向 PCF（如果已订阅）的新位置信息通知，PCF 提供更新的策略。

步骤 17a：SMF 通过 N4 接口向新 I-UPF 发送 N4 会话修改请求，携带 AN 隧道信息和接受的 QFI 列表。如果 SMF 在步骤 5b 中选择了新的 UPF 作为 PDU 会话的 I-UPF，则 SMF 会启动 N4 会话修改过程到新的 I-UPF 并提供隧道信息。来自新的 I-UPF 下行数据现在可以转发到 NG-RAN 和 UE。

步骤 17b：UPF 向 SMF 发送 N4 会话修改响应。

步骤 18a：SMF 向 PSA 发送 N4 会话修改请求（AN 隧道信息、被拒绝的 QoS 流列表）。如果要建立或修改用户面，并且修改后没有 I-UPF，则 SMF 会向 PSA 启动 N4 会话修改过程，并提供 AN 隧道信息，来自 PSA 的下行数据可以转发到 NG-RAN 和 UE。

步骤 18b：UPF 向 SMF 发送 N4 会话修改响应消息。

步骤 19：SMF 向 AMF 发送 Nsmf_PDUSession_UpdateSMContext 响应消息。

步骤 20a：SMF 向新的 I-UPF 发送 N4 会话修改请求，释放转发隧道。如果已建立到新的 I-UPF 转发隧道，并且在步骤 8a 中，SMF 为转发隧道设置的计时器已过期，SMF 将 N4 会话修改请求发送到充当 N3 终止点的新 I-UPF 以释放转发隧道。

步骤 20b：新的 I-UPF 向 SMF 发送 N4 会话修改响应。

步骤 21a：SMF 向 PSA 发送 N4 会话修改请求消息，释放转发隧道。如果已建立到 PSA 的转发隧道，并且步骤 7b 中 SMF 为转发隧道设置的计时器已过期，SMF 会向充当 N3 终止点的 PSA 发送 N4 会话修改请求以释放转发隧道。

步骤 21b：PSA 向 SMF 发送 N4 会话修改响应消息。

步骤 22a：SMF 向旧的 UPF 发送 N4 会话修改请求消息或 N4 会话释放请求消息。

如果 SMF 决定在步骤 5b 中继续使用旧的 UPF，则 SMF 将发送 N4 会话修改请求，提供隧道信息。

如果 SMF 决定在步骤 5b 中选择一个新的 UPF 作为 I-UPF，而旧的 UPF 不是 PSA UPF，则 SMF 将在步骤 6b 或步骤 7b 中的计时器过期后通过向旧的 I-UPF 发送 N4 会话释放请求来启动资源释放。

步骤 22b：旧的 I-UPF 向 SMF 发送 N4 会话修改响应或 N4 会话释放响应。旧的 I-UPF 使用 N4 会话修改响应或 N4 会话释放响应消息确认，以确认资源的修改或释放。

3.10.2　被叫流程

1. 寻呼过程

对于处于空闲状态的 UE，当下行数据到达 5GC 时，数据终结在 UPF，由 AMF 发起寻呼，UE 空闲态寻呼消息下发路径如图 3-43 所示，网络侧触发的业务建立流程如图 3-44 所示。

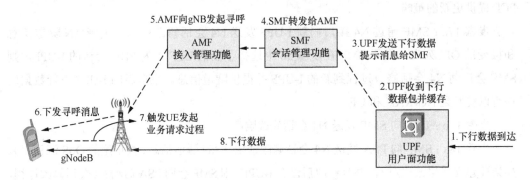

图3-43　UE空闲态寻呼消息下发路径

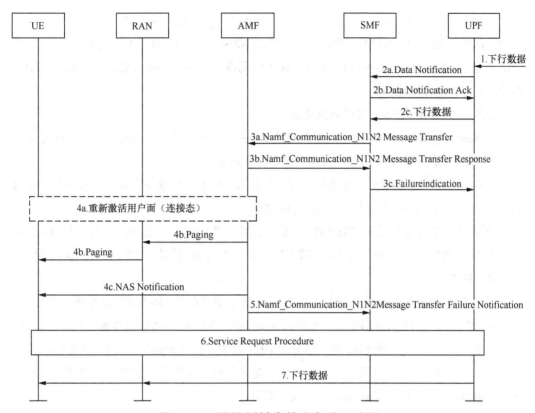

图3-44 网络侧触发的业务建立流程

步骤 1：如果 UPF 收到下行数据，并且 UPF 中未根据 SMF 的指令在 PDU 会话中存储任何 AN 隧道信息，则 UPF 缓存下行链路数据，或将下行数据转发到 SMF。

步骤 2a：UPF 向 SMF 发送数据通知，携带 N4 会话标识，用于标识下行数据包的 QoS 流的信息和 DSCP。

● UPF 收到下行数据包时，如果 SMF 之前未通知 UPF 不向 SMF 发送数据通知（在这种情况下，将跳过后续步骤），则 UPF 应向 SMF 发送数据通知消息。

● 如果 UPF 在同一 PDU 会话中接收另一个 QoS 流的下行数据包，则 UPF 应向 SMF 发送另一个数据通知消息。

● 如果 UPF 支持寻呼策略区分功能，并且 PDU 会话类型为 IP 会话，则 UPF 还应在 ToS（Type of Service，IPv4 的服务类型字段）/TC（Traffic Class，IPv6 的业务类别字段）中包含下行数据包的 IP 标头中的 DSCP 值及标识下行数据包 QoS 流的信息。

步骤 2b：SMF 向 UPF 发送数据通知确认消息。

步骤 2c：如果 SMF 响应消息中指示 UPF 将数据包发往 SMF，则 UPF 将下行数据包转发到 SMF（即 SMF 将缓存数据包）。

步骤 3a：SMF 向 AMF 发送 Namf_Communication_N1N2MessageTransfer 消息，携带 SUPI、PDU 会话标识、N1 SM 容器（SM 消息）、N2 SM 信息（QFI、QoS 配置文件、CN N3 隧道信息、S-NSSAI）、N2 SM 信息的有效区域范围、ARP、寻呼策略指示、5QI、N1N2 传输失败通知目标地址。

步骤 3b：AMF 向 SMF 发送响应消息。

步骤 3c：如果 SMF 收到来自 AMF 的指示，指示 UE 无法访问或仅针对监管优先级服务无法到达，则 SMF 通知 UPF 有关用户平面建立失败。

步骤 4a：如果 UE 处于 CM 连接状态，将执行 UE 主叫触发服务请求过程中的步骤 1 到步骤 2，而不向 RAN 节点和 UE 发送寻呼消息。

步骤 4b：如果 UE 处于 3GPP 接入网的空闲（CM-IDLE）状态，并且步骤 3a 中从 SMF 接收的 PDU 会话标识已与 3GPP 接入网关联，则 AMF 通过 3GPP 网络向 NG-RAN 节点发送寻呼消息。

步骤 4c：如果 UE 在同一 PLMN 中同时注册了 3GPP 和 non-3GPP 接入网，并且 UE 处于 3GPP 接入网的 CM 连接状态，另外，步骤 3a 中的 PDU 会话标识与 non-3GPP 接入网关联，则 AMF 会发送一条 NAS 通知消息给 UE，其中，包含 non-3GPP 接入网类型。

步骤 5：AMF 使用计时器监控寻呼过程。如果计时器溢出后，AMF 仍然未收到 UE 寻呼响应消息，则 AMF 向 SMF 发送寻呼失败提示。

步骤 6：如果 UE 处于 3GPP 接入网的空闲（CM-IDLE）状态，则当收到与 3GPP 接入网关联的 PDU 会话的寻呼请求时，触发 UE 发起业务请求流程。

步骤 7：UPF 经 RAN 节点将缓存的下行链路数据传输到 UE。

需要注意的是，NR 中的寻呼消息不但用于寻呼 UE，而且可以进行系统消息变更的通知。

2. 不连续接收过程

根据 3GPP TS 38.304 第 7 章描述，每个处于 RRC_IDLE 状态的 UE，仅在属于它的固定的空口时域位置接收寻呼消息，这个固定的空口时域位置以寻呼帧（Paging Frame，PF）和寻呼时刻（Paging Occasion，PO）来表示，寻呼机制示意如图 3-45 所示。

PF：PF 是一个无线帧，表示寻呼起始帧，包含多个完整的 PO。

PO：PO 是一套 PDCCH 监听机会，由多个 Slot（时隙）组成。一个 PO 的长度等于一个波束扫描周期（对应多个 SSB 波束），在每个 SSB 波束上发送的 Paging 消息完全相同。根据协议 3GPP TS38.331 中 maxNrofPageRec 定义，一个 PO 支持最大的寻呼数量为 32 个（LTE 为 16 个）。

PF 和 PO 的计算公式如下（参阅 TS38.304 第 7.1 节）。

• PF 的 SFN 帧号：$(SFN + PF\_offset) \bmod T = (T \operatorname{div} N) \times (UE\_ID \bmod N)$

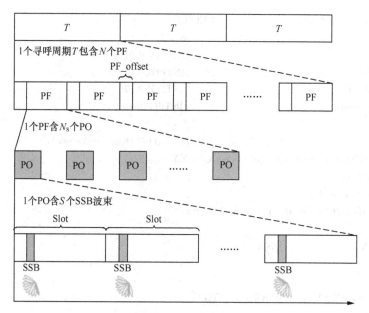

图3-45　寻呼机制示意

- PO 的 i_s : i_s = floor(UE_ID / N)mod N_s

函数 floor 表示向下取整。PO 的 i_s 指示了一套 PDCCH 监听机会的起始位置，UE 从第 i_s 个 PO 开始接收寻呼消息。T 表示 UE 的 DRX 周期（即寻呼周期）；PF_offset 表示 PF 的帧偏置；N 表示寻呼周期 T 包含的 PF 个数；UE_ID 为 5G-S-TMSI mod 1024 得到的值；N_s 表示 PF 包含的 PO 个数。

相关寻呼参数由系统消息 SIB1 中的 PCCH-Config 下发给 UE，具体描述见下文。

DownlinkConfigCommonSIB

```
--ASN1START
--TAG-DOWNLINK-CONFIG-COMMON-SIB-START
DownlinkConfigCommonSIB ::=              SEQUENCE {
    frequencyInfoDL                      FrequencyInfoDL-SIB,
    initialDownlinkBWP                   BWP-DownlinkCommon,
    bcch-Config                          BCCH-Config,
    pcch-Config                          PCCH-Config,
    ...
}
BCCH-Config ::=                          SEQUENCE {
    modificationPeriodCoeff              ENUMERATED {n2, n4, n8, n16},
    ...
}
PCCH-Config ::=                          SEQUENCE {
    defaultPagingCycle                   PagingCycle,
```

```
nAndPagingFrameOffset                                 CHOICE {
    oneT                                                  NULL,
    halfT                                                 INTEGER (0…1),
    quarterT                                              INTEGER (0…3),
    oneEighthT                                            INTEGER (0…7),
    oneSixteenthT                                         INTEGER (0…15)
},
ns                                                    ENUMERATED {four, two, one},
firstPDCCH-MonitoringOccasionOfPO                     CHOICE {
    sCS15kHzoneT
    sCS30kHzoneT-SCS15kHzhalfT
    sCS60kHzoneT-SCS30kHzhalfT-SCS15kHzquarterT
    ...
} OptionAL,                      --Need R
...
}
--TAG-DOWNLINK-CONFIG-COMMON-SIB-STOP
--ASN1STOP
```

字段 defaultPagingCycle 定义寻呼周期 T；字段 nAndPagingFrameOffset 用于定义参数 N 和 PF_offset，例如，"oneT" 表示 DRX 周期为 T 内可以作为寻呼帧的数目为 T。假定一个 DRX 周期为 32 帧，"oneT" 表示这 32 帧都可以作为寻呼帧，而 "half T" 表示只有 16 帧可以作为寻呼帧，后面的数值表示 PF_offset；字段 ns 表示 N_s，指示 PF 包含的 PO 个数。

3.10.3 接入控制

为了避免大量 UE 同时接入网络会导致网络拥塞，gNB 通过下发接入控制参数，对空闲态的 UE 进行接入控制，减少网络拥塞。根据 3GPP TS 38.331 中 "5.3.14 Unified Access Control" 定义，NR 只有主叫接入的 UE 在收到 gNB 下发的接入控制参数后才会进行接入控制，被叫接入的 UE 不会进行接入控制。UE 接入网络的控制流程如下。

① gNB 将已配置的接入控制参数通过 SIB1 消息广播给小区下的所有 UE。

② UE 在接入网络时，根据接入控制参数，判断能否在此小区发起接入。

3GPP R15 已引入了统一接入控制（Unified Access Control，UAC）的概念，该概念基于 "接入标识" 和 "接入类别" 使用。"接入标识" 类似于 Access Class，表征 UE 的身份特征，"接入类别" 表征 UE 发起呼叫的业务属性。接入标识见表 3-28。

接入标识 11 ～ 15 是电信运营商基于不同 PLMN 配置的特殊 UE，一般优先级较高。接入标识 1 和 2 连接到允许使用 MPS 和 MCS 的用户。接入标识 0 为普通 UE，对应表 3-28 中接入标识 ID 为 1 ～ 15 以外的情景。

表3-28 接入标识

接入标识 ID	接入标识描述（UE 侧配置）
0	普通 UE，未配置接入 ID1 ~ 15 的 UE
1	该 UE 配置了 MPS[1]
2	该 UE 配置了 MCS[2]
3 ~ 10	保留
11	PLMN 用户
12	安全业务
13	公共事业
14	紧急事务
15	PLMN 职员

注：1. MPS（Multimedia Priority Service，多媒体优先级服务）。

2. MCS（Mission Critical Service，关键任务服务）。

UE 接入类别见表 3-29。SIB1 中的 uac-BarringInfo 提供了需要接入限制检查的参数。当 SIB1 中"uac-BarringInfo"指示某个业务被限制接入时，有如下几种情况。

表3-29 接入类别

接入类别 ID	接入类别描述
0	被叫业务
1	非紧急且时延不敏感的主叫业务
2	紧急主叫业务
3	NAS 发起的主叫信令
4	多媒体语音主叫业务
5	多媒体视频主叫业务
6	短消息主叫业务
7	不属于其他接入类的普通数传主叫业务
8	RRC 层发起的主叫信令业务
9	MO IMS 注册相关信令
10	MO 例外数据，例如，NB-IoT 终端使用 NB-IoT 连接到 5GC
11 ~ 31	预留的标准化访问类别
32 ~ 63	电信运营商自定义，由 Registration Accept 发送给 UE

① 接入标识 0 的 UE，根据 SIB1 中的 uac-BarringFactor 和 uac-BarringTime 判决是否允许本次接入。接入标识 0 的 UE 发起接入请求，在进行接入控制时会生成一个随机数（Rand），如果随机数小于阻塞因子，则 UE 可以接入。如果随机数大于或等于阻塞因子，则阻塞 UE

此次接入。UE 被阻塞的时间长度为（0.7+0.6×Rand）×uac-BarringTime，阻塞时间溢出后，UE 可以再次尝试发起接入。

② 接入标识为 1、2、11 ～ 15 的 UE 首先检查该业务的接入标识 1、2、11 ～ 15 的禁止接入指示（由 SIB1 参数 uac-BarringForAccessIdentity 通过位图指示），如果设置为 1，则禁止该类接入标识的 UE 接入；如果设置为 0，则表示可以正常接入。

●● 3.11 切换流程

切换流程可分为测量阶段、判决阶段和执行阶段 3 个。

① 测量阶段。UE 根据 gNodeB 下发的测量配置消息进行相关测量，并将测量结果上报给 gNode B。

② 判决阶段。gNodeB 根据 UE 上报的测量结果进行评估，决定是否触发切换。

③ 执行阶段。gNodeB 根据决策结果，控制 UE 切换到目标小区，由 UE 完成切换。

NR 切换的详细步骤包括切换功能启动判决、测量模式选择、测量控制下发、测量报告上报、切换判决、切换请求（资源准备）、切换执行、释放源小区资源。切换流程如图 3-46 所示。

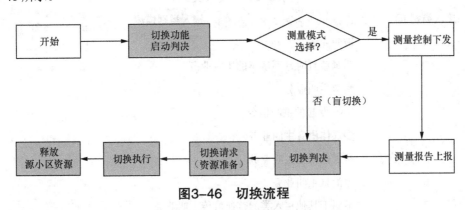

图3-46 切换流程

1. 切换功能启动判决

基站判决是否启动切换功能的过程：切换功能的开关是否已经打开；服务小区的信号质量是否满足 A1/A2 条件。

2. 测量模式选择

根据切换前是否对邻区进行测量（由参数配置），切换可以分为以下两种模式。

① 测量模式：对候选目标小区信号质量进行测量，生成测量报告的过程。

② 盲切换模式：不对候选目标小区信号质量进行测量，直接根据源小区优先级参数的

配置选择切换目标小区的过程。采用该方式时，UE 在邻区接入失败的风险较高，仅在必须尽快发起切换时才使用。

3. 测量控制下发

采用测量模式切换时，gNodeB 需要向 UE 下发测量控制信息。触发 gNodeB 下发测量控制信息场景包括两个方面：一是在 UE 初始建立无线承载时，gNodeB 会通过 RRC Reconfiguration 给 UE 下发测量控制信息；二是在 UE 处于连接态或完成切换后，如果测量控制信息有更新，则 gNodeB 会通过 RRC Reconfiguration 给 UE 下发更新的测量控制信息。

测量控制信息主要包括以下内容。

① 测量对象

测量对象主要由测量系统、测量频点或测量小区等属性组成，指示 UE 对哪些小区或频点进行信号质量的测量。

② 报告配置

报告配置主要包括测量事件、事件上报的触发量和上报量等，指示 UE 在满足什么条件下上报测量报告，以及按照什么标准上报测量报告。

测量上报分为周期性上报和事件型上报两类。其中，事件型上报的报告配置包括以下内容。

- 测量事件：A1、A2、A3、A4、A5、A6 和 B1、B2。
- 触发量：是指触发事件上报的策略，目前，一般基于 SS-RSRP。
- 测量 ID、数量配置（测量滤波系数）、测量 GAP 等。

测量 GAP 是指让 UE 离开当前频点到其他频点测量的时间段。在这段时间内，UE 不会发送和接收任何数据，而是将接收机调向目标小区频点进行异频测量。测量 GAP 时长与 SSB 测量定时配置（SSB Measurement Timing Configuration，SMTC）持续时长的配置示例如图 3-47 所示。

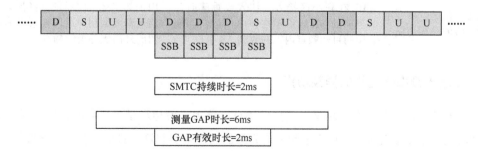

图3-47　测量GAP时长与SMTC持续时长的配置示例

4. 测量报告上报

UE 收到 gNodeB 下发的测量配置信息后，按照指示执行测量，对测量值根据"RSRP 滤波系数"进行滤波，然后再对事件进行判决，满足事件进入条件后，UE 上报测量报告给 gNodeB。

5. 切换判决

gNodeB 对目标小区或目标频点进行选择，判定是否存在合适的新的服务小区，如果存在合适的新的服务小区，则进入后续切换执行流程，否则，等待下次测量报告上报。

在目标小区或目标频点列表判决完成后，gNodeB 将按照选择的切换策略（包括切换和重定向）执行切换。当切换策略为重定向时，gNodeB 将从目标小区列表或目标频点列表中选择优先级最高的频点，在源小区通过 RRC Release 消息下发给 UE，UE 执行重定向。

3.11.1　切换功能

为了保障不同场景下 UE 的移动性能，5G 网络支持多种切换功能，切换功能见表 3-30，不同切换功能的基础切换流程保持一致。

表3-30　切换功能

切换功能	切换执行条件	功能描述
基于覆盖的同频切换	收到 A3 事件	当 UE 移动到小区覆盖边缘，服务小区信号质量变差，邻区信号质量变好时，触发基于覆盖的切换，避免信号变差，掉线
基于覆盖的异频切换	收到 A5 事件	应用于异频小区之间的切换，避免信号变差，掉线
基于频率优先级的异频切换	收到 A4 事件	应用于多频段同覆盖组网场景，通过频率优先级引导用户驻留不同频率，平衡不同频段负荷
基于电信运营商专用优先级的异频切换	UE 在新小区接入、切入或重建时，当前的 NR 频点不在该电信运营商期望的目标频点内，并收到 A4 事件	用于共享接入网场景，将各家电信运营商的用户返回各家电信运营商最高优先级的频点

1. 基于频率优先级的异频切换

对于多频段同覆盖组网场景，当高低频点同覆盖、希望尽量由更高的频段承载业务、低频段保证连续覆盖时，可以基于频率优先级的切换来实现这一目标。多频段同覆盖基于频率优先级的异频切换如图 3-48 所示。

基于频率优先级的切换为单向切换，即只能从低优先级频点向高优先级频点切换。高优先级频点向低优先级频点切换，只能依靠基于覆盖的异频切换（事件 A5）触发。基于频率优先级的异频切换仅支持测量模式，不支持盲模式，当同时满足如下条件时，其功能启动。

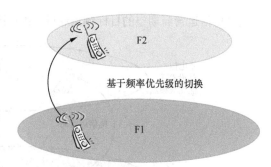

图3-48 多频段同覆盖基于频率优先级的异频切换

① NR 小区开启基于频率优先级的异频切换开关。

② 收到满足基于频率优先级的 A1 事件（即服务小区信号质量变得高于对应门限）。

基于频率优先级的异频切换功能启动后，gNB 选择流量优先级不为 0 的频点（其值越大，优先级越高），并下发基于频率优先级的 A4 事件和基于频率优先级的 A2 事件的测量控制。

UE 根据测量控制下发的事件配置执行测量，并根据测量结果上报测量事件。

① 如果上报基于频率优先级的 A4 事件，gNB 根据测量报告执行目标小区或目标频点判决。

② 如果上报基于频率优先级的 A2 事件，gNB 下发停止基于频率优先级的 A4 测控任务，UE 停止基于频率优先级的 A4 测量。

当 gNB 收到基于频率优先级的 A4 事件测量报告后，从基于频率优先级的 A4 事件测量报告中获取频点信息，并进行目标频点判决。

① 如果上报的频点是最高流量优先级频点，则判定为目标频点，并立即执行切换。

② 如果上报的频点不是最高流量优先级频点，则启动定时器（固定 2s），并等待下一次测量报告。定时器超时后，选择在这期间上报的流量优先级最高的异频邻区执行切换。

2. 基于电信运营商专用优先级的异频切换

对于网络共享组网场景，不同电信运营商之间需要实现不同的频点优先级策略时，可以采用电信运营商专用优先级的切换达到电信运营商之间灵活组网策略的目的，网络共享下，基于电信运营商专用优先级的异频切换如图 3-49 所示。cell1 和 cell2 为电信运营商网络共享场景下的共享小区。其中，cell1 的频点为电信运营商 A 的高优先级频点，cell2 的频点为电信运营商 B 的高优先级频点，则本功能可以将各家电信运营商的用户返回各家电信运营商较高优先级的频点。

基于电信运营商专用优先级的异频切换仅支持测量模式，不支持盲模式，当同时满足如下条件时功能启动。

① NR 小区开启基于电信运营商专用优先级的异频切换开关。

② UE 在新小区接入、切入或重建时，当前 NR 频点不在该电信运营商期望的目标频

点内（电信运营商期望的目标频点通过 NR 小区电信运营商策略配置）。

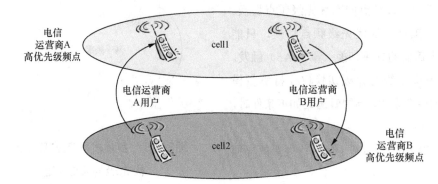

图3-49　网络共享下，基于电信运营商专用优先级的异频切换

基于电信运营商专用优先级的异频切换功能启动后，gNB 选择该电信运营商期望的目标频点，并下发基于电信运营商专用优先级的异频 A4 事件。

UE 根据测量控制下发的事件配置执行测量，并根据测量结果上报测量事件。如果上报基于电信运营商专用优先级的 A4 事件，则 gNB 根据测量报告执行目标小区或目标频点判决，选择最优小区进行切换。

3.11.2　测量事件

测量事件有 A1 ～ A6、B1 ～ B2 共 8 种（参阅 3GPP TS 38.331 第 5.5.4 节），事件触发条件见表 3-31。事件 A1、A2 用于切换功能启动判决阶段，衡量服务小区信号质量，判断是否启动或停止测量功能。事件 A3、A4、A5、A6、B1、B2 用于目标小区或目标频点切换判决阶段，衡量邻区的信号质量是否满足切换条件。

表3-31　事件触发条件

事件	描述	规则	使用方法
A1	服务小区质量高于某个阈值	A1-1（触发）：Ms－Hys > Thresh A1-2（取消）：Ms+Hys < Thresh	A1 用于停止异频 / 异系统测量。在基于频率优先级的切换中，A1 用于启动异频测量
A2	服务小区质量低于某个阈值	A2-1（触发）：Ms+Hys < Thresh A2-2（取消）：Ms－Hys > Thresh	A2 用于启动异频 / 异系统测量。基于频率优先级的切换中，事件 A2 用于停止异频测量
A3	同频 / 异频邻区质量与服务小区质量的差值高于某个阈值"Off"	A3-1（触发）： Mn+Ofn+Ocn－Hys > Ms+Ofs+Ocs+Off A3-2（取消）： Mn+Ofn+Ocn+Hys < Ms+Ofs+Ocs+Off	A3 用于启动同频 / 异频切换请求

续表

事件	描述	规则	使用方法
A4	异频邻区质量高于某个阈值	A4-1（触发）： Mn+Ofn+Ocn−Hys > Thresh A4-2（取消）： Mn+Ofn+Ocn+Hys < Thresh	A4 用于启动异频切换请求
A5	邻区质量高于某个阈值，而服务小区质量低于某个阈值（对应 A2+A4）	A5-1（同时满足触发）： Ms + Hys < Thresh1 Mn + Ofn + Ocn − Hys > Thresh2 A5-2（满足一个取消）： Ms − Hys > Thresh1 Mn + Ofn + Ocn + Hys < Thresh2	A5 用于同频/异频基于覆盖的切换
A6	邻区信号质量与辅小区（Scell）信号质量差值高于门限值	A6-1（触发）： Mn + Ocn − Hys > Ms + Ocs + Off A6-2（取消）： Mn + Ocn + Hys < Ms + Ocs + Off	用于载波聚合场景辅小区（辅载波）切换
B1	异系统邻区质量高于某个阈值	B1-1（触发）：Mn+Ofn−Hys > Thresh B1-2（取消）：Mn+Ofn+Hys < Thresh	B1 用于启动异系统切换请求
B2	异系统邻区质量高于某个阈值，而服务小区质量低于某个阈值（对应 A2+B1）	B2-1（同时满足触发）： Ms + Hys < Thresh1 Mn + Ofn + Ocn − Hys > Thresh2 B2-2（满足一个取消）： Ms − Hys > Thresh1 Mn + Ofn + Ocn + Hys < Thresh2	B2 用于启动异系统切换请求

注：条件公式中相关变量的具体含义如下。

- Ms、Mn 分别表示服务小区、邻区的测量结果。
- Hys 表示测量结果的幅度迟滞。
- Thresh、Thresh1、Thresh2 表示门限值。
- Ofs、Ofn 分别表示服务小区、邻区的频率偏置。
- Ocs、Ocn 分别表示服务小区、邻区的小区个体偏移量（Cell Individual Offset，CIO）。
- Off 表示设置的偏置。

1. 同频切换事件上报

同频切换只能使用 A3 事件。在触发时间 T_{A3} 内邻区质量一直高于服务小区质量，且满足一定偏置时，UE 上报 A3 事件，gNodeB 收到 A3 后进行切换判决。

A3-1（触发条件）：Mn+Ofn+Ocn−Hys > Ms+Ofs+Ocs+Off

A3-2（取消条件）：Mn+Ofn+Ocn+Hys < Ms+Ofs+Ocs+Off

同频切换 A3 事件如图 3-50 所示。

2. 异频切换事件上报

异频切换事件包括 A3、A4 和 A5。其中，A3 事件在上文中已有介绍，A5 是 A2 事件和 A4 事件的综合，下文重点介绍 A4 事件。

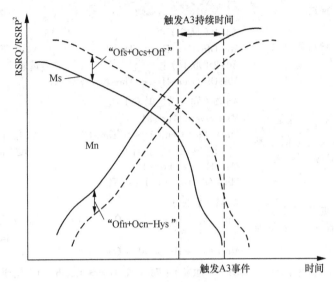

1. RSRQ（Reference Signal Received Quality，参考信号接收质量）。
2. RSRP（Reference Signal Received Power，参考信号接收功率）。

图3-50　同频切换A3事件

A2 事件：用于启动异频测量，当服务小区信号的电平或质量低于指定门限时，触发 UE 上报 A2 事件，gNodeB 收到后，通过 RRC Reconfiguration 消息下发 A3、A4 和 A5 异频测量控制事件给 UE，UE 根据收到的测量控制消息进行异频测量。

（1）A2-1（触发）：$Ms+Hys < Thresh$

（2）A2-2（取消）：$Ms-Hys > Thresh$

A4 事件：用于触发系统内异频切换。UE 根据收到的 A4 测量控制消息进行异频测量，当邻区质量高于设定门限时，UE 上报 A4 事件，gNodeB 收到 A4 事件后进行切换判决。

（1）A4-1（触发）：$Mn+Ofn+Ocn-Hys > Thresh$

（2）A4-2（取消）：$Mn+Ofn+Ocn+Hys < Thresh$

异频切换 A2 和 A4 事件如图 3-51 所示。

3. 异系统切换事件上报

异系统切换事件分为基于非覆盖切换的 B1 事件和基于覆盖切换的 B2 事件两类。

A2 事件：用于启动异系统测量，服务小区信号的电平或者质量低于指定门限时触发 UE 上报 A2 事件，gNodeB 收到后，下发异系统测量事件 B1 或 B2 给移动台。

（1）A2-1（触发）：$Ms+Hys < Thresh$

（2）A2-2（取消）：$Ms-Hys > Thresh$

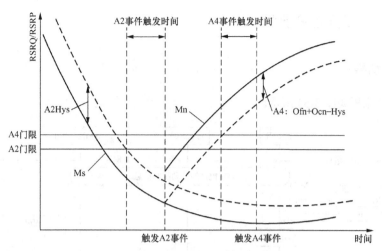

图3-51 异频切换A2和A4事件

B1 事件：基于非覆盖的异系统切换事件。UE 根据收到的 B1 测量控制消息进行异系统测量，当异系统邻区质量高于指定门限时，UE 上报 B1 事件，gNodeB 收到 B1 事件后进行切换判决。

（1）B1-1（触发）：$Mn+Ofn-Hys > Thresh$

（2）B1-2（取消）：$Mn+Ofn+Hys < Thresh$

B2 事件：基于覆盖的异系统切换事件。UE 根据收到的 B2 测量控制消息进行异系统测量，当服务小区信号电平低于设定的门限 1 且异系统邻区信号电平高于设置的门限 2 时，UE 上报 B2 事件，gNodeB 收到 B2 事件后进行切换判决。

（1）B2-1（触发）：$Mn+Ofn-Hys > Thresh2$ 且 $Ms+Hys < Thresh1$

（2）B2-2（取消）：$Mn+Ofn+Hys < Thresh2$ 或 $Ms-Hys > Thresh1$

异系统切换 A2 事件和 B1 事件如图 3-52 所示。

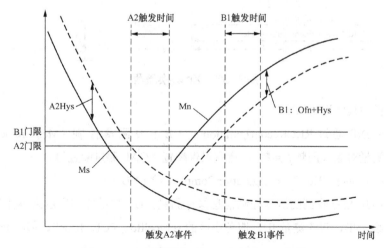

图3-52 异系统切换A2事件和B1事件

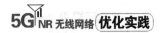

3.11.3 切换信令流程

1. Xn 切换

Xn 切换流程如图 3-53 所示。

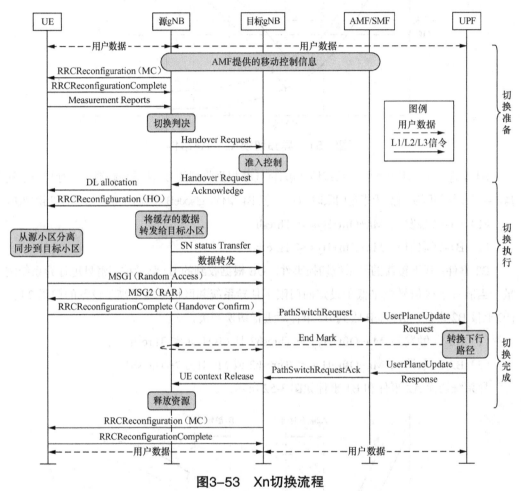

图3-53　Xn切换流程

切换流程的具体说明如下。

步骤 1：gNB 通过 RRCReconfiguration 向 UE 下发测量控制（Measurement Control，MC），包含测量对象（同频 / 异频），测量报告配置，GAP 测量配置等。

步骤 2：UE 回复 RRCReconfigurationComplete 给 gNB。

步骤 3：UE 根据收到的测量控制消息执行测量。UE 测量并判定达到事件条件后，上报测量报告给 gNB，包含测量 ID、服务小区的 servcellId、PCI、RSRP、邻区 PCI 和 RSRP 等内容。

步骤 4：gNB 收到测量报告后，根据测量结果进行切换策略和目标小区 / 频点判决。

步骤 5：源 gNB 向选择的目标小区所在的 gNB 发起切换请求。

消息中包含切换原因值、UE AMBR、UESecurityCapabilities、SecurityInformation、目标小区 ID、K_{gNB}*、UE 的 C-RNTI、天线信息、下行载波频率的接入层配置、当前 UE QoS Flow 到 DRB 映射规则、源 gNB 的 SIB1 信息、UE 能力信息、PDUsessionResourcesToBeSetup-List（包含 UPF 的 IP 地址）等信元内容。

步骤 6：目标 gNB 收到切换请求后，进行准入控制，同时为 UE 分配资源。

步骤 7：目标 gNB 向源 gNB 回复切换请求响应，消息中携带 PDU 会话资源准入列表和一个透明的容器。PDU 会话资源准入列表包含用于下行数据传输的 gNB 传输层 IP 地址和隧道标识，容器则通过 RRC 消息由源 gNB 发送给 UE 来执行切换。

步骤 8：源 gNB 发送 RRCReconfiguration 给 UE，携带 radioBearerConfig、CellGroupConfig 和 masterKeyUpdate 等，指示 UE 切换到目标小区。

消息中包含接入目标小区所需的信息：目标小区 PCI、新分配的 C-RNTI、目标 gNB 安全算法标识，以及一组专用的 RACH 资源、RACH 资源与 SSB 之间的关联、RACH 资源与 UE 专用的 CSI-RS 配置之间的关联、公共 RACH 资源以及目标小区的系统消息等。

步骤 9：源 gNB 通过 SN StatusTransfer 将 PDCP SN 号发送给目标 gNB，随后开始数据转发。

步骤 10：UE 向目标小区发起非竞争随机接入过程并同步到目标小区，并发送 RRCReconfigurationComplete 给目标 gNB。至此，UE 空口切换到目标小区完成。

步骤 11：目标 gNB 向 AMF 发送 PathSwitchRequest 消息通知 UE 已经改变小区。

消息包含 userLocationInformation（即 NCGI 和 TAI）、ueSecurityCapabilities 和 PDUsessionResourcesToBeSwitchedDLList 等信元内容，携带目标 gNB 的 IP 地址信息。AMF 将 PDU 会话信息转发给 SMF。SMF 收到消息后，向 UPF 发送用户面更新请求，UPF 将 RAN 侧的 GTPU 地址修改为目标 gNB。UPF 通过旧的路由向源 gNB 发送一个或多个结束标记 "END MARK" 数据包，然后将任何到源 gNB 的 U-plane/TNL 资源释放。

步骤 12：AMF 向目标 gNB 响应 PathSwitchRequestAcknowledge 消息。

消息包含 UESecurityCapabilities、PDUsessionResourcesToBeSetup-List、S-NSSAI 和 CoreNetworkAssistanceInformationForInactive 等信元内容。至此，核心网下行数据转发路径切换完成。

步骤 13：目标 gNB 向源 gNB 发送 UE CONTEXT RELEASE 消息，通知源 gNB 切换成功，指示源 gNB 释放用户上下文。

步骤 14：切换到目标小区后，gNB 下发新小区的测量控制信息给 UE。

切换消息解析如图 3-54 所示。

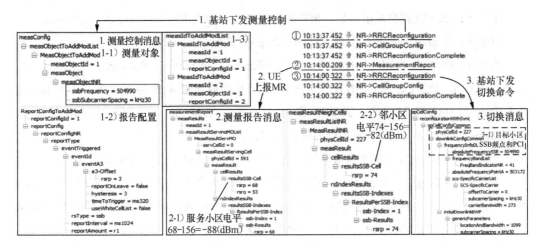

图3-54 切换消息解析

需要注意的是，源 gNB 中的 UE 上下文包含有关漫游和访问限制的信息，这些信息是在连接建立时或在最后一次 TA 更新时从 AMF 中获取得到。

2. NG 切换

NG 切换发生在没有 Xn 接口或 Xn 接口故障时，其切换流程和 Xn 接口基本一致，但所有的站间交互信令都是通过核心网 N2 接口转发的，时延比 Xn 接口略大。NG 切换流程如图 3-55 所示。

步骤 1：gNB 通过 RRCReconfiguration 向 UE 下发测量控制，包含测量对象（同频／异频）、测量报告配置、GAP 测量配置等。

步骤 2：UE 回复 RRCReconfigurationComplete 给 gNB。

步骤 3：UE 根据收到的测量控制消息执行测量。UE 测量并判定达到事件条件后，上报测量报告给 gNB，包含服务小区的 servcellId、PCI、RSRP 和邻区 PCI、RSRP 等内容。

步骤 4：gNB 收到测量报告后，根据测量结果进行切换策略和目标小区／频点判决。

步骤 5：源 gNB 向 AMF 发送 HandoverRequired 消息请求切换，消息包含目标 gNBId、UE AMBR、PDUsessionResourcesToBeSetup-List、UESecurityCapabilities、SecurityInformation 等信元内容。

步骤 6：AMF 向指定的目标小区所在的 gNB 发起 HandoverRequest 切换请求。

步骤 7：目标 gNB 收到切换请求后，进行准入控制，为 UE 分配资源。

步骤 8：目标 gNB 回复 HandoverRequestAcknowledge 给 AMF，包括 UE 在核心网／5G 基站中的唯一标识、uePDUsessionResourcesToBeSetup-List 及 targetTosource-Transparent Container 等信元内容。

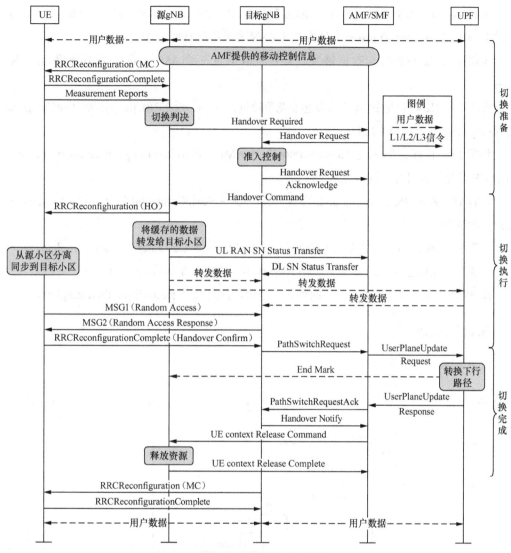

图3-55　NG切换流程

步骤9：AMF 向源 gNB 发送 HandoverCommand 消息，包括 UE 在核心网 /5G 基站中的唯一标识、PDUsessionResourcesHandoverList 及 targetTosourceTransparentContainer 以及切换类型（intra5Gs、5GsToEPS、EPSTo5Gs）等信元内容。

步骤10：源 gNB 发送 RRCReconfiguration 给 UE，携带 radioBearerConfig、CellGroupConfig 和 masterKeyUpdate 等，指示 UE 切换到目标小区。

消息中包含接入目标小区所需的信息，例如，目标小区 PCI、新分配的 C-RNTI、目标 gNB 安全算法标识，以及一组专用的 RACH 资源、RACH 资源与 SSB 之间的关联、RACH 资源与 UE 专用的 CSI-RS 配置之间的关联、公共 RACH 资源以及目标小区的系统消息等。

步骤 11：源 gNB 将 PDCP SN 号通过 UplinkRANStatusTransfer 发送给 AMF，AMF 再通过 DownlinkranStatusTransfer 消息将 PDCP SN 号发送给目标 gNB。

步骤 12：源 gNB 启动数据转发，首先将数据转发给 AMF，再由 AMF 转发给目标 gNB。

步骤 13：UE 在目标 gNB 小区发起非竞争随机接入，并发送 RRCReconfigurationComplete 给目标 gNB，表示空口完成目标小区切换。

步骤 14：目标 gNB 发送 HandoverNotify 给 AMF，包括 userLocationInformation 信元，指示 UE 已经接入目标小区，完成 NG 切换。

步骤 15：AMF 收到后向源 gNB 发送 UeContextReleaseCommand 消息，指示源 gNB 释放用户面资源。

步骤 16：源 gNB 完成用户面资源释放，向 AMF 回复 UeContextReleaseComplete。

步骤 17：切换到目标小区后，gNB 下发新小区的测量控制信息给 UE。

步骤 18：UE 收到 gNB 下发新的测量控制后，回复 RRCReconfigurationComplete。

3. LNR 切换

LNR 切换流程如图 3-56 所示。

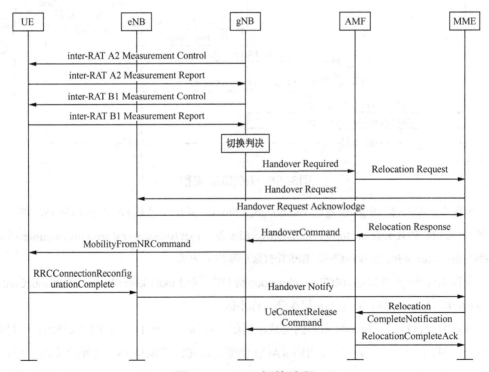

图3-56 LNR切换流程

信令流程分析 **Chapter 3**
第 3 章

UE 与 gNB 建立连接后，gNB 将异系统之间的 A2 测量控制信息发送给 UE。UE 测量并满足 A2 事件之后，UE 报告 A2 测量报告。gNB 收到 A2 测量报告后，向 UE 提供异系统之间的测量控制信息（B1 或 B2）。UE 测量并满足条件之后，向 gNB 上报异系统测量报告。

步骤 1：gNB 收到后进行切换判决，选择目标 LTE 小区，并向 AMF 发送 Handover Required 消息请求切换，消息包含 Target eNB ID、Source to Target Transparent Container、InterSystemHandoverIndication 等。

步骤 2：AMF 向 MME 发送 RelocationRequest。

步骤 3：MME 向指定的 LTE 小区所在的 eNB 发起 HandoverRequest 切换请求。

步骤 4：目标 eNB 分配资源，并回复 HandoverRequestAcknowledge 给 MME。

步骤 5：MME 回复 RelocationResponse 给 AMF。

步骤 6：AMF 向源 gNB 发送 HandoverCommand 消息。

步骤 7：源 gNB 向 UE 发送切换消息 MobilityFromNRCommand，指示 UE 切换到 LTE 小区。

步骤 8：UE 发起随机接入过程并同步到目标小区，并回复 RRCConnectionReconfigurationComplete 给目标 eNB，表示已完成切换。

步骤 9：目标 eNB 发送 HandoverNotify 给 MME，通知 MME 已经切入目标小区。

步骤 10：MME 收到 HandoverNotify 后，给 AMF 发送 RelocationCompleteNotification，通知 AMF 已完成切换。

步骤 11：AMF 收到后，向源 gNB 发送 UE ContextReleaseCommand 消息，通知源 gNB 切换成功，源 gNB 收到后释放用户上下文信息。

基于 N26 接口 NR 到 LTE 切换流程如图 3-57 所示。基于 N26 接口 LTE 到 NR 切换准备阶段流程如图 3-58 所示，基于 N26 接口 LTE 到 NR 切换执行阶段流程如图 3-59 所示。

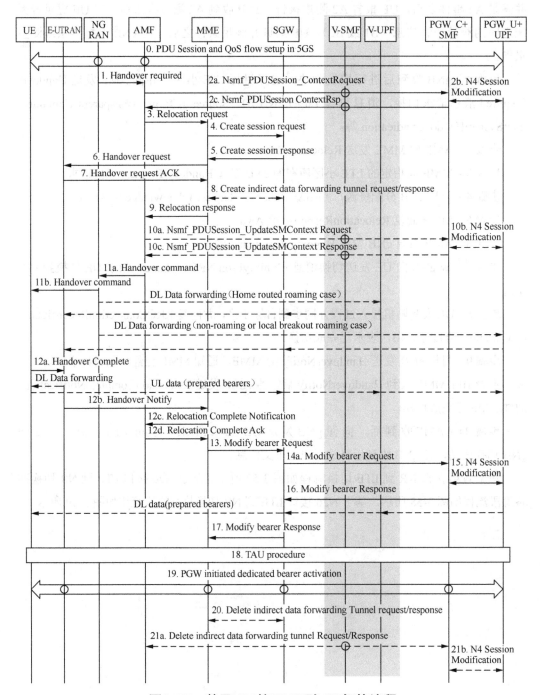

图3-57 基于N26接口NR到LTE切换流程

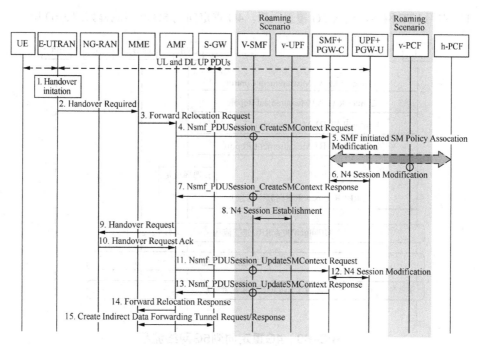

图3-58　基于N26接口LTE到NR切换准备阶段流程

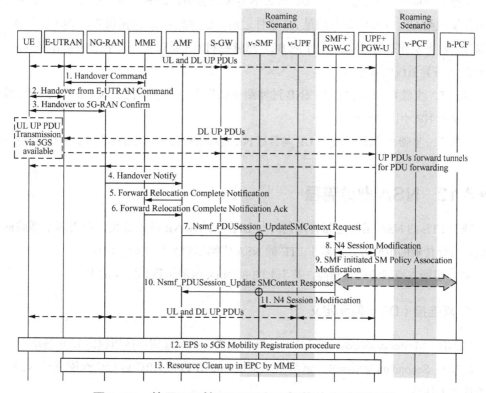

图3-59　基于N26接口LTE到NR切换执行阶段流程

UE 占用 LTE 网络，进入 5G 覆盖区后，4G 重定向到 5G 网络流程如图 3-60 所示。

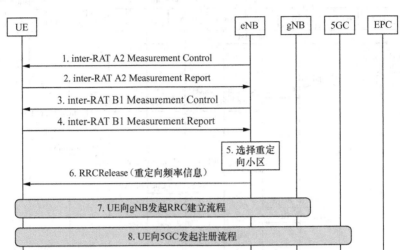

图3-60　4G重定向到5G网络流程

步骤 1～步骤 4（测量阶段）：UE 与 eNB 建立连接后，eNB 将异系统之间的 A2 测量控制消息发送给 UE。UE 测量并满足 A2 事件之后，UE 报告 A2 测量报告。eNB 收到 A2 测量报告后，下发异系统之间的（B1 或 B2）测量控制消息给 UE。UE 测量并满足条件之后，向 eNB 报告异系统测量报告。

步骤 5、步骤 6（判决阶段）：eNB 过滤测量报告中的相邻小区，向 UE 发送 RRC 释放消息，携带 NR 小区频点信息。

步骤 7～步骤 9（执行阶段）：UE 向目标 NR 发起随机接入，在目标小区上进行后续业务。

●● 3.12　NSA 业务流程

基于 LTE 的 NSA 组网是指终端同时与 LTE 基站和 NR 基站连接，利用两个基站的无线资源进行传输的组网方式。基于 LTE 的 NSA 组网示意如图 3-61 所示。

NSA 组网支持载波聚合功能，基于 LTE 的 NSA 组网示意如图 3-62 所示。

1. 双连接（DC）网元定义

MeNB：Master eNodeB，主基站，是指 NSA DC 终端驻留小区所属的 LTE 基站。

SgNB：Secondary gNodeB，辅基站，是指 MeNB 通过 RRC 连接信令配置给 NSA DC 终端的 NR 基站。

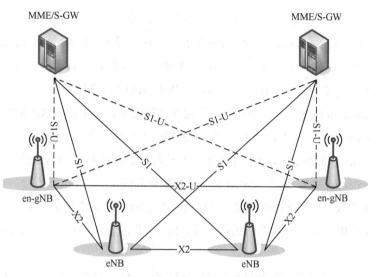

图3-61　基于LTE的NSA组网示意

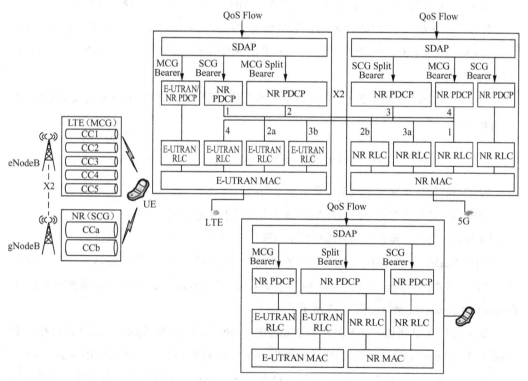

注：各网元缩写名称的具体说明见下文。

图3-62　基于LTE的NSA组网示意

　　MCG：Master Cell Group，主小区组，是指 NSA DC 终端在 LTE 侧配置的 LTE 小区组。

SCG：Secondary Cell Group，辅小区组，是指 NSA DC 终端在 NR 侧配置的 NR 小区组。

PSCell：Primary Secondary Cell，SgNB 的主小区，是指 MeNB 通过 RRC 连接信令配置给 NSA DC 终端在 SgNB 上的一个主小区，PSCell 一旦配置成功即保持激活态。

PCell：Primary Cell，MeNB 的主小区，是指 NSA DC 终端驻留的小区。

CC：Component Carrier，分量载波，是指参与载波聚合的不同小区所对应的载波。

PCC：Primary CC，MeNB 的主载波，是指 PCell 所对应的 CC。

PSCC：Primary Secondary CC，SgNB 的主载波，是指 PSCell 所对应的 CC。

SCC：Secondary CC，属于 MeNB 和 SgNB 的辅载波。

SCell：辅小区，是指 MeNB 通过 RRC 信令配置给双连接终端的辅小区，工作在 SCC 上，可以为双连接终端提供更多的无线资源。SCell 没有 PUCCH 信道，PCell 和 PSCell 都有 PUCCH 信道。

MCG 承载：协议栈都位于主节点（Master Node，MN）且仅使用 MN 资源的承载。

SCG 承载：协议栈都位于辅节点（Secondary Node，SN）且仅使用 SN 资源的承载。

MCG 分离承载：MCG Split Bearer，用户面仅 MN 与 SGW 相连，数据由 MN 分流至 SN。

SCG 分离承载：SCG Split Bearer，用户面仅 SN 与 SGW 相连，数据由 SN 分流至 MN。

MN terminated Bearer：PDCP 位于 MN 中的无线承载，即用户面由 MN 连接到 CN，对应 Option3。

SN terminated Bearer：PDCP 位于 SN 中的无线承载，即用户面由 SN 连接到 CN，对应 Option3x。

2. NSA 双连接（DC）相关测量事件

A2 事件：是指"服务小区信号质量低于门限"。

A3 事件：是指"邻区的信号质量比服务小区高于设定门限"。

B1 事件：是指"异系统邻区质量高于门限"。

根据 eNodeB、gNodeB 和 LTE 核心网的连接方式不同，NSA 组网分为 3 系、4 系和 7 系，共计 8 种组网方式。目前，NSA 组网主要采用 3 系 Option3 和 Option3x 两种网络架构。Option3 和 Option3x 架构如图 3-63 所示。

NSA 选项 3 组网以 eNodeB 为主站 MeNB，gNodeB 为辅站 SgNB，用户面数据支持 Option3 和 Option3x 两种架构。MCG Split Bearer 与 SCG Split Bearer 对比如图 3-64 所示。

Option3 架构中，数据分流锚点在 eNodeB，在 MeNB 的 PDCP 层进行分流，数据分别分流到 MeNB 的 RLC 层和 SgNB 的 RLC 层，在 UE 侧的 PDCP 层进行聚合。用户面数据如果全部在 eNodeB 上承载，该承载称为 MCG Bearer。用户面数据如果全部在 gNodeB 上承载，该承载称为 SCG Bearer。用户面数据如果通过 eNodeB 分流部分到 gNodeB 上承载，其余继续在 eNodeB 上承载，则称为 MCG Split Bearer。

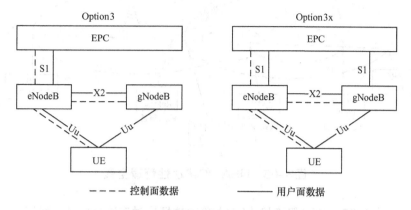

图3-63　Option3和Option3x架构

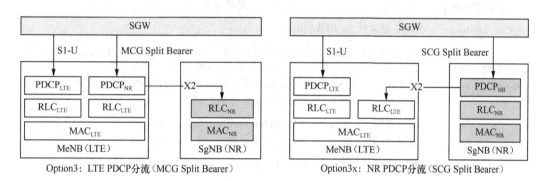

图3-64　MCG Split Bearer与SCG Split Bearer对比

Option3x 架构中，数据分流锚点在 gNodeB，在 SgNB 的 PDCP 层进行分流，分别分流到 MeNB 的 RLC 层和 SgNB 的 RLC 层，在 UE 侧的 PDCP 层进行聚合。SCG Split Bearer、MCG Bearer 和 SCG Bearer 的定义同 Option3。

NSA DC 移动性管理全景如图 3-65 所示。UE 必须通过主站 MeNB 完成初始连接建立，并在主站建立信令承载 SRB1 和 SRB2，UE 和辅站之间的 RRC 信令消息通过 LTE 进行转发。如果 UE 和 SgNB 建立 SRB3，则 UE 和辅站 SgNB 之间可以直接进行 RRC PDU 传输。需要注意的是，辅站的移动性管理由辅站负责。

NSA 双连接（DC）移动性场景对应流程的相关描述见表 3-32。

辅载波 SgNB 添加方式分为基于测量配置 PSCell 和盲配置 PSCell 两种。

① 基于测量配置 PSCell

UE 根据 MeNB 下发的 SgNB 测量控制进行测量，如果 RSRP 测量值大于设定门限，则上报 B1 事件测量报告。MeNB 收到 SgNB 的 B1 事件测量报告后，触发基于 X2 接口的 PSCell 添加流程。

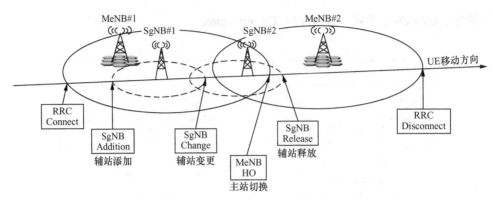

图3-65　NSA DC移动性管理全景

表3-32　NSA双连接（DC）移动性场景对应流程的相关描述

移动性场景	对应流程
SgNB Addition	MeNB 触发的 SgNB Addition
SgNB Change/ Modification	MeNB 触发的 SgNB Modification 用于在同一 SN 内启动 SCG 的配置更改，或在同一 MN 中执行切换，同时保留 SN，或查询当前 SCG 配置； SgNB 触发的 SgNB Modification 用于在同一 SN 内执行 SCG 的配置更改； SgNB 触发的 SgNB Change 用于辅小区站之间切换
MeNB HO	MeNB 触发的 Intra-MeNB Handover without SgNB Change MeNB 触发的 Inter-MeNB Handover without SgNB Change
SgNB Release	MeNB/SgNB 触发的 SgNB Release

② 盲配置 PSCell

如果 eNodeB 配置的高优先级 NR 频点上配有盲配置 NR 邻区，则选择该小区对应的 gNodeB 发起 SgNB 添加请求；如果频点下存在多个盲配置小区，则选择排序第一的小区发起 SgNB 添加请求。

如果基于盲配置添加 PSCell 失败，则会选择没有盲配置 NR 邻区的频点触发测量添加 PSCell；如果没有满足条件的频点下发测量，则在下一次基于业务量触发添加 PSCell 时，不判断是否配置有盲 NR 邻区，直接进入测量流程。

3.12.1　辅站 SgNB 添加过程

MeNB 触发 SgNB Addition 流程如图 3-66 所示。

UE 在 LTE 网络完成初始接入后，通过主站 MeNB 开始启动辅站 SgNB 添加流程，首先向 UE 发送基于 B1 的 NR 测量控制消息。UE 根据测量指示进行测量并上报测量结果。

步骤 1：MeNB 收到 B1 测量报告后，触发 SgNB 添加流程。MeNB 向 SgNB 发送 SgNB Addition Request 消息。

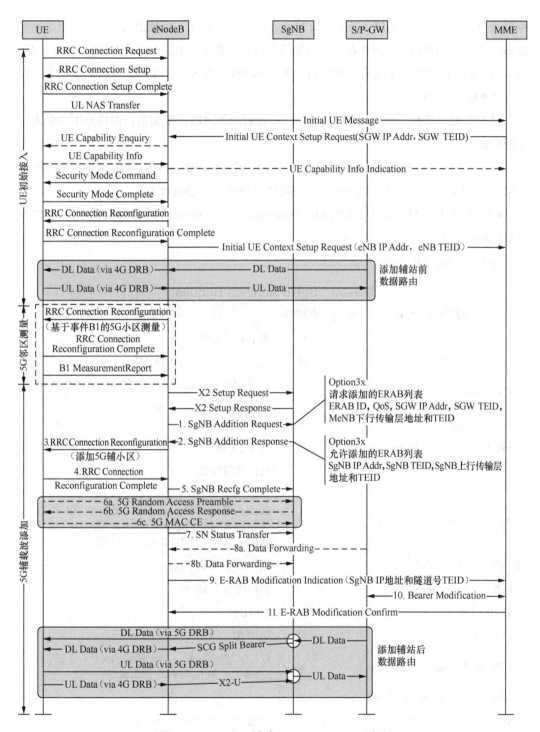

图3-66 MeNB触发SgNB Addition流程

MeNB 请求 SgNB 为特定 E-RAB 分配资源，指示 E-RAB 特征，携带 E-RAB 参数和承载类型对应的传输网络层（Transport Network Layer，TNL）地址信息。另外，对于需要 SCG 无线资源的承载，MeNB 在辅站添加请求消息中指示请求的 SCG 配置信息，包括 UE 能力信息和 UE 能力协调结果。这种情况下，MeNB 还为 SgNB 提供最新的测量结果，以便选择和配置 SCG 小区。

对于在 MeNB 和 SgNB 之间需要 X2-U 资源的承载选项，根据用户面锚点不同分为以下两种情况。

● SCG 分离承载模式（也称为 SN Terminated）时，MeNB 为 SgNB 提供相应的 E-RAB、X2-U 下行传输层地址，并向 SgNB 提供它可以支持的最大 QoS 级别。

● MCG 分离承载模式（也称为 MN Terminated）时，MeNB 为 SgNB 提供相应的 X2-U 上行传输层地址。

SgNB Addition Request 见表 3-33。

表3-33　SgNB Addition Request

信息单元 / 组名称	必要性	描述
Message Type	M	指示消息类型
MeNB UE X2AP ID	M	主站为 UE 分配的 X2AP ID
NR UE Security Capabilities	M	UE 的 5G 安全能力，支持的 NR 加密算法和完保算法
SgNB Security Key	M	安全密钥 S-K_{gNB}
SgNB UE Aggregate Maximum Bit Rate	M	辅站 UE 聚合最大速率
Selected PLMN	O	选择的网络 ID
Handover Restriction List	O	切换限制列表，包括可以提供服务的 PLMN、禁止的 TAC、禁止的 LAC、EPS 中 NR 限制作为辅助 RAT、核心网类型限制等。切换时，基站侧可以依据该 IE 选择切换目标
E-RABs To Be Added List		添加的 E-RAB 列表
>E-RABs To Be Added Item		添加的 E-RAB 项
>>E-RAB ID	M	ERAB ID
>>DRB ID	M	DRB ID
>>EN-DC Resource Configuration	M	EN-DC 资源配置，用于指示 PDCP（位于 SgNB）、MCG 和 SCG 是否配置
>>CHOICE Resource Configuration	M	
>>>PDCP present in SN		辅站有 PDCP 场景（Option3x）
>>>>Full E-RAB Level QoS Parameters	M	E-RAB 级 QoS 参数，例如，QCI、ARP、GBR、MBR、MPLR

信息单元 / 组名称	必要性	描述
>>>>Maximum MCG admittable E-RAB Level QoS Parameters	C	最大 MCG 可允许 E-RAB 级 QoS 参数
>>>>DL Forwarding	O	例如，DL forwarding proposed
>>>>MeNB DL GTP Tunnel Endpoint at MCG	C	主站下行 GTP 隧道传输层地址和隧道标识，位于 Xn-U 接口。用于接收来自 SgNB 转发的下行数据
>>>>S1 UL GTP Tunnel Endpoint	M	S1 上行 GTP 隧道传输层地址和隧道标识，位于 S1-U 接口。用于辅站和 SGW 建立上行用户面路由，传输上行数据
>>>>RLC Mode	O	RLC 模式，例如 RLC-AM、RLC-UM-Bidirectional、RLC-UM-Unidirectional-UL、RLC-UM-Unidirectionall-DL
>>>>Bearer Type	O	例如，non IP
>>>PDCP not present in SN		辅站无 PDCP 场景（Option3）
>>>>Requested SCG E-RAB Level QoS Parameters	M	请求的辅小区 E-RAB 级 QoS 参数
>>>>MeNB UL GTP Tunnel Endpoint at PDCP	M	主站上行 GTP 隧道传输层地址和隧道标识位于 Xn-U 接口。用于和辅站建立上行用户面路由，接收辅站发来的上行数据
>>>>Secondary MeNB UL GTP Tunnel Endpoint at PDCP	O	
>>>>RLC Mode	M	RLC 模式
>>>>UL Configuration	C	指示 UE 如何在辅助节点使用上行链路，例如，no-data、shared、only
>>>>UL PDCP SN Length	O	上行 PDCP SN 长度
>>>>DL PDCP SN Length	O	下行 PDCP SN 长度
>>>>Duplication activation	O	指示是否激活上行 PDCP 复制
MeNB to SgNB Container	M	包含信元 CG-ConfigInfo（含有 UE 能力信息、测量结果、MCG 和 SCG 无线承载配置、SCG 失败信息等），MeNB 使用此消息请求 SgNB 执行某些操作，例如，建立、修改或释放 SCG
SgNB UE X2AP ID	O	en-gNB 分配给 UE 的 X2AP ID
Expected UE Behaviour	O	期望的 UE 行为，例如，eNB 之间切换时间间隔、激活时间保留时长、空闲时间保留时长

信息单元 / 组名称	必要性	描述
MeNB UE X2AP ID Extension	O	
Requested split SRBs	O	请求分离的 SRB 类型（srb1、srb2、srb1&2、…）
MeNB Resource Coordination Information	O	MeNB 资源协调信息，用于协调 MeNB 和 en-gNB 之间的资源利用率
SGNB Addition Trigger Indication	O	此 IE 指示 SGNB 添加过程的触发类型，例如，SN change、inter-eNB HO、intra-eNB HO 等
Subscriber Profile ID for RAT/Frequency priority	O	用于在空闲模式下定义驻留优先级，在激活模式下控制 RAT/ 频率之间切换
MeNB Cell ID	M	主站的 ECGI
Desired Activity Notification Level	O	此 IE 包含有关应执行哪些级别活动通知的信息，例如，None、E-RAB、UE-level 等
Trace Activation	O	跟踪激活，包括跟踪 ID、跟踪的接口类型等
Location Information at SgNB reporting	O	指示要提供用户的位置信息，例如，pscell 等
Masked IMEISV	O	隐藏的 IMEISV
Additional RRM Policy Index	O	附加 RRM 策略索引
Requested Fast MCG recovery via SRB3	O	是否允许通过 SRB3 来请求快速恢复 MCG 的资源

步骤 2：SgNB 完成准入判断并分配资源后，向 MeNB 返回 SgNB 辅小区添加请求响应消息。

如果 SgNB 中的 RRM 实体能够接受资源请求，则它将分配相应的无线资源，并且根据承载选项分配各自的传输网络资源。对于需要 SCG 无线资源的承载，SN 触发随机接入过程，以便可以同步 SgNB 无线资源配置。SgNB 决定 PSCell 和其他 SCG SCell，并在 SgNB 添加请求确认消息中向 MeNB 提供新的 SCG 无线资源配置（NR RRC 配置消息）。

对于在 MeNB 和 SgNB 之间需要 X2-U 资源的承载选项，根据承载方式不同，可以分为以下两种情况。

● SCG 分离承载（Option3x）模式时，SgNB 会向 MeNB 提供相应的 E-RAB、X2-U 上行传输层地址，以及 E-RAB 的 S1-U 接口 SgNB 侧下行传输层地址，后者用于建立 SGW 到 SgNB 的用户面传输通道。

● MCG 分离承载（Option3）模式时，SgNB 会向 MeNB 提供相应的 X2-U 下行传输层地址。如果请求了 SCG 无线资源，则提供相应的 SCG 无线资源配置。SgNB Addition Request Acknowledge 见表 3-34。

表3-34　SgNB Addition Request Acknowledge

信息单元 / 组名称	必要性	描述
Message Type	M	消息类型
MeNB UE X2AP ID	M	主站分配，用于主站和辅站信令连接
SgNB UE X2AP ID	M	辅站分配，用于主站和辅站信令连接
E-RABs Admitted To Be Added List		被允许添加的 E-RAB 列表
>E-RABs Admitted To Be Added Item		被允许添加的 E-RAB 项
>>E-RAB ID	M	E-RAB ID
>>EN-DC Resource Configuration	M	EN-DC 资源配置，用于指示 PDCP（位于 SgNB）、MCG 和 SCG 是否配置
>>CHOICE Resource Configuration	M	
>>>PDCP present in SN		辅站有 PDCP 场景（Option3x）
>>>>S1 DL GTP Tunnel Endpoint at the SgNB	M	E-RAB S1 口下行 GTP 隧道传输层地址和隧道号，位于 S1-U 接口。用于交付下行 PDU，即接收来自 SGW 的数据
>>>>SgNB UL GTP Tunnel Endpoint at PDCP	C	辅站上行 GTP 隧道传输层地址和隧道号，位于 Xn-U 接口。用于交付上行 PDCP PDU，即接收主站发来的上行数据
>>>>RLC Mode	C	RLC 模式
>>>>DL Forwarding GTP Tunnel Endpoint	O	转发下行数据用的 GTP 隧道地址和隧道号
>>>>UL Forwarding GTP Tunnel Endpoint	O	转发上行数据用的 GTP 隧道地址和隧道号
>>>>Requested MCG E-RAB Level QoS Parameters	C	包括 MCG 请求提供的 E-RAB 级 QoS 参数
>>>>UL Configuration	C	指示 UE 如何在辅助节点使用上行链路，例如，no-data、shared、only
>>>>UL PDCP SN Length	O	上行 PDCP SN 长度
>>>>DL PDCP SN Length	O	下行 PDCP SN 长度
>>>PDCP not present in SN		辅站无 PDCP 场景（Option3）
>>>>SgNB DL GTP Tunnel Endpoint at SCG	M	辅站下行 GTP 隧道传输层地址和隧道号（SCG），位于 Xn-U 接口。用于主站交付下行 PDCP PDU 给辅站，即接收主站发来的下行数据

信息单元 / 组名称	必要性	描述
>>>>Secondary SgNB DL GTP Tunnel Endpoint at SCG	O	
>>>>LCID	O	对应于 TS 38.331 中定义的逻辑通道标识
E-RABs Not Admitted List	O	未允许的 E-RAB 列表
SgNB to MeNB Container	M	包含 SgNB 提供给 MeNB 的 CG-ConfigInfo 消息
Criticality Diagnostics	O	
MeNB UE X2AP ID Extension	O	
Admitted split SRBs	O	允许分离的 SRB 类型（srb1、srb2、srb1&2…）
SgNB Resource Coordination Information	O	SgNB 资源协调信息，用于协调 MeNB 和 en-gNB 之间的资源利用率
RRC config indication	O	RRC 配置指示，例如，full config, delta config
Location Information at SgNB	O	PSCell of the UE，例如，NR CGI。使 SgNB 能够向 MeNB 提供支持 UE 本地化的信息
Admitted fast MCG recovery via SRB3	O	是否允许通过 SRB3 来请求快速恢复 MCG 的资源

步骤 3：MeNB 向 UE 发送 RRC Connection Reconfiguration 消息，携带 NR RRC 配置消息，包括 NR 辅小区配置信息，例如，SSB 中心频点、NR PCI、NR 测量控制信息、上下行初始 BWP 配置以及 RLC/MAC/PHY 层配置等。

步骤 4：UE 根据收到的 RRC 重配置消息完成相应配置，并向 MeNB 反馈 RRC Connection Reconfiguration Complete 消息，携带 NR RRC 响应消息。

步骤 5：MeNB 转发 SgNB Reconfiguration Complete 消息给 SgNB，向 SgNB 确认 UE 已完成重配置流程，消息中携带 NR RRC 响应消息。

步骤 6：如果为 UE 配置的承载需要 SCG 无线资源，UE 执行到 SgNB PSCell 的同步，并向 SgNB 发起随机接入流程。

步骤 7、步骤 8：对于承载类型变更场景，为了减少当前服务中断时间，需要进行 MeNB 和 SgNB 之间的数据转发。

步骤 9～步骤 11：对于 SCG Split Bearer 分流模式，执行 SgNB 和 EPC 之间的用户面路径更新，即通过 E-RAB Modification Indication 消息指示核心网，将 E-RAB 的 S1-U 接口连接到 SgNB。E-RAB 调整指示消息如图 3-67 所示。

辅载波添加流程（Option3）如图 3-68 所示。

```
e-RABModificationIndication :
|_protocolIEs :
    |_SEQUENCE :
        |_id : ---- 0x0 (0) ---- 0000000000000000
        |_criticality : ---- reject (0) ---- 00******
        |_value :
            |_mME-UE-S1AP-ID : ---- 0x988b0ef (159953135)
    |_SEQUENCE :
        |_id : ---- 0x8 (8) ---- 0000000000001000
        |_criticality : ---- reject (0) ---- 00******
        |_value :
            |_eNB-UE-S1AP-ID : ---- 0xb8e86 (757382) ---- 10000000000010111000111010000110
    |_SEQUENCE :
        |_id : ---- 0xc7 (199) ---- 0000000011000111
        |_criticality : ---- reject (0) ---- 00******
        |_value :
            |_e-RABToBeModifiedListBearerModInd :
                |_SEQUENCE :
                    |_id : ---- 0xc8 (200) ---- 0000000011001000
                    |_criticality : ---- reject (0) ---- 00******
                    |_value :                                   gNodeB的IP地址和TEID
                        |_e-RABToBeModifiedItemBearerModInd :
                            |_e-RAB-ID : ---- 0x5 (5) ---- **00101*
                            |_transportLayerAddress : ---- '0000011110010001001000111001010110' B
                            |_dL-GTP-TEID : ---- 0x98D927FA ---- 10011000110110010010011111111010
```

图3-67 E-RAB调整指示消息

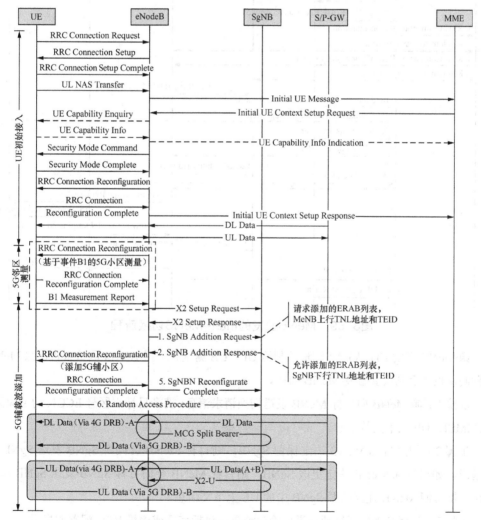

图3-68 辅载波添加流程（Option3）

199

3.12.2 主站 MeNB 变更过程

MeNB 发生变更时，源 MeNB 会将上下文数据传输到目标 MeNB，同时，源 SgNB 的上下文会被保留（SgNB 维持不变），或移动到另一个 SgNB（SgNB 同时变更）。在主站发生变更期间，目标 MeNB 决定保留 SgNB 还是更改 SgNB，或释放 SgNB。MeNB 触发的 Inter-MeNB 切换流程如图 3-69 所示。

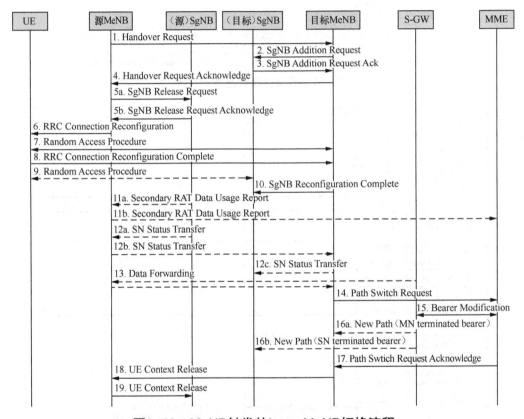

图3-69　MeNB触发的Inter-MeNB切换流程

源 MeNB 下发 LTE A3/A4 测量控制给 UE，UE 测量并上报 A3/A4 测量报告，源 MeNB 收到测量报告后判决要触发 MeNB 切换。

步骤 1：源 MeNB 向目标 MeNB 发送切换请求消息，携带目标小区号 ECGI、切换原因、GUMMEI、UE 上下文等信息。

步骤 2：如果目标 MeNB 决定保留 SgNB，则目标 MeNB 会向源 SgNB 发送 SgNB 添加请求。如果目标 MeNB 决定更改 SgNB，则目标 MeNB 会向目标 SgNB 发送 SgNB 添加请求，携带源 MeNB 建立的源 SgNB 中的 UE 上下文信息。

步骤 3：目标 SgNB 回复辅站添加确认消息，包括完整或增量 RRC 配置的指示。

步骤4：目标 MeNB 向源 MeNB 回复切换请求确认消息，消息中包括一个透明容器，该容器将作为 RRC 消息发送到 UE 以执行切换，还可以向源 MeNB 提供转发地址，以及是否保留源 SgNB 中的 UE 上下文信息指示。

步骤5：源 MeNB 向源 SgNB 发送 SgNB 释放请求，包括指示 MCG 移动性的原因。源 SgNB 回复释放请求确认。如果释放请求消息中包含保留 SgNB 中的 UE 上下文的指示，则 SgNB 将保留 UE 上下文。

步骤6～步骤10：源 MeNB 向 UE 发送 RRC 重配置消息（含 LTE 站间切换命令），UE 收到后执行 RRC 重配置。UE 切换成功后，向目标 MeNB 小区发送 RRC 重配置完成消息。之后，UE 向目标 SgNB 发起随机接入过程，目标 MeNB 向新添加的 SgNB 回复重配置完成。

步骤11a、步骤11b：SgNB 向源 MeNB 发送辅助 RAT 数据使用情况报告消息，包括通过 NR 空口传送和接收到的数据量。源 MeNB 向 MME 发送辅助 RAT 报告消息，以提供有关已使用的 NR 资源信息。

步骤12、步骤13：执行数据转发过程，源 MeNB 将从 SGW 收到的用户数据转发给目标 MeNB。

步骤14～步骤19：（MN 终止承载场景）目标 MeNB 向核心网发起 path switch，并向源 MeNB 发送上下文释放请求，源 MeNB 向 SgNB 发送上下文释放请求。

3.12.3　辅站变更过程

辅站变更过程可以由 MeNB 或 SgNB 启动，用于将 UE 上下文从源 SgNB 传输到目标 SgNB，并将 UE 中的 SCG 配置从一个 SgNB 更改为另一个 SgNB。辅站触发的辅站变更流程如图 3-70 所示。

EN-DC 场景下 UE 发起业务请求，当 gNodeB 收到 SgNBAdditionRequest 消息时，gNodeB 的测量控制模块产生测量控制信息，通过 X2 接口传递给 eNodeB，由 eNodeB 在辅站添加的同时下发测量控制信息给 UE。在 UE 处于连接态或完成切换后，如果测量配置信息有更新，则 gNodeB 也会通过 RRC Connection Reconfiguration 消息下发更新后的测量配置信息，消息包含测量对象、测量任务的报告配置（包括 A3 事件相关参数、事件上报的触发量和上报量、测量报告的其他信息等）、RSRP 滤波系数。

当 UE 收到测量控制消息后，会启动服务小区和邻区的信号质量测量，并根据"RSRP 滤波系数"对测量值进行滤波，然后再进行 A3 事件判决。当信号质量在时间迟滞的时间范围内持续满足触发 A3 事件条件时，UE 执行相应的动作。触发 A3 事件后，如果未满足取消 A3 事件的条件，则该邻区的 A3 事件会每隔 240ms 持续上报。

步骤1a：NR 测量配置消息在辅站 S-SgNB 添加或变更时，直接通过主站的 RRC 重配置消息发送给 UE。测量配置由测量对象①、报告配置②、测量标识③和数量配置④组成，

NR测量报告和测量配置消息示例如图3-71所示。需要说明的是，NR测量报告和测量配置消息需要和首次辅站添加的B1测量区分开来。

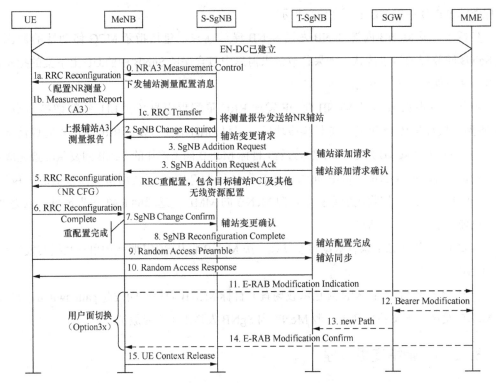

图3-70　辅站触发的辅站变更流程

步骤1b、步骤1c：UE根据指示对目标NR小区进行测量，并通过SRB3向S-SgNB上报测量结果（A3事件触发）。如果没有SRB3，则UE首先将测量结果上报给MeNB，由MeNB通过X2接口RRC Transfer消息转发给SgNB，SgNB负责辅小区的切换判断。

步骤2：源SgNB向MeNB发送SgNB Change Required消息，携带目标SgNB ID、SCG配置（支持增量配置）以及与目标SgNB相关的测量结果。

步骤3：主站收到后，触发辅站添加流程。主站向目标T-SgNB发送辅站添加请求，请求T-SgNB为UE分配资源，携带从S-SgNB收到的与目标T-SgNB相关的测量结果。

步骤4：T-SgNB回复主站SgNB添加请求响应消息，包括T-SgNB完整或增量RRC配置的指示。如果需要转发数据，则T-SgNB还需向主站提供转发地址。

步骤5：主站收到SgNB添加请求响应消息后，向UE发送RRC重配置消息，携带T-SgNB生成的NR RRC配置消息。

步骤6：UE应用新配置并发送RRC重配置完成消息，包括提供给T-SgNB的编码后的NR RRC响应消息（如果需要）。UE如果无法完成RRC重配置消息中包含的配置（部分），则将执行重新配置失败过程。

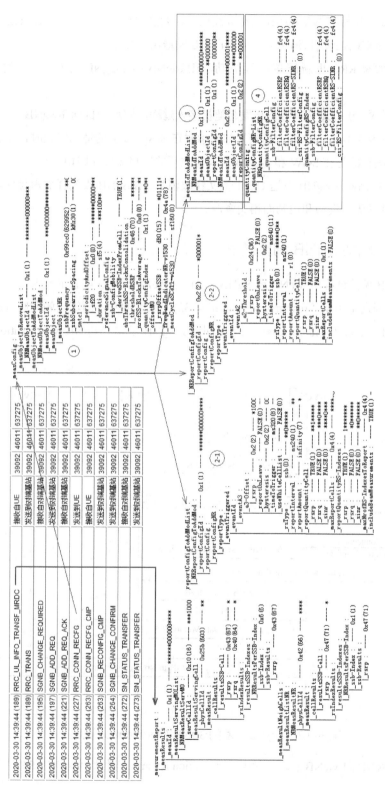

图3-71　NR测量报告和测量配置消息示例

步骤 7：如果目标辅站 T-SgNB 资源分配成功，则主站向源辅站 S-SgNB 发送辅站变更确认消息，S-SgNB 收到确认消息后，停止向 UE 发送用户数据。

步骤 8：如果 RRC 重新配置过程成功，则 MeNB 向 T-SgNB 转发从 UE 收到的 NR RRC 响应消息。

步骤 9、步骤 10：UE 向 T-SgNB 发起随机接入过程，同步到目标 T-SgNB。

步骤 11～步骤 14：（SN 终止场景）如果承载在 S-SgNB 上的消息终止时，则主站将触发路径更新，其目的是在 SGW 和 T-gNB 之间建立新的用户面传输路由。

步骤 15：主站向 S-SgNB 发送 UE 上下文释放消息。S-SgNB 收到释放消息后，释放与 UE 上下文关联的无线资源和控制面相关资源。

3.12.4　辅站 SgNB 调整过程

辅站 SgNB 调整过程由 MeNB 或 SgNB 启动，主要用于 SCG 配置的更改。主站触发的辅小区调整流程通常由于"resource-optimisation(33)"原因触发，而辅站触发则可能由于辅小区"action-desirable-for-radio-reasons(31)"引起。SgNB 触发的 SgNB Modification 流程如图 3-72 所示。

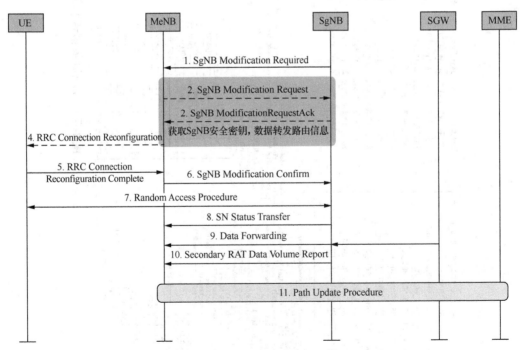

图3-72　SgNB触发的SgNB Modification流程

步骤 1：SgNB 向 MeNB 发送 SgNB Modification Required 消息，包括 NR RRC 配置消息，

其中，可能包含承载上下文相关信息、新的 SCG 无线资源配置等（如果主站触发直接进入步骤 2、步骤 3，则无步骤 1）。

步骤 2、步骤 3：（可选）仅有数据需要转发或者 SgNB 密钥需要变更时涉及。SgNB Modification Required 消息可能会触发 MeNB 执行 SgNB 调整过程，例如，提供数据转发地址、新的 SgNB 安全密钥、测量 GAP 等信息。

步骤 4：主站向 UE 发送 RRC 连接重配置消息，包括 NR RRC 配置消息，新的 SCG 无线资源配置。

步骤 5：UE 应用新配置并发送 RRC 重配置完成消息，包括提供给辅小区的 NR RRC 响应消息（如果需要）。如果 UE 无法完成 RRC 重配置消息中包含的配置（部分），则执行重配置失败过程。

步骤 6：UE 成功完成重配后，MeNB 向 SgNB 发送 SgNB Modification Confirm 确认消息，包括 NR RRC 响应消息。

步骤 7：如果为 UE 配置的承载需要 SCG 无线资源，UE 执行到 SgNB PSCell 的同步并向 SgNB 发起随机接入流程。

步骤 8 ～步骤 11：后续步骤同 SgNB change 流程。

●●3.13 切片相关信令流程

3.13.1 切片注册流程

切片注册流程如图 3-73 所示。

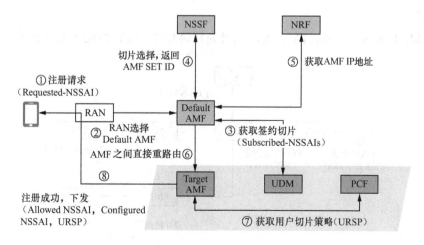

图3-73 切片注册流程

步骤 1：UE 发起注册请求，携带 5G-GUTI、Requested NSSAI、SUPI 标识。

步骤 2：RAN 依次根据 5G-S-TMSI、Requested NSSAI 选择 AMF，详见 "3.7.6 AMF 选择和发现过程"。如果注册失败或者初始注册场景不符合要求，则 RAN 选择 Default AMF 接入。

步骤 3：Default AMF 获取用户签约切片（Subscribed NSSAIs）。

步骤 4：Default AMF 根据 Requested NSSAI、配置信息、签约数据判断，如果无法提供切片服务，则查询 NSSF 获取 Target AMF SET ID。

步骤 5：Default AMF 查询 NRF 获取 AMF SET 中各个 AMF 的 IP 地址，按照负荷分担或就近原则从中选择一个 AMF。

步骤 6：Default AMF 将用户注册请求重新路由到 Target AMF，由 Target AMF 为 UE 提供服务。

步骤 7：Target AMF 从 PCF 获取 URSP 等策略信息。用户路由选择策略（UE Route Selection Policy，URSP）描述了终端应用与网络切片之间的对应关系，终端根据 URSP 规则为 App 选择网络切片。

步骤 8：注册成功，Target AMF 向 UE 下发 Allowed-NSSAI、Rejected-NSSAI、Configured NSSAI 和 URSP。

3.13.2　切片 PDU 会话创建流程

切片 PDU 会话创建流程如图 3-74 所示。

① UE 在创建 PDU 会话时，根据用户路由策略（URSP）选择业务对应的 S-NSSAI，在 PDU Session Establishment Request 消息中发送给 AMF。

② AMF 查询 NRF 获取 UE 请求 S-NSSAI 对应的 SMF 信息，将 PDU 会话请求发送给 SMF 处理。

③ SMF 根据 S-NSSAI、TAI、DNN 选择对应的 UPF，完成 PDU 会话创建流程。

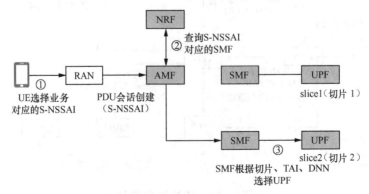

图3-74　切片PDU会话创建流程

3.13.3 URSP 签约变更流程

URSP 签约变更流程如图 3-75 所示。

① UE 在切片、URSP 签约前，统一使用默认切片。

② 以手游加速切片为例。UE 签约手游加速切片及 URSP 策略后，BOSS 将手游加速切片策略签约到 PCF。

③ PCF 通过 AMF 将策略下发到 UE，策略中绑定手游 App，优先使用手游加速切片。

④ 如果当前已经激活手游加速业务不会立即更换切片，则在下次打开手游 App 时，URSP 生效，UE 选择手游加速切片，并在创建 PDU 会话时携带 AMF。

⑤ SMF 根据 S-NSSAI、TAI、DNN 选择对应的 UPF，完成 PDU 会话创建流程。

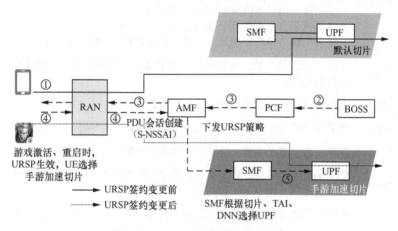

图3-75 URSP签约变更流程

需要注意的是，已经建立的 PDU 会话不会改变切片，只有在 App 下次激活业务时，URSP 才能生效。

●● 3.14 空口主要消息

根据 3GPP TS 38.300 协议，系统消息按照内容可以分为最小系统信息（Minimum System Information，MSI）和其他系统消息（Other System Information，OSI）两大类。

① MSI 包括 MIB 和 SIB1 两种。

• MIB 调度周期为 80ms，每隔 20ms 重复发送，为 UE 提供初始接入信息和用于捕获 SIB1 的信息。

• SIB1 调度周期为 160ms，每隔 20ms 重复发送，提供 UE 初始接入网络时需要的基本信息，包括初始 BWP 信息，下行信道配置等。

② OSI 包括 SIB2 ～ SIBn。

提供移动性管理、地震海啸预警系统（Earthquake and Tsunami Warning System，ETWS）、商业移动警报系统（Commercial Mobile Alert Service，CMAS）等相关信息广播。OSI 可以由 gNB 周期广播发送，也可以由 UE 发起订阅请求后，gNB 再发送。

系统消息块包含信息见表 3-35。

表3-35　系统消息块包含信息

类别	消息	消息内容
MSI	MIB	系统帧号 SFN、公共信道子载波间隔、SIB1 PDCCH 配置信息等
	SIB1	小区接入与小区选择的相关参数，系统信息（System Information，SI）的调度信息。 • 小区选择参数。 • 小区接入信息（PLMN、TAC、CellID）。 • SI 调度信息（SI 周期、窗口长度、SIB 映射等）。 • 小区配置（频段、频点、带宽、初始 BWP、PRACH 等信道配置）
OSI	SIB2	小区重选公共参数，包括同频小区重选、异频小区重选、异系统小区重选所需的公共信息
	SIB3	同频小区重选参数及同频小区的黑名单列表
	SIB4	异频频点重选参数、异频小区重选参数，以及异频小区的黑名单列表
	SIB5	异系统频点重选参数、异系统小区重选参数，以及异系统小区的黑名单列表
	SIB6	ETWS 主通知消息，用于承载最重要最紧急的信息，在第一时间发给用户，例如，地震、海啸的告警消息
	SIB7	ETWS 辅通知消息，用于发送相对次紧急的信息，例如，从哪里能获取灾害救助信息、逃生指南等，时延可以适当放宽
	SIB8	CMAS 通知消息，例如，政府或权威机构通过 PLMN 面向公众实时广播紧急事件信息的报警系统
	SIB9	包含了 GPS 时间和 UTC 时间的相关信息。UE 可以使用这些参数来获取 UTC、GPS 和本地时间

系统消息通过广播控制信道（Broadcast Control CHannel，BCCH）发送。系统消息传输路径如图 3-76 所示。

MIB 在传输信道 BCH 上发送，调度周期为 80ms，每 80ms 更新一次 MIB，且 80ms 内可以按照重发周期重复发送。由于 BCH 的传输格式是预定义的，所以 UE 不需要从网络侧获取其他信息就可以直接接收 MIB 消息。

SIB1 在传输信道 DL-SCH 上发送，调度周期为 160ms，每 160ms 更新一次 SIB1，且 160ms 内可以按照重发周期重复发送。UE 接收 MIB 消息后，按照 MIB 消息配置的方式接收 SIB1。

OSI 在 DL-SCH 上发送，调度周期可配置。OSI 中的多个相同调度周期的 SIB 封装成一条 SI 进行传输，可以由 gNB 周期广播发送（在一个调度周期内不重复发送），也可以由 UE 发起订阅请求后再由 gNB 临时广播发送。UE 接收 SIB1 消息后，按照 SIB1 消息配置的方式接收 OSI。

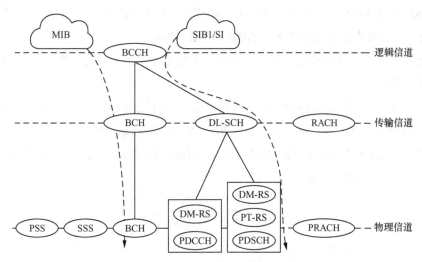

图3-76 系统消息传输路径

系统消息调度周期见表 3-36。

表3-36 系统消息调度周期

类型	子项	承载信道	下发方式	调度周期	重发周期
MSI	MIB	PBCH		80ms	默认 20ms
	SIB1	PDSCH		160ms	
OSI	SIB2	PDSCH	周期广播	320ms	不重发
	SIB3	PDSCH		320ms	
	SIB4	PDSCH		320ms	
	SIB5	PDSCH		640ms	

3.14.1 系统信息更新

UE 在开机选择小区驻留、重选到新的服务小区、切换完成、从其他 RAT 系统进入 NR-RAN、从非覆盖区返回覆盖区时，UE 会读取服务小区的系统消息。当 UE 在上述场景中正确获取了系统消息后，不再反复读取系统消息。只会在满足以下任一条件时，重新读取并更新系统消息。

● gNB 通过 P-RNTI 加扰的 PDCCH 信道指示 UE 系统消息发生变化。UE 会在下一个更新周期读取 MIB 和 SIB1，然后从 SIB1→SI-SchedulingInfo 中获取 OSI 消息对应的 valueTag

（价值标签）值，并和上次的值进行比较，如果其值有变化，则认为和 valueTag 关联的 SI 消息内容也发生改变，UE 重新读取该 SI 系统消息，如果其值没变化，则不再读取 SI 信息。

- gNB 通过 P-RNTI 加扰的 PDCCH 信道指示 UE 有 ETWS 或 CMAS 消息广播，UE 收到指示后，会在当前更新周期接收 SIB 6 ~ SIB 8 消息。

- 距离上次正确接收系统消息 3 小时后，这时无论 valueTag 是否变化，UE 都会读取全部的系统消息。

为了节省系统开销和 UE 省电，5G 定义了一个系统信息区域（System Information Area，SIA）和每个 OSI 的 valueTag。UE 通过"SIA+valueTag"判断跨小区的 SI 是否可以重复使用。如果 UE 在 SIA 区域内移动时发现该 OSI 的 valueTag 没变，则不需要再次读取该 OSI。SIAID 示意如图 3-77 所示。

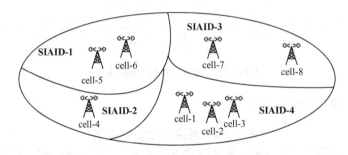

图3-77　SIAID示意

例如，UE 在 SIAID-1 中，并假设 cell5 和 cell6 的配置如下。

cell5: SIB1、SIB2（valueTag1）、SIB3（valueTag1）、SIB4（valueTag1）。

cell6: SIB1、SIB2（valueTag1）、SIB3（valueTag1）、SIB4（valueTag2）。

UE 先占用 cell5，读取该小区的 SIB1 ~ SIB4。UE 由 cell-5 重选到 cell6 时，只须读取 cell6 的 MIB、SIB1（MSI 必须读取）和 SIB4（valueTag 值和 cell5 不一致）。由于 cell6 的 SIB2 和 SIB3 的 valueTag 值和 cell5 一致，即两个小区的 SIB2 和 SIB3 相同，所以 UE 由 cell5 移动到 cell6 后可以不读取 SIB2 和 SIB3，以此来达到省电的目的。

3.14.2　SIB1 消息内容解析

SIB1 消息用于发送小区接入与小区选择的相关参数，统一接入控制（Unified Access Control，UAC）及 OSI 的调度信息，SIB1 消息内容见表 3-37。NR 设计 UAC 将不同应用、业务、语音，不同优先级用户映射到类别（category），基站侧基于 category 控制空闲态、去激活态、连接态 UE 接入。

表3-37 SIB1消息内容

字段名称	字段描述
cellSelectionInfo（小区选择信息）	
q-RxLevMin	小区要求的最小接收电平，实际值 = IE value × 2
q-RxLevMinOffset	实际值 = field value，单位为 dB
q-RxLevMinSUL	小区选择参数
q-QualMin	小区选择参数
q-QualMinOffset	小区选择参数
cellAccessRelatedInfo（小区接入信息）	
plmn-IdentityList	PLMN-IdentityInfoList
>plmn-IdentityList	网络标识列表，同一个小区可以配置（或接入）多个 PLMN。UE 接入时，在 RRC 建立完成消息中将选择的 PLMN 上报给基站，告知网络 UE 接入的 PLMN
>trackingAreaCode	跟踪区代码
>RAN-AreaCode	RAN 区域代码
>cellIdentity	小区标识
npn-IdentityInfoList-r16	NPN-IdentityInfoList-r16
>npn-IdentityList-r16	SEQUENCE (SIZE (1..maxNPN-r16)) OF NPN-Identity-r16
>> pni-npn-r16	PNI-NPN
>>>plmn-Identity-r16	PLMN-Identity
>>>cag-IdentityList-r16	SEQUENCE [SIZE (1..maxNPN-r16)] OF CAG-IdentityInfo-r16
>>>>cag-Identity-r16	BIT STRING [SIZE (32)]
>>>>manualCAGselectionAllowed	ENUMERATED {true}
>>snpn-r16	SNPN
>>>plmn-Identity	PLMN-Identity
>>>nid-List-r16	SEQUENCE [SIZE (1..maxNPN-r16)] OF NID-r16
>>>>NID-r16	BIT STRING [SIZE (44)]
>trackingAreaCode-r16	TrackingAreaCode
>ranac-r16	RAN-AreaCode
>cellIdentity-r16	CellIdentity
>cellReservedForOperatorUse-r16	ENUMERATED {reserved,notReserved}
>iab-Support-r16	ENUMERATED {true}
connEstFailureControl（连接建立失败控制）	
connEstFailCount	在应用 connEstFailOffset 之前，UE 检测到同一小区上 T300 失效的次数

字段名称	字段描述
connEstFailOffsetValidity	指示 UE 应用 connEstFailOffset 的时长
connEstFailOffset	连接建立失败偏移量，即 $Q_{offsettemp}$
si-SchedulingInfo（SI 调度信息）	
si-WindowLength	SI 窗口长度 {s5,s10,s20,s40,s80,s160,s320,s640,s1280}
si-BroadcastStatus	SI 广播状态 {broadcasting,notBroadcasting}
si-Periodicity	SI 周期 {rf8,rf16,rf32,rf64,rf128,rf256,rf512}
sib-MAppingInfo	SIB 映射信息
SIB-TypeInfoType	包括 valueTag、areaScope 和 SIB 类型，例如，sibType2、sibType3 等，valueTag 用于指示 OSI 消息内容是否发生变化
SI-RequestConfig	SI 请求配置
>rach-OccasionsSI	用于 SI 专用 RACH Occasions 配置。如果字段不存在，则 UE 将使用初始上行 BWP 的 rach-Configcommon 中配置的参数
>>rach-ConfigSI	用于 SI 的 RACH 配置
>>>prach-ConfigurationIndex	PRACH 配置索引，给出了 PRACH occasion 所在的系统帧号、子帧、时隙、起始符号、个数等信息
>>>msg1-FDM	指示同一时刻，频域上的 PRACH Occasion 个数
>>>msg1-FrequencyStart	指示 PRACH 在频域上的起始位置
>>>zeroCorrelationZoneConfig	N-CS 配置信息
>>>preambleReceivedTargetPower	前导初始接收目标功率，实际值 =IE 值 × 2
>>>preambleTransMax	前导最大传输次数
>>>powerRampingStep	前导功率攀升步长
>>>ra-ResponseWindow	Msg2（RAR）窗口长度（以 slot 数表示）。网络配置的值小于或等于 10ms
>>ssb-perRACH-Occasion	指示了一个 SSB 对应 RACH Occasion 的个数 {1/8,1/4,1/2,1,2,4,8,16}
>si-RequestPeriod	在 ra-AssociationPeriodIndex 中 SI-Request 配置的周期，取值范围为 {1,2,4,6,8,10,12,16}
si-RequestResources	
> ra-PreambleStartIndex	指示 SI request 情况下要用的 preamble index。如果 N 个 SSB 和一个 RACH occasion 关联，则： • $N \geqslant 1$ 时，第 $i(i = 0, \cdots, N{-}1)$ 个 SSB 波束对应的 preambleindex= ra-PreambleStartIndex $+ i$ • $N < 1$ 时，第 i 个 SSB 波束对应的 preambleindex=ra-PreambleStartIndex

续表

字段名称	字段描述
>ra-AssociationPeriodIndex	在 si-RequestPeriod 时间内的关联周期索引，UE 可以使用定义的前导发送与 SI 请求资源对应的 SI 请求消息
>ra-ssb-OccasionMaskIndex	用于确定基于非竞争随机接入过程的 PRACH 资源位置（频域）
servingCellConfigCommonSIB（服务小区公共配置）	
downlinkConfigCommonSIB	下行公共配置信息
>frequencyInfoDL-SIB	下行载波的基本参数及其传输
>>frequencyBandList	下行 NR 频段指示和 nr-NS-PmaxList
>>offsetToPointA	SSB 起始频率和 PointA 的频偏，单位为 RBs
>>scs-SpecificCarrierList	载波配置
>>>offsetToCarrier	小区下行起始 PRB 和 PointA 之间的频率偏移
>>>subcarrierSpacing	小区下行子载波间隔
>>>carrierBandwidth	小区下行传输带宽，单位为 RBs
>initialDownlinkBWP	初始下行 BWP 配置信息
>>genericParameters	BWP 基本配置参数
>>>locationAndBandwidth	初始下行 BWP 的频域位置和带宽
>>>subcarrierSpacing	初始下行 BWP 的子载波带宽 SCS
>>>cyclicPrefix	初始下行 BWP 的循环前缀 CP
>>pdcch-ConfigCommon	PDCCH 配置信息
>>pdsch-ConfigCommon	PDSCH 配置信息
>BCCH-Config	广播信道配置
>>modificationPeriodCoeff	n2、n4、n8、n16
>PCCH-Config	寻呼信道配置
>>defaultPagingCycle	寻呼周期，例如，rf32 表示寻呼周期为 32 个无线帧
>>nAndPagingFrameOffset	定义寻呼周期中的总寻呼帧数 N 和寻呼帧偏移量 PF_offset，例如，"oneT"表示 DRX 周期为 T 内可以作为寻呼帧的数目为 T。假定一个 DRX 周期为 32 个帧，"oneT"表示这 32 个帧都可以作为寻呼帧，而"half T"表示只有 16 个帧可以作为寻呼帧，后面的数值表示 PF_offset
>>>oneT	Null
>>>halfT	PF_offset 取值为 0 ~ 1
>>>quarterT	PF_offset 取值为 0 ~ 3
>>>oneEighthT	PF_offset 取值为 0 ~ 7

字段名称	字段描述
>>>oneSixteenthT	PF_offset 取值为 0 ~ 15
>>ns	表示 N_s，指示 PF 包含的 PO 个数，取值为 1，2，4
>>firstPDCCH-MonitoringOccasionOfPO	用来确定 PO 的起始位置
>>>SCS15kHzoneT	"SCS15kHzoneT" 中的 "SCS15kHz" 指示 SCS 是 15kHz，"oneT" 表示一个寻呼周期中包含多少个 PF，"SIZE (1···4)" 指示的是 N_s（一个 PF 中包含多少个 PO），SIZE 的个数应等于 i_s+1
>>>SCS30kHzoneT-SCS15kHzhalfT	"SCS30kHzoneT-SCS15kHzhalfT" 表示 30kHz 配 "oneT" 的 symbol，与 15kHz 配 "HalfT" 的 symbol 一致
>>·········	
uplinkConfigCommonSIB	上行公共配置信息
>frequencyInfoUL-SIB	上行载波的基本参数及其传输
>>frequencyBandList	小区上行频率所在的频段号
>>absoluteFrequencyPointA	PointA 频率（即 CRB0 对应的起始频率 ARFCN-ValueNR）
>>scs-SpecificCarrierList	载波配置
>>>offsetToCarrier	该小区起始 PRB 和 PointA 之间的频率偏移
>>>subcarrierSpacing	小区上行子载波间隔
>>>carrierBandwidth	小区上行传输带宽，单位为 RBs
>>additionalSpectrumEmission	UE 上行链路上应用附加频谱发射要求
>>p-Max	服务小区 UE 允许的最大发射功率
>>frequencyShift7p5kHz	NR 上行发射频率偏移为 7.5kHz，如果未提供该字段时，则表示未设置频偏
>initialUplinkBWP	初始上行 BWP 配置信息
>>genericParameters	BWP 基本配置参数
>>>locationAndBandwidth	初始上行 BWP 的频域位置和带宽
>>>subcarrierSpacing	初始上行 BWP 的子载波带宽 SCS
>>>cyclicPrefix	初始上行 BWP 的循环前缀 CP
>>rach-ConfigCommon	RACH 配置信息
>>pusch-ConfigCommon	PUSCH 配置信息
>>pucch-ConfigCommon	PUCCH 配置信息
supplementaryUplinkConfig	仅当配置 SUL 小区时，网络才会配置该字段
n-TimingAdvanceOffset	TA 偏移量 N_TA-Offset，应用于小区随机接入过程

续表

字段名称	字段描述
ssb-PositionsInBurst	指示传输的 SSB 块在一个 SS-burst 中的时域位置，即 SSB 位图传输模式
>inOneGroup	表示半帧内 SSB 块的位图。SSB 块数最大为4时最左边4位有效，半帧内 SSB 块数最大为8时8个 bit 都有效，例如，1101
>groupPresence	半帧内 SSB 块数为 64 时使用
ssb-periodicityServingCell	用于速率匹配的 SSB 周期（以 ms 表示）。如果字段不存在，则 UE 默认值为 5ms
DM-RS-TypeA-Position	下行链路和上行链路（第一个）DM-RS 的时域位置
lte-CRS-ToMatchAround	以确定 UE 应与之匹配的 LTE CRS 模式的参数
rateMatchPatternToAddModList	指示 UE 小区级或 BWP 级的 PDSCH 资源配置，配置最多 4 个 RateMatchPattern。资源模式有两种类型：bitmap 和 ControlResourceSet。后者通过 ControlResourceSetId 指定一个 CORESET，频域资源由该 CORESET 确定，时域资源由与这个 CORESET 关联的搜索空间确定
rateMatchPatternToReleaseList	
subcarrierSpacing	SSB 的子载波间隔，FR1 时可配置为 15kHz 或 30kHz，FR2 时只能配置为 120kHz 或 240kHz
tdd-UL-DL-ConfigurationCommon	小区 TDD UL/DL 配置，详见 TS38.331 第 6.3.2 节 TDD-UL-DL-Config
> referenceSubcarrierSpacing	SubcarrierSpacing（子载波空间）
> pattern1	TDD-UL-DL-Pattern
>> dl-UL-TransmissionPeriodicity	{ms0p5, ms0p625, ms1, ms1p25, ms2, ms2p5, ms5, ms10}
>>nrofDownlinkSlots	(0..maxNrofSlots)
>>nrofDownlinkSymbols	(0..maxNrofSymbols-1)
>>nrofUplinkSlots	(0..maxNrofSlots)
>>nrofUplinkSymbols	(0..maxNrofSymbols-1)
>pattern2	TDD-UL-DL-Pattern
>> dl-UL-TransmissionPeriodicity	{ms0p5, ms0p625, ms1, ms1p25, ms2, ms2p5, ms5, ms10}
>>nrofDownlinkSlots	(0..maxNrofSlots)
>>nrofDownlinkSymbols	(0..maxNrofSymbols-1)
>>nrofUplinkSlots	(0..maxNrofSlots)
>>nrofUplinkSymbols	(0..maxNrofSymbols-1)
ss-PBCH-BlockPower	传输 SSS 同步信号 RE 的平均发射功率 EPRE，以 dBm 表示。UE 使用它来估计 RA 前导发射功率

续表

字段名称	字段描述
uac-BarringInfo（统一接入控制或分组接入控制） UE 根据 UAC 信息进行 access bar check（详见 TS38.331 第 5.3.14.5 节 "Access barring check"），如果 UE 发现 SIB1 中没有 UAC 信息，则认为接入不受控制，所有的业务都可以发起接入	
uac-BarringForCommon	适用于所有接入类别的公共接入控制参数
>accessCategory	接入类别，NR 将不同应用 App、业务、语音、不同优先级的用户等映射到 category，RAN 侧基于 category 控制 UE 接入
>uac-barringInfoSetIndex	UAC 禁止信息指示
uac-BarringPerPLMN	针对不同接入类别，不同 PLMN 的参数设置
>plmn-IdentityIndex	PLMN 标识索引
>uac-ACBarringListType	每个接入类别的接入控制参数，仅对特定的 PLMN 有效
>>uac-ImplicitACBarringList	UAC 隐性接入限制列表
>>uac-ExplicitACBarringList	UAC 接入限制列表
>>> accessCategory	
>>> uac-barringInfoSetIndex	
uac-BarringInfoSetList	接入控制参数集合
>uac-BarringFactor	UAC 禁止接入因子，接入禁止时段内允许接入尝试的概率
>uac-BarringTime	UAC 禁止接入时间，接入尝试被禁止后重新发起同类型接入尝试的最小间隔时间
>uac-BarringForAccessIdentity	指示每个接入标识是否允许进行接入尝试
uac-AccessCategory1-SelectionAssistanceInfo	被用于确定接入类别 1 是否适用于 UE 的相关信息
其他参数（UE 计时器和常量等信息）	
ims-EmergencySupport	指示小区是否支持服务受限模式下 UE 的 IMS 紧急呼叫。如果不存在，则表示网络不支持服务受限 UE 在该小区发起 IMS 紧急呼叫业务
eCallOverIMS-Support	是否支持 eCallOverIMS
ue-TimersAndConstants	UE 计时器和常量设置，计时器包括 T300，T301，T310，T311 等
>t300	UE 发送 RRC Setup Request 消息后启动，收到 RRC Setup 或 RRC Reject 后停止
>t301	UE 发送 RRC Reestablishment Request 消息后启动，收到 RRC Reestablishment 或 RRC Setup 后停止，溢出后进入空闲态
>t310	UE 检测到物理层问题启动，如果连续 N310 个失步指示，收到连续 N311 个同步指示，或收到 RRC Reconfiguration with reconfiguration WithSync 消息后，则会停止

字段名称	字段描述
>n310	底层连续失步指示的最大次数
>t311	UE 执行 RRC connection re-establishment 初始化启动，小区选择并驻留到一个合适小区后停止
>n311	底层连续同步指示的最大次数
>t319	UE 发送 RRCResumeRequest 或 RRCResumeRequest1 消息后启动，收到 RRCResume、RRCSetup、RRCRelease、RRCRelease with suspendConfig 或 RRCReject 后停止
useFullResumeID	RRC_INACTIVE 态指示使用哪个恢复标识符和恢复请求消息。如果字段存在，则 UE 使用完整的 I-RNTI 和 RRCResumeRequest1；如果字段不存在，则使用短 I-RNTI 和 RRCResumeRequest

3.14.3　SIB2 消息内容解析

SIB2 用于发送小区重选公共参数及同频小区重选参数，SIB2 消息内容见表 3-38。

表3-38　SIB2消息内容

字段名称	字段描述
cellReselectionInfoCommon（小区重选公共参数）	
>nrofSS-BlocksToAverage	用于平均的 SSB 个数，该参数表示 UE 基于波束级 RSRP 计算得到小区级 RSRP 时，允许使用的最大 SSB 波束个数
>absThreshSS-BlocksConsolidation	SSB 合并门限，当小区内存在 1 个或多个 SSB 波束的 RSRP 大于设置的参数值时，小区级 RSRP 大于等于设置的参数值 RSRP 的线性平均值
>rangeToBestCell	固定为 3dB
>q-Hyst	小区重选迟滞
>speedStateReselectionPars	小区重选速度因子
>>mobilityStateParameters	
>>q-HystSF	q-Hyst 速度因子，用于中速或高速移动场景
>>>sf-Medium	中速场景，小区重选迟滞 =q_Hyst+sf_Medium
>>>sf-High	高速场景，小区重选迟滞 =q_Hyst+sf_High
cellReselectionServingFreqInfo（异频 / 异系统小区重选）	
>s-NonIntraSearchP	异频 / 异系统测量启动门限 RSRP
>threshServingLowP	服务频点低优先级 RSRP 重选门限，表示服务频点向低优先级异频 / 异系统重选时的门限。应用于 UE 向低优先级异频 / 异系统重选判决场景

续表

字段名称	字段描述
>cellReselectionPriority	小区重选优先级，取值范围为 0 ~ 7。该参数表示服务频点的小区重选优先级，0 表示最低优先级
>cellReselectionSubPriority	
>...	
intraFreqCellReselectionInfo（同频小区重选）	
>q-RxLevMin	同频邻小区的最小接收电平
>q-RxLevMinSUL	如果这个小区上的 UE 支持 SUL，则该参数指示 SUL 小区的最小接收电平
>q-QualMin	同频邻小区的最低质量要求
>s-IntraSearchP	同频测量启动门限 RSRP
>t-ReselectionNR	$T_{reselectionNR}$，同频邻区重选迟滞时间
>frequencyBandList	频率所属频段
>frequencyBandListSUL	如果 UE 支持 SUL，则该参数指示 SUL 小区频率的所属频段
>p-Max	同频邻小区允许的 UE 最大发射功率
>smtc	SSB-MTC，SSB 块测量定时配置，其中，MTC 代表 measurement timing configurations，包括 SSB 测量周期、偏移量和测量窗口长度。 如果该字段不存在，则 UE 假定 SSB 周期为 5ms
>ss-RSSI-Measurement	SS-RSSI 测量配置
>> measurementSlots	指示 UE 可以执行 RSSI 测量的时隙
>> endSymbol	在为 RSSI 测量配置的时隙中，UE 测量 RSSI 从符号 0 到符号 N。此字段标识实际的结束符号 N
>ssb-ToMeasure	在 SMTC 测量持续时间内测量的 SSB 集合。当字段不存在时，UE 对所有 SSB 块进行测量

3.14.4　SIB3 消息内容解析

SIB3 用于发送同频邻区列表及每个邻区的重选参数、同频黑名单小区列表。SIB3 消息内容见表 3-39。

表3-39　SIB3消息内容

字段名称	字段描述
intraFreqNeighCellList	
>physCellId	同频邻区的物理小区号（PCI）

字段名称	字段描述
>q-OffsetCell	参数 "Qoffsets，n"，邻区重选偏置
>q-RxLevMinOffsetCell	参数 "Qrxlevminoffsetcell"，实际值 = field value × 2，单位为 dB
>q-RxLevMinOffsetCellSUL	参数 "Qrxlevminoffsetcell SUL"，实际值 = field value × 2，单位为 dB
>q-QualMinOffsetCell	参数 "Qqualminoffsetcell"，实际值 = field value，单位为 dB
>...	
intraFreqBlackCellList	重选黑名单小区清单
lateNonCriticalExtension	

3.14.5 SIB4 消息内容解析

SIB4 用于发送异频列表及每个频点的重选参数。SIB4 消息见表 3-40。

表3-40 SIB4消息

字段名称	字段描述
dl-CarrierFreq	邻小区 SSB 的中心频率 ARFCN-ValueNR
frequencyBandList	所属频段
frequencyBandListSUL	SUL 频段
nrofSS-BlocksToAverage	用于平均的 SSB 个数，该参数表示 UE 基于波束级 RSRP 计算得到小区级 RSRP 时，允许使用的最大 SSB 波束个数
absThreshSS-BlocksConsolidation	SSB 合并门限，当小区内存在 1 个或多个 SSB 波束的 RSRP 大于设置的参数值时，小区级 RSRP 大于等于设置的参数值 RSRP 的线性平均值
smtc	SSB 块测量定时配置，例如，SSB 测量窗口长度、SSB 周期等。如果该字段不存在，则 UE 假设同频小区 SSB 的周期为 5ms
ssbSubcarrierSpacing	SSB 子载波间隔
ssb-ToMeasure	在 SMTC 测量持续时间内测量的 SSB 集合。当字段不存在时，UE 对所有 SSB 块进行测量
deriveSSB-IndexFromCell	字段指示 UE 是否可以利用服务小区定时信息得到邻区传输的 SSB Index
ss-RSSI-Measurement	SS-RSSI 测量配置
q-RxLevMin	小区最小接收电平
q-RxLevMinSUL	如果 UE 支持 SUL，则该参数指示 SUL 小区的最小接收电平
q-QualMin	小区最小接收质量
p-Max	小区允许的 UE 最大发射功率

字段名称	字段描述
t-ReselectionNR	小区重选迟滞
t-ReselectionNR-SF	小区重选迟滞速度因子
threshX-HighP	高优先级邻区重选电平门限
threshX-LowP	低优先级邻区重选电平门限
cellReselectionPriority	小区重选优先级（小区重选的频率绝对优先级）
q-OffsetFreq	频率偏移值
interFreqNeighCellList	异频邻区列表
>physCellId	物理小区号（PCI）

3.14.6 SIB5 消息内容解析

SIB5 用于发送异系统频点列表及每个频点的重选参数。SIB5 消息内容见表 3-41。

表3-41 SIB5消息内容

字段名称	字段描述
CarrierFreqEUTRA	
>carrierFreq	EUTRA 频点
>eutra-multiBandInfoList	所属频段
>eutra-FreqNeighCellList	EUTRA 邻区列表
>>physCellId	物理小区号（PCI）
>>q-OffsetCell	邻区重选偏置
>>q-RxLevMinOffsetCell	仅在周期性搜寻高优先级 PLMN 的情况下，作为 $Q_{rxlevmin}$ 的补偿值
>>q-QualMinOffsetCell	仅在周期性搜寻高优先级 PLMN 的情况下，作为 $Q_{qualmin}$ 的补偿值
>eutra-BlackCellList	EUTRA 重选黑名单小区列表
>allowedMeasBandwidth	允许的测量带宽
>presenceAntennaPort1	用于指示相邻小区是否使用天线端口 1。当设置为 TRUE 时，UE 可以假定在所有相邻小区至少使用两个天线端口
>cellReselectionPriority	小区重选优先级（基于频率定义）
>cellReselectionSubPriority	小区重选子优先级表示要添加到 cellReselectionPriority 值中的小数值，以获得 E-UTRA 和 NR 相关载波频率的绝对优先级。值 oDot2 对应于 0.2，oDot4 对应于 0.4 等
>threshX-High	高优先级邻区重选电平门限（邻小区）
>threshX-Low	低优先级邻区重选电平门限（邻小区）

字段名称	字段描述
>q-RxLevMin	小区最小接收电平值
>p-MaxEUTRA	EUTRA 允许 UE 的最大发射功率
>threshX-Q	
>>threshX-HighQ	高优先级邻区重选质量门限（邻小区）
>>threshX-LowQ	低优先级邻区重选质量门限（邻小区）
t-ReselectionEUTRA	重选到 EUTRA 的小区迟滞
t-ReselectionEUTRA-SF	重选到 EUTRA 的小区迟滞速度因子
lateNonCriticalExtension	

3.14.7 测量控制消息内容解析

测量控制消息主要信元解析见表 3-42。

表3-42 测量控制消息主要信元解析

字段名称	字段描述
measObjectToAddModList（测量对象）	
NRMeasObjectToAddMod:	测量对象，用 measObjectId 进行区分不同测量对象
measObjectId: 0x1(1)	测量对象标识
ssbFrequency: 0x99cc0(629952)	SSB 的 ARFCN
ssbSubcarrierSpacing: kHz30(1)	SSB 的子载波带宽
smtc1:periodicityAndOffset	SSB 测量周期和时间偏移 sf20: 0x0(0) duration: sf5(4)
nrofSS-BlocksToAverage: 0x8(8)	用于平均的 SSB 个数，该参数表示 UE 基于波束级 RSRP 计算得到小区级 RSRP 时，允许使用的最大 SSB 波束个数
freqBandIndicatorNR-v1530: 0x4e(78)	频段
reportConfigToAddModList（报告配置）	
NRReportConfigToAddMod:	报告配置，不同报告配置采用 reportConfigId 进行区分
reportConfigId: 0x1(1)	报告配置标识
reportType: eventTriggered	报告类型，本例为事件触发
eventId:eventA3 a3-Offset: 0x2(2)	事件及描述，本例为 A3 事件，a3-Offset 为 1dB, hysteresis 为 1dB

字段名称	字段描述
reportOnLeave: FALSE(0)	事件及描述,本例为 A3 事件,a3–Offset 为 1dB,hysteresis 为 1dB
hysteresis: 0x2(2)	
timeToTrigger: ms320(8)	
useWhiteCellList: FALSE(0)	
reportInterval: ms240(1)	报告间隔时长
reportAmount: infinity(7)	报告数量
maxReportCells: 0x4(4)	报告最大小区数量
maxNrofRS–IndexesToReport: 0x4(4)	上报参考信号 Index 的最大个数
measIdToAddModList(测量标识)	
NRMeasIdToAddMod:	测量标识,多个测量用 measId 进行区分
measId: 0x1(1)	通过测量标识将测量对象、报告配置进行关联。UE 上报测量报告时会携带测量标识 measId,关联得到该 MR 对应的测量对象和报告配置
measObjectId: 0x1(1)	
reportConfigId: 0x1(1)	

3.14.8 测量报告内容解析

测量报告内容解析见表 3-43。

表3-43 测量报告内容解析

字段名称	字段描述
measId: 0x1(1)	测量 ID 和测量控制消息中的测量 ID 相对应
measResultServingCell(服务小区测量结果)	
physCellId: 0x25b(603)	服务小区 PCI,本例为 603
rsrp: 0x43(67)	服务小区 RSRP,实际值为 67–156=–89(dBm)
rsrq: 0x40(64)	服务小区的 RSRQ,实际值为(64–87)/2=–11.5(dB)
ssb–Index: 0x6(6)	服务小区的 SSB Index,本例波束索引为 6
rsrp: 0x43(67)	服务小区 SSB Index 对应的电平,本例为 –89dBm
measResultNeighCells(邻区测量结果)	
physCellId: 0x42(66)	邻区 PCI,本例为 66
rsrp: 0x47(71)	邻区测量电平 RSRP,本例为 71–156=–85(dBm)
ssb–Index: 0x1(1)	邻区 SSB Index,本例波束索引为 1
rsrp: 0x47(71)	邻区 SSB Index 对应的电平,本例为 –85dBm

语音解决方案

Chapter 4

第4章

5G 网络语音解决方案包括 VoLTE、EPS Fallback 和新空口承载语音（Voice over New Radio，VoNR），VoNR 是 5G 网络的目标语音解决方案。5G 语音方案示意如图 4-1 所示。

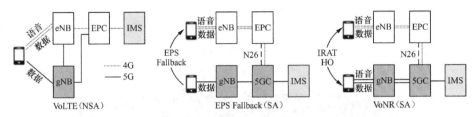

图4-1　5G语音方案示意

NSA 组网时由 4G VoLTE 提供语音业务，SA 组网时有 EPS Fallback 和 VoNR 两种语音解决方案。5G 语音解决方案见表 4-1。

表4-1　5G语音解决方案

	VoLTE	EPS Fallback	VoNR
场景	NSA 组网	SA 组网 NR 不连续覆盖	SA 组网 NR 连续覆盖
终端驻留网络	• 平时驻留 4G， • 语音由 VoLTE 承载， • 数据由 LTE 和 NR 承载	• 平时驻留 5G， • 语音由 VoLTE 承载， • 数据由 NR 承载	• 平时驻留 5G， • 语音和数据由 NR 承载
呼叫建立时延 /s	3 ~ 5	3 ~ 5	< 2
语音 MOS[1] 值	4.1	4.1	4.6

注 1．MOS（Mean Opinion Score，平均意见评分）。

●●4.1　IMS 网络结构

IMS 网元主要包括 P-CSCF、I/S-CSCF、SCC AS 等。IMS 网络架构示意如图 4-2 所示。

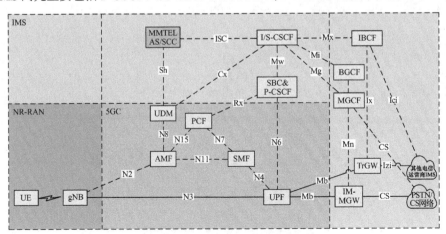

图4-2　IMS网络架构示意

IMS 作为 VoNR 呼叫控制中心，主要由呼叫会话控制功能（xCSCF）、AS 应用服务器等功能实体组成，完成呼叫控制和路由功能，而 5GC 和 NR-RAN 主要完成接入功能。IMS 主要网元功能见表 4-2。

表4-2　IMS主要网元功能

网元名称	主要功能概述
P-CSCF	代理呼叫会话控制功能，IMS 网络的信令面接入点，提供代理功能，即接受业务请求并进行转发，提供接入网与 IMS 核心网之间的接入控制、信令安全以及 IP 互通等功能。 PCF 通过 Rx 接口连接 P-CSCF，通过 N7 接口连接 SMF，实现 VoNR 业务的 QoS 保障
I-CSCF	协商呼叫会话控制功能，IMS 域的边界点，提供本域用户服务节点分配、路由查询以及 IMS 域间拓扑隐藏，指派 S-CSCF 等功能
S-CSCF	服务呼叫会话控制功能，IMS 核心网中处于核心的控制地位，负责对 UE 的注册鉴权和会话控制，执行针对主叫端及被叫端 IMS 用户的基本会话路由功能，并根据用户签约的 IMS 业务触发规则，在条件满足时触发业务
IM-MGW	IP 多媒体网关，完成 VoNR 用户面与 PSTN/CS 域之间的编解码转换
AS	应用服务器分为服务集中化和连续性应用服务器（SCC AS）、多媒体电话应用服务器（MMTEL AS）两种。SCC AS 负责被叫接入域选择 T-ADS、接入转移、多媒体流处理等功能。MMTEL AS 负责提供多媒体电话基本业务及补充业务，例如，高清语音／视频多媒体电话的基本呼叫能力，还负责提供话单、计费功能
SBC	会话边界控制器，部署在网络边界，用于控制会话的设备。根据在网络中所处的位置分为接入会话边界控制器（A-SBC）和互联会话边界控制器（I-SBC）。其中，A-SBC 连接终端与核心网；I-SBC 连接两个核心网。SBC 功能主要分为接入控制、防止媒体带宽被盗用、拓扑隐藏等

●●4.2　IMS 注册过程

UE 在使用 IMS 业务前，应在 IMS 中注册，IMS 维护用户注册状态。注册由 UE 发起，S-CSCF 进行鉴权和授权。IMS 注册完成后，IMS 网络获取 UE IP 地址、用户签约等信息，并建立了 IP 多媒体公共标识（IP Multimedia Public Identity，IMPU）与 UE IP 地址之间的对应关系。IMS 注册登记流程如图 4-3 所示。

该流程的具体说明如下。

步骤 1：UE 经由 5QI=5 的 QoS Flow 向 P-CSCF 发送 Register 注册消息［注：PDU 会话建立时网络会通过字段"扩展协议配置选项（PCO）"将 P-CSCF 地址发送给 UE］。

步骤 2：P-CSCF 收到后，通过 SIP 请求 URI 中用户归属网络域名查询 DNS 获得用户归属网络 I-CSCF，并将注册消息路由到归属网络 I-CSCF。

步骤 3、步骤 4：I-CSCF 查询 UDM 为 UE 选择一个 S-CSCF，并将注册消息路由到S-CSCF。

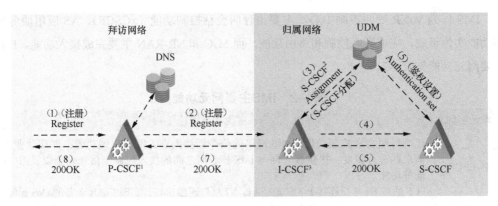

1. P-CSCF（Proxy-Call Session Control Function，代理呼叫会话控制功能）。
2. S-CSCF（Service-Call Session Control Function，服务呼叫会话控制功能）。
3. I-CSCF（Interrogating-Call Session Control Function，查询呼叫会话控制功能）。

图4-3　IMS注册登记流程

步骤5～步骤8：S-CSCF从UDM获得用户的鉴权参数，并通过I-CSCF、P-CSCF发送给UE。

UE获得鉴权数据后，完成手机对网络的校验。随后发起用户的二次注册请求，UE利用鉴权数据与共享密钥生成鉴权参数（RES）并发送给网络，S-CSCF收到该参数信息后，与保存的鉴权参数（XRES）对比，通过后完成网络对UE的鉴权校验。注册过程中网元保存信息见表4-3。

表4-3　注册过程中网元保存信息

网元	功能描述	注册过程中网元保存信息		
		注册前	注册中	注册后
UE	用户终端	域名 IMPI/IMPU P-CSCF 地址 鉴权密码	域名 IMPI/IMPU P-CSCF 地址 鉴权密码	域名 IMPI/IMPU P-CSCF 地址 鉴权密码
P-CSCF	① 检查 IMPI/IMPU 和归属域；② 根据归属域查询 DNS 获取 I-CSCF 地址并转发注册请求	DNS 地址	I-CSCF 地址 UE IP 地址 IMPI/IMPU	S-CSCF 地址 UE IP 地址 IMPI/IMPU
I-CSCF	① 查询 UDM 进行 S-CSCF 的选择，并指定 S-CSCF；② 向 S-CSCF 转发注册请求	UDM 地址	S-CSCF 地址 （临时保存）	无信息保存
S-CSCF	① 从 UDM 下载鉴权数据对终端进行鉴权；② 鉴权成功后，从 UDM 下载用户业务签约信息；③ 根据 iFC（初始过滤规则）进行第三方鉴权	UDM 地址	UDM 地址 用户签约信息 P-CSCF 地址 UE IP 地址 IMPI/IMPU	UDM 地址 用户签约信息 P-CSCF 地址 UE IP 地址 IMPI/IMPU
UDM	① 与 I-CSCF 交互确定 S-CSCF；② 下发鉴权数据和用户业务签约数据，记录用户注册状态	用户签约信息	P-CSCF 地址	S-CSCF 地址

●●4.3　VoNR

VoNR 是基于 5G 网络的语音解决方案，即在 5G 网络结构基础上引入 IMS 网络，由 IMS 配合 5G 网络实现端到端的基于分组域的语音、视频通信业务。

4.3.1　VoNR 业务流程

VoNR 语音业务建立简化流程，VoNR 语音业务示意如图 4-4 示意。

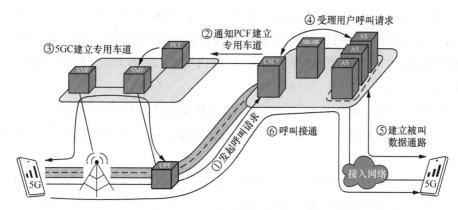

图4-4　VoNR语音业务示意

VoNR 语音业务或者视频电话通常需要建立 2 个 PDU 会话和 4 个 QoS Flow。其中，第 1 个 PDU 会话包含 1 个 5QI 为 8 或 9 的缺省 QoS Flow（non-GBR，AM DRB），对应一个 N3 隧道，用于数据业务访问 Internet（互联网）。第 2 个 PDU 会话对应一个 N3 隧道，用于音视频电话业务，包含 3 个 QoS Flow，这 3 个 QoS Flow 分别为：①用于传输 SIP 信令的 5QI=5 的缺省 QoS Flow（non-GBR，AM DRB）；②用于语音业务的 5QI=1 的专用 QoS Flow（GBR，UM DRB）；③用于视频业务的 5QI=2 的专用 QoS Flow（GBR，UM DRB）。

VoNR 终端间 SIP 信令和媒体路由示意如图 4-5 所示。

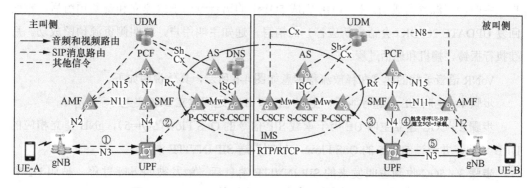

图4-5　VoNR终端间SIP信令和媒体路由示意

VoNR 业务流程的具体说明如下。

UE 发起音视频业务时通过 5QI=5 的 QoS Flow 向拜访地 P-CSCF 发起 SIP INVITE（SIP 请求）消息，申请分配资源（UE 在 IMS 注册时已获取拜访地 P-CSCF 地址）；P-CSCF 要求主叫侧的 PCF 分配 VoNR 音视频资源，携带用户的流描述，例如，媒体类型（音频、视频、文本）、编码方式、带宽；PCF 依据配置的 VoNR 策略，映射生成满足音视频业务需求的动态规则，通过 N7 接口发送给 SMF，由 SMF 通知 UPF 和 gNB 根据规则完成业务资源预留；用户在预留的专有承载上传输音视频业务。

主叫 P-CSCF 收到 INVITE 消息后，根据用户 IMS 注册时登记的归属 S-CSCF 地址信息，将 INVITE 消息路由到主叫所在的 S-CSCF。S-CSCF 提取 INVITE 请求中的被叫用户 SIP URI 中的域名，并向 DNS 查询被叫用户归属网络 I-CSCF 的 IP 地址，然后向被叫 I-CSCF 转发 INVITE 消息。

被叫 I-CSCF 收到该 INVITE 消息后，通过 LIR/LIA 消息向 UDM 查询该被叫用户的 S-CSCF 的 IP 地址，UDM 返回被叫 S-CSCF 的 IP 地址。I-CSCF 将 INVITE 消息发给被叫所在的 S-CSCF。

被叫 S-CSCF 收到 INVITE 消息后，根据被叫用户的 iFC 数据，向 SCC AS 发送 INVITE 消息，触发 SCC AS 执行被叫域选择功能，AS 返回域选结果给被叫 S-CSCF。如果域选结果为 UE 驻留在 5G IMS 网络，则被叫 S-CSCF 收到该消息后，将 INVITE 消息路由到被叫 P-CSCF。被叫 P-CSCF 将 INVITE 请求发送给被叫所在 UPF，触发被叫寻呼过程并建立 5QI=5 的 QoS Flow 和 DRB 承载。被叫 5QI=5 的 QoS Flow 和 DRB 承载建立完成后，通过 5QI=5 的 QoS Flow 将主叫 INVITE 请求消息发送给被叫 UE。被叫 UE 向 P-CSCF 回复"100 trying"进行确认，并向主叫 UE 回复"SIP 183 Session Progress"消息，进行主被叫双方媒体协商。

被叫 P-CSCF 收到被叫 UE 发来的"SIP 183 SessionProgress"响应消息后，要求被叫侧的 PCF 分配 VoNR 音视频资源，后续流程同主叫流程一致。主叫 UE 完成 5QI=1 的语音专用承载建立和资源预留后，主叫 UE 向被叫发送 UPDATE（会话更新）的消息，通知被叫用户，主叫侧资源预留成功。被叫 UE 完成 5QI=1 的语音专用承载建立和资源预留后，被叫回复 UPDATE 200OK（会话更新应答）的消息，通知主叫用户，被叫侧资源预留成功。后续执行振铃、摘机和通话过程。

VoNR 语音承载的建立和释放流程示意如图 4-6 所示，具体说明如下。

步骤 1：主叫 UE 发起呼叫后，主叫 UE 和 gNB 之间建立 RRC 连接。

步骤 2：5GC 建立主叫 UE 用于承载 SIP 信令的 QoS Flow（5QI=5），gNB 建立相应的 DRB 承载，并通过 5QI=5 的 QoS Flow 向被叫发送 SIP INVITE 消息。

步骤 3：5GC 收到主叫发来的 SIP INVITE 消息后，触发被叫寻呼过程。被叫 UE 和 gNB 之间建立 RRC 连接。

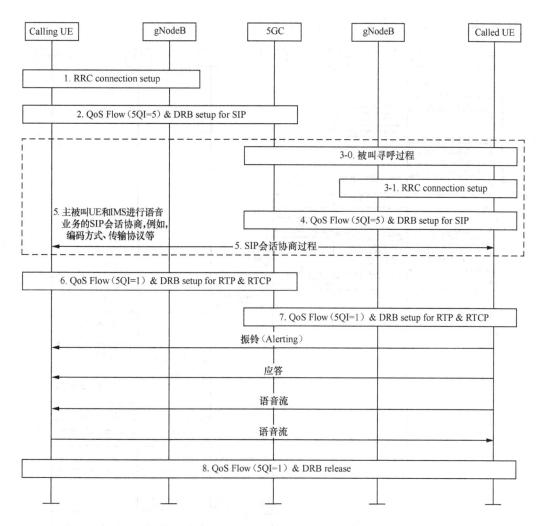

图4-6 VoNR语音承载的建立和释放流程示意

步骤 4：5GC 建立被叫 UE 用于承载 SIP 信令的 QoS Flow（5QI=5），gNB 建立相应的 DRB 承载，并将 SIP INVITE 消息通过 5QI=5 的 QoS Flow 发送给被叫 UE。

步骤 5：主被叫 UE 和 IMS 进行语音业务的 SIP 会话协商，例如，采用的媒体类型（音频、视频、文本）、端口、协议、带宽、编码方式等。

步骤 6：SIP 会话协商成功后，5GC 建立主叫 UE 用于承载 RTP 和 RTCP 数据流的 QoS Flow（5QI=1），gNB 建立相应的 DRB 承载。

步骤 7：5GC 建立被叫 UE 用于承载 RTP 和 RTCP 数据流的 QoS Flow（5QI=1），gNB 建立相应的 DRB 承载。

步骤 8：呼叫结束后，主被叫 UE 释放各自的 QoS Flow（5QI=1），gNB 释放各自相应的 DRB 承载。

VoNR 的 SIP 信令流程示意如图 4-7 所示。

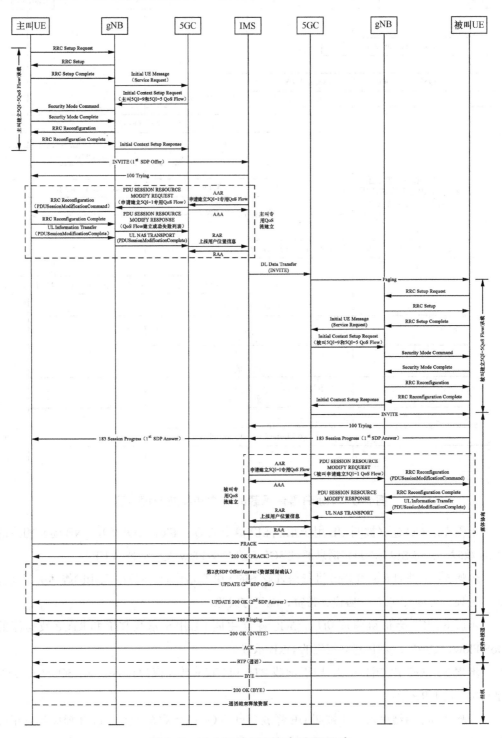

图4-7 VoNR的SIP信令流程示意

VoNR 的 SIP 信令流程中的主要消息说明如下。

步骤 1：主叫 UE 向 IMS 发起 SIP INVITE 会话业务建立请求。

首先触发 RRC 连接过程，并通过 RRC 重配消息建立 5QI =5 的 QoS Flow。之后 UE 经由 5QI =5 的 QoS Flow 向 IMS 拜访网络入口 P-CSCF 发送 INVITE（1st SDP Offer）消息。

INVITE 消息携带的信息包括① Request-URI：被叫用户号码；② Contact 头域：主叫用户的联系地址；③ SDP：主叫 UE 的媒体能力，包括支持的媒体类型及相应媒体的编解码能力。如果需要进行资源预留，则还需要包含以下信息。

a = curr:qos local none（表示本端资源没有预留）

a = curr:qos remote none（表示远端资源没有预留）

a = des:qos mandatory local sendrecv（表示本端资源必须双向预留）

a = des:qos Optional remote sendrecv（表示远端资源双向预留可选）

a = inactive（表示主叫完成资源预留前，主叫方不能收发语音数据流）

步骤 2：IMS 收到主叫 INVITE 消息后，进行主叫 QoS 资源授权和预留（即主叫 5QI=1 专用 QoS Flow/ 承载建立过程），并向主叫终端回复 100 Trying 临时响应消息，避免 UE 重复发送 INVITE 消息。

IMS（即主叫拜访地 P-CSCF）收到主叫发来的 INVITE 请求消息后，解析出 PANI，识别出 5G 接入类型，并触发主叫侧资源预留过程。P-CSCF 首先向 5GC 中的 PCF 发送 AAR（认证 / 授权请求），申请会话资源，并要求获取用户位置信息，PCF 回复 AAA（认证 / 授权响应）。接下来，PCF 向 SMF 下发语音业务 QoS 规则，SMF 收到后通知 UPF 和 gNB 为 UE 建立 5QI=1 的专用 QoS Flow 和 DRB 承载，详细会话过程可参阅"3.9.2 PDU 会话修改流程"。5QI=1 的专用 QoS Flow 和 DRB 承载建立完成后，PCF 发送 RAR 消息上报用户位置信息，P-CSCF 返回响应消息 RAA。P-CSCF 收到 RAR 后，根据 3gppUserLocationInfo AVP，提取位置信息，更新到 PANI 头域中，并增加 network-provided 参数。P-CSCF 处理完位置信息后，将 INVITE 消息转发给 S-CSCF。S-CSCF 收到 SIP 消息后，解析出 PANI，识别出 5G 信息。S-CSCF 随后触发相应的 MMTel AS 并继续执行后续流程。

步骤 3：IMS 向被叫发送 INVITE 消息，被叫侧 5GC（UPF）收到 IMS 发来的 INVITE（1st SDP Offer）消息并缓存。如果被叫处于空闲态，则被叫 UPF 通过 SMF 通知 AMF 进行寻呼，被叫 UE 收到寻呼后触发 RRC 连接过程，建立 5QI =5 的 QoS Flow。之后 UPF 将缓存的 INVITE 消息通过 5QI =5 的 QoS Flow 发送给被叫。

步骤 4：被叫 UE 收到 INVITE 消息后回复 100 Trying 消息进行响应，之后被叫 UE 需要确定自己支持的媒体流子集，并向主叫 UE 发送"183"会话过程消息（携带 1st SDP Answer）。这个消息包含了被叫 UE 支持的媒体流集合及相关的编解码器、传输协议和媒体格式等信息。在这个过程中，被叫 UE 需要根据自身的能力和需求，选择合适的媒体流子集，并在 SDP 中进行描述。

"183"消息用于媒体协商，当需要进行可靠传输时需携带 Require：100rel，保证主叫侧能正常振铃，同时包括如下内容（资源预留）。

a = curr:qos local none（表示本端资源没有预留）

a = curr:qos remote none（表示远端资源没有预留）

a = des:qos mandatory local sendrecv（表示本端资源必须双向预留）

a = des:qos mandatoyy remote sendrecv（表示远端资源必须双向预留）

a = conf:qos mandator remote sendrecv（要求主叫方条件满足时，发送确认信息给被叫方）

a = inactive（表示被叫完成资源预留前，被叫方不能收发语音数据流）

步骤 5：IMS 收到被叫 UE 发来的"183 SessionProgress"响应消息后，进行被叫 QoS 资源授权和预留（即被叫 5QI=1 专用 QoS Flow/ 承载建立过程），详细过程与主叫资源预留过程一致。

步骤 6：主叫 UE 收到"183"会话消息后，根据自身的能力和需求，选择合适的媒体流集合并向被叫发送 PRACK 消息。PRACK 过程是一个预确认过程，主要为了防止会话超时及拥塞。PRACK 消息可能包含 SDP（可选），SDP 内容可以使用 1st SDP Answer（"183 session"）相同 SDP 或子集，如果 PRACK 消息 SDP 中定义了新的媒体流，那么需要进行新的授权操作。

步骤 7：被叫收到 PRACK 后，返回 PRACK 200 OK 进行确认。如果 PRACK 消息中包含 SDP 信息（可选），则 PRACK 200 OK 也会包含一个 SDP 响应。如果 SDP 发生了变化，则 P-CSCF 将重新授权使用所需的资源。

步骤 8：主叫侧 5QI =1 的专用 QoS Flow 建立完成后，发送 UPDATE（会话更新）消息给被叫，参数 "a=curr:qos local sendrecv"，指示主叫端已完成资源预留。

UPDATE 消息携带的 SDP 包括如下内容（示例）。

a=curr: qos local sendrecv（表示本端已完成资源双向预留）

a=curr: qos remote none（表示远端资源没有预留）

a=des: qos mandatory local sendrecv（表示本地资源必须双向预留）

a=des: qos mandatory remote sendrecv（表示远端资源必须双向预留）

a=sendrecv（表示主叫已准备好收发语音数据流）

步骤 9：被叫侧资源预留成功后，返回"UPDATE 200 OK"消息给主叫侧，指示被叫侧也已完成资源预留。

"UPDATE 200 OK"消息携带的 SDP 包括如下内容（示例）。

a=curr: qos local sendrecv（表示本端已完成资源双向预留）

a=curr: qos remote sendrecv（表示远端已完成资源双向预留）

a=des: qos mandatory local sendrecv（表示本地资源必须双向预留）

a=des: qos mandatory remote sendrecv（表示远端资源必须双向预留）

a=sendrecv（表示被叫已准备好收发语音数据流）

UPDATE 过程用于在呼叫过程中进行资源预留完成确认或媒体格式更新。主叫通过发送 UPDATE 消息给被叫，通知对方主叫侧已完成资源预留，在 UPDATE 消息中携带了主叫建议的语音编码格式。被叫通过发送"UPDATE 200 OK"消息给主叫，通知对方已完成资源预留，"UPDATE 200 OK"消息中携带协商后双方通话使用的编码格式，通常选取主被叫双方格式中较低的一种（如果为新的媒体流，则需要重新启动 QoS 授权过程，主叫方根据协商结果，通过"PDU SessionResourceModificationProcedure"对 QoS Flow 进行修改）。

步骤 10：经过上述步骤，主被叫资源预留完成，即 5QI =1 的专用 QoS Flow 和承载建立成功。被叫侧振铃并发送"180 Ringing"振铃消息给主叫。

步骤 11：被叫摘机，发送"Invite 200 OK"给主叫，主叫返回 ACK 进行确认，完成通话建立，进入通话过程。

步骤 12：通话结束后，被叫或主叫发送 BYE 消息请求结束本次会话，对方挂机并回"BYE 200 OK"消息，指示会话结束，删除 5QI =1 的专用 QoS Flow。

带预置条件的 VoNR 呼叫 VoNR 终端 IMS 内部信令流程如图 4-8 所示。

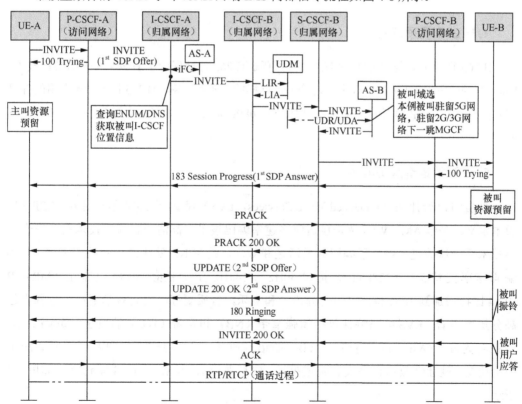

图4-8 带预置条件的VoNR呼叫VoNR终端IMS内部信令流程

步骤1：主叫用户向拜访地 P-CSCF（A）发送 INVITE 消息，P-CSCF（A）收到消息后将其路由到 S-CSCF（A）。在 SDP 中包含初始媒体描述，这个媒体描述包含了会话的媒体类型、传输协议、编解码器等信息，以便在会话建立时进行媒体流的传输和处理。

步骤2：S-CSCF（A）提取被叫用户 SIP URI 中的域名，向 DNS 查询被叫用户归属网络 I-CSCF 的 IP 地址，然后向被叫 I-CSCF（B）发送 INVITE 消息。如果 INVITE 消息中包含的是被叫用户电话号码，即 TEL URI，而不是 SIP URI，则主叫 S-CSCF（A）会先查询 ENUM 进行 E.164 地址转换获得被叫用户归属域名。

步骤3：被叫 I-CSCF（B）收到该 INVITE 消息后，通过 LIR/LIA 消息向 UDM 查询该被叫用户 S-CSCF 的 IP 地址，UDM 返回被叫 S-CSCF（B）的 IP 地址。I-CSCF（B）将 INVITE 消息发给被叫所在的 S-CSCF（B）。

步骤4：被叫 S-CSCF（B）收到 INVITE 消息后，根据被叫用户的 iFC 数据，向 SCC AS（B）发送 INVITE 消息，触发 SCC AS 执行被叫域选择功能。

步骤5：后续流程与图 4-7 相同，在此不再赘述。

4.3.2　VoNR 功能增强

1. H.265 视频编码

H.265 视频编码是 VoLTE 的 H.264 升级版。H.265 标准保留了 H.264 原来的某些技术，同时对一些相关的技术加以改进。理论上，同样的画质和码率，H.265 比 H.264 占用的存储空间少 50%。VoNR 视频业务优先采用 H.265 1080P 30FPS 编解码，支持 H.264 720P 15FPS 编解码。

2. 增强的语音服务编码

增强的语音服务（Enhanced Voice Services，EVS）编码于 2014 年 9 月在 3GPP R12 版本定义，是继 AMR-WB（宽带自适应多速率编码技术）高清语音编码技术后对语音编码技术又一次改进，提高了编码的灵活性和效率，是 VoNR 默认的语音编码方式。EVS 编码速率支持 5.9 ～ 128kbit/s，提供 50Hz ～ 14kHz 音频带宽，PCM 位宽由 AMR-WB 的 14 比特增加到 16 比特，可以区分语音和音乐，音质更好，编码效率更高，也称为超高分辨率语音。EVS 编码特性包括增强窄带（NB）和宽带（WB）的质量和编码效率；增强超宽带（SWB）和全宽带（FWB）的语音质量；增强混合内容和音乐在通话应用中的质量；健壮性数据包丢失和延迟抖动；向后兼容 AMR-WB。EVS 编码类型如图 4-9 所示。

EVS 编码包括 EVS-NB（采样率为 8kHz）、EVS-WB（采样率为 16kHz）、EVS-SWB（采

样率为32kHz）和EVS-FB（采样率为48kHz）共 4 种语音编码方式。在使用 VoNR 功能的情况下，当主被叫 UE 中的一方不支持 EVS 编解码但支持 AMR 编解码时，双方采用的编码方式为 AMR-WB I/O。EVS 不同编码方式支持的编码速率见表4-4，具体采用 EVS 编码速率由 UE 之间通过 SIP 信令进行协商确定。

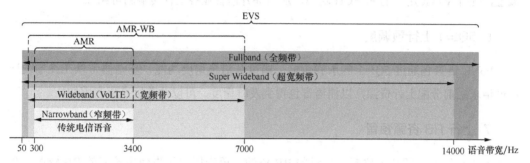

图4-9　EVS编码类型

表4-4　EVS不同编码方式支持的编码速率

编码方式	采样率	支持的语音编码速率 /（kbit/s）
EVS-NB	8kHz	5.9、7.2、8.0、9.6、13.2、16.4、24.4
EVS-WB	16kHz	5.9、7.2、8.0、9.6、13.2、16.4、24.4、32、48、64、96、128
EVS-SWB	32kHz	9.6、13.2、16.4、24.4、32、48、64、96、128
EVS-FB	48kHz	16.4、24.4、32、48、64、96、128
AMR-WB I/O	16kHz	6.6、8.85、12.65、14.25、15.85、18.25、19.85、23.05、23.85

3. 基于覆盖的 VoNR 和 EPS Fallback 自适应

当网络中同时开启了 VoNR 和 EPS Fallback 语音功能时，gNodeB 支持基于覆盖自适应选择 VoNR 或 EPS Fallback，以保障用户的语音业务体验。如果语音承载建立前上报了 A2 测量，则 gNodeB 判断该用户处于弱覆盖区域，此时将进行 EPS Fallback 语音呼叫流程，反之，将进行 VoNR 语音呼叫流程。

4. 上行 RLC 分段优化

NR 网络上行功率受限，基站调度 TBS 的大小会受到 UE 发射功率的影响。当信道质量较差时，UE 发射功率受限，上行动态分配的 TBS 随之调小，使 RLC 分段变多，出现 VoNR 语音包丢包率提升、时延增大、上行开销增多等问题。上行 RLC 分段优化功能是通过限制上行动态分配的 TBS 来控制上行 RLC 分段数，达到信道质量较低时语音质量优化的目的。

5. PUSCH 的功率差异化配置

当 VoNR 用户的 PUSCH 功率不足时，可能会导致上行丢包。PUSCH 的功率差异化配置功能支持通过参数配置 VoNR 用户的 PUSCH 功率，相对非 VoNR 用户的 PUSCH 功率的偏置，提升 VoNR 用户的 PUSCH 功率，从而提升语音业务上行传输的可靠性。

6. 5QI=1 上行预调度

VoNR 语音包通过 5QI=1 的承载传输，通过开启预调度功能，基站侧可以在终端发送调度请求之前分配上行资源，以便语音包得到及时调度，可以改善远点语音感知。

7. 上行 RB 资源预留

为语音用户预留特定位置和数量的 RB 资源，语音用户优先使用预留的 RB 资源，预留的 RB 资源被使用完后，可以继续使用非预留的 RB 资源，非预留的 RB 资源按照需求进行分配。非语音用户则不能使用本功能预留的 RB 资源。建议在高语音用户比例场景（语音用户比例 $\geqslant$ 10%）或大话务量场景（小区 PRB 利用率 $\geqslant$ 60%）开通该功能，可以更有效地保障语音业务质量，也可以在窄带干扰场景开启，规避窄带干扰对话音的影响。

8. 基于 MAC CE 的调速

VoNR 采用 EVS 编码，该编码方式下，信元误插率（Cell Misinsertion Rate，CMR）字段位置不固定，基站无法再通过 CMR 实现编码速率的自适应。因此，5G 网络如果实现编码速率的自适应，则需要借助新引入的 Recommended bit rate（推荐比特率）技术，基站通过 MAC 层控制信息把推荐的物理层速率发给终端，终端判断并决定是否需要降低或提升语音编码速率。该过程可以由 gNodeB 检测 UE 空口速率变化触发，也可以是 UE 检测到上行空口能力变化，主动向 gNodeB 查询推荐速率。

●●4.4　EPS Fallback

5G 网络建设初期以 EPS Fallback 方案为主，即在 5G 覆盖区，UE 驻留在 5G 网络，当 UE 在 5G NR 中发起或接收语音呼叫时，通过重定向或切换的方式回落到 4G 网络，由 4G 网络提供语音业务。当语音通话结束后，UE 再返回到 5G 网络。EPS Fallback 控制面和用户面路由示意如图 4-10 所示。

端到端 EPS Fallback for IMS Voice 流程示意如图 4-11 所示。

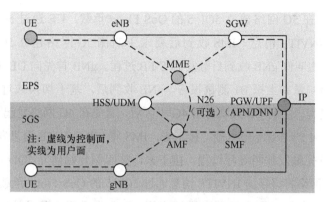

图4-10　EPS Fallback控制面和用户面路由示意

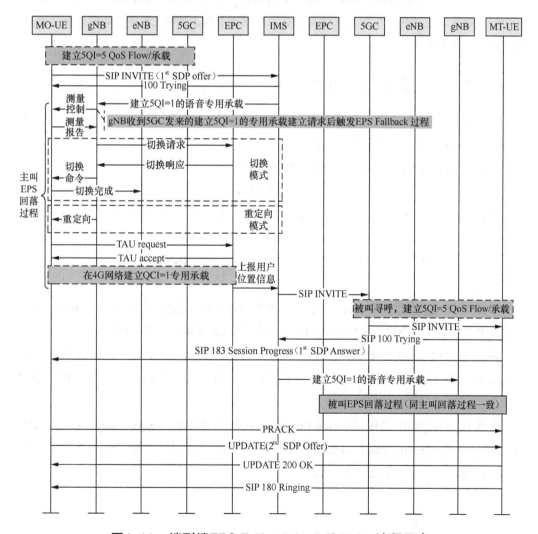

图4-11　端到端EPS Fallback for IMS Voice流程示意

主叫 UE 首先在 5G 网络建立 5QI=5 的 QoS Flow/ 承载，UE 通过 5QI=5 的 QoS Flow 向 IMS 发送 SIP INVITE 消息。IMS 收到后要求主叫侧 5G 网络建立 5QI=1 的语音专用 QoS Flow/ 承载，主叫侧 gNB 收到后触发 EPS FB 过程。gNB 首先向 UE 下发 B1 测量控制消息，UE 收到后测量并上报 B1 测量报告。gNB 收到后，基于切换或重定向方式开始执行 EPS FB 回落过程。主叫 UE 成功占用 4G 小区后，首先在 4G 网络发起 TAU 过程，并在 4G 网络建立 QCI=1 的语音专用承载。接下来，IMS 将 SIP INVITE 消息发送给被叫 UE 所在 5G 核心网，首先触发被叫寻呼过程，接下来，被叫侧开始建立 5QI=5 的 QoS Flow/ 承载，完成后，5G 网络将缓存的 INVITE 消息通过 5QI=5 的 QoS Flow/ 承载发送给被叫 UE，被叫 UE 收到后发送 "183" 会话消息进行应答。IMS 收到后，要求被叫侧 5G 网络建立 5QI=1 的语音专用 QoS Flow/ 承载，触发被叫侧执行 EPS 回落，并在 4G 网络建立 QCI=1 语音专用承载。主被叫完成双方媒体流协商和资源预留后，被叫 UE 向主叫发送振铃消息，被叫摘机，双方通话。

4.4.1　EPS Fallback 主叫流程

基于切换的 EPS Fallback for IMS Voice 示意如图 4-12 所示，基于重定向的 EPS Fallback for IMS Voice 示意如图 4-13 所示。

EPS Fallback 主叫语音回落流程的具体说明如下。

步骤 1：UE 在 5G 网络发起 RRC 连接建立过程。

步骤 2：UE 在 5G 网络建立用于承载 SIP 信令的 QoS Flow（5QI=5）和相应的 DRB 承载。

步骤 3：UE 通过 QoS Flow（5QI=5）向 P-CSCF 发送 INVITE 消息，请求建立语音会话。

步骤 4：P-CSCF 收到 INVITE 消息后，根据 Rxprofile 模板，发起 AAR 专载建立请求消息给 PCF，请求建立语音专用 QoS Flow，并指示 PCF 提供用户当前位置信息。

步骤 5：PCF 通知 SMF 为用户建立 5QI=1 的 QoS Flow（执行 PCF 发起的 PDU 会话修改过程，建立语音专用的 5QI=1 的 QoS Flow，详细过程可参阅前文 "3.9.2 PDU 会话修改"）。

步骤 6：SMF 调用 AMF 的 Namf_Communication_N1N2MessageTransfer 服务，向 AMF 发送 PDUSessionModificationCommand。AMF 收到后向 gNB 发送 PDU 会话资源调整请求，指示 gNB 建立 5QI=1 的语音专用承载。

步骤7：gNB 根据 EPS Fallback 配置，拒绝 5QI=1 的无线资源建立，并向 AMF 返回 PDU SessionResourceModificationResponse。

步骤8：AMF 调用 SMF 的 Nsmf_PDUSession_UpdateSMContext 服务，向 SMF 返回收到的 N2 PDU SessionResourceModificationResponse。SMF 根据拒绝原因值，决定不向 PCF 上报无线资源预留失败的消息，而是等待终端回落完成。

步骤9：gNB 收到 AMF 发来的建立 5QI=1 的语音专用承载消息后，触发 EPS Fallback 回落。

步骤10：（可选）gNB 向 UE 下发异系统 B1 测量事件，UE 测量并上报 B1 事件测量报告。

步骤11：gNB 基于配置选择重定向方式或切换方式回落到 EPS 网络（参阅 TS 23.502 第 4.13.6 节）。

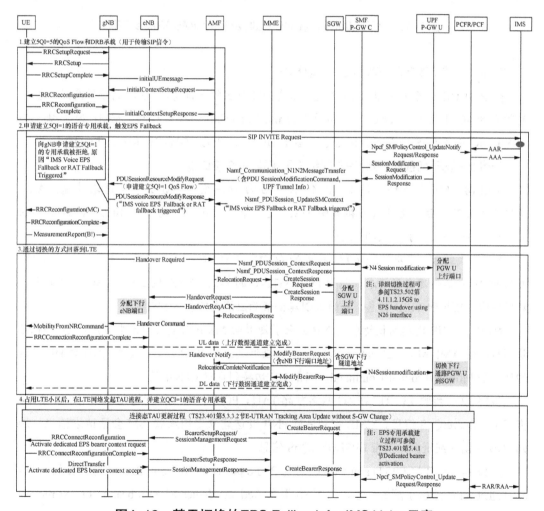

图4-12　基于切换的EPS Fallback for IMS Voice示意

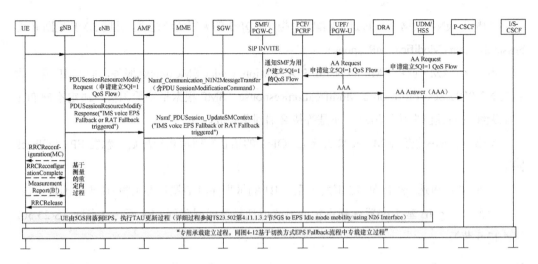

图4-13　基于重定向的EPS Fallback for IMS Voice示意

场景1：基于重定向回落到EPS网络。

gNB向UE发送RRC Release消息，携带4G小区频点信息，UE收到该信息后，在指定频点的4G小区发起TAU过程和原因为mo-VoiceCall的接入过程。MME通过融合的HSS/UDM获得5GS保存的会话信息（各个DNN/APN的PGW-C+SMF的FQDN）。

场景2：基于切换回落到EPS网络（需配置N26接口）。

gNB向AMF发送切换请求，AMF收到后向SMF发送SM上下文请求消息。AMF获取SM上下文后，通过N26接口向MME发送重定位请求，携带S5/S8 PGW GTP-C的F-TEID和目标小区的Target TAI信息。

MME收到后，根据Target TAI构成的FQDN查询DNS，获取SGW的S11接口地址，并向SGW发送创建会话请求，携带PGW GTP-C的F-TEID、SM上下文。SGW分配上行数据传输的地址和TEID信息，并通过创建会话响应消息回复MME。

MME向eNB发起切换请求，eNB分配资源并向MME回复切换请求响应消息。MME收到后，向AMF回复Relocation Response响应消息。AMF收到后，通知gNB向UE发送切换命令MobilityFromNRCommand，指示UE切换到目标LTE小区。

步骤12～步骤13：UE在4G网络发起TAU。PGW向MME发起建立专用承载请求，携带EPSBearerQoS信息。MME收到后向eNB发送建立专用承载/SM会话请求消息，通知eNB预留无线资源，携带EPSBearerQoS信息。

步骤14：eNB将EPS bearer QoS映射为Radio bearer QoS，发起RRC连接重配置流程。eNB通过RRC连接重配置消息，将NAS消息Activate dedicated EPS bearer context request

传递给 UE。UE 在发送 RRC 重配完成后，通过 UL Information Transfer 消息将 Activate dedicated EPS bearer context accept 消息告知 eNB。eNB 发送 UL NAS TRANSPORT 消息 Activate dedicated EPS bearer context accept 告知 MME。

步骤 15：MME 向 PGW 回复建立专用承载响应消息。PGW 收到后，向 PCF 发送更新 SM 策略关联请求。之后 PCF 将新的用户位置信息通过 RAR 消息发给 P-CSCF。P-CSCF 收到后更新 PANI 头域，并通过 INVITE 消息发给主叫 S-CSCF。主叫 S-CSCF 收到后，查询 DNS 获取被叫用户归属网络 I-CSCF，并将 INVITE 消息路由到被叫 I-CSCF。

EPS Fallback 过程部分 5G 信令消息如下。

步骤 1	↑ UplinkNASTransport, PDU session establishment Request
步骤 2	↓ PDUsessionResourceSetupRequest, PDU session establishment accept
步骤 3	↑ PDUsessionResourceSetupResponse
步骤 4	↓ PDUsessionResourceModifyRequest, PDU session modification command
步骤 5	↑ PDUsessionResourceModifyResponse
	> PDUsessionResourceFailedToModifyItem
	>> PDUsessionID
	>> PDUsessionResourceModifyUnsuccessfulTransfer
	>>> cause radioNetwork: **ims-voice-eps-fallback-or-rat-fallback-triggered**
步骤 6	↓ UEContextReleaseRequest
步骤 7	↓ UEContextReleaseCommand
步骤 8	↑ UEContextReleaseComplete

上述信令中，步骤 1 ～步骤 3 申请建立语音初始 5QI=5 的 QoS Flow。步骤 4、步骤 5 PDU 资源会话修改过程，请求 gNB 建立 5QI=1 的语音专用 QoS Flow。步骤 6 ～步骤 8 gNB 向 UE 发送 RRC Release，携带 4G 小区频点信息，通过重定向回落到 EPS（4G）网络。如果步骤 4 中，gNB 决策可以通过 5G 系统提供 VoNR 语音业务，则会接受 PDU 会话资源调整请求，通过 RRC 重配建立相应的 QoS Flow 和承载，进入后续 IMS 会话过程。

4.4.2 EPS Fallback 被叫流程

EPS Fallback 被叫语音回落的流程如图 4-14 所示。

EPS Fallback 被叫语音回落流程的具体说明如下。

步骤 1：被叫侧 I-CSCF 收到初始会话 INVITE 请求。

步骤 2：I-CSCF 向 UDM/HSS 发送 LIR 请求，获取被叫用户注册的 S-CSCF 地址。

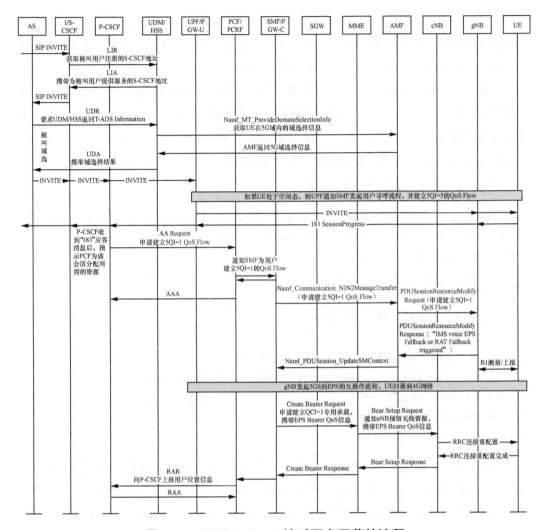

图4-14　EPS Fallback被叫语音回落的流程

步骤3：UDM/HSS 向 I-CSCF 发送 LIA 响应，消息中携带为被叫用户提供服务的 S-CSCF 地址。

步骤4：被叫侧 I-CSCF 根据 UDM 返回的 S-CSCF 地址，路由消息到被叫 S-CSCF。被叫 S-CSCF 收到 INVITE 消息后，根据被叫用户的 iFC 数据，向 AS 发送 INVITE 消息，以触发被叫业务和被叫域选择功能。

步骤5：AS 向 UDM/HSS 发送 UDR 请求，要求 UDM/HSS 返回 T-ADS Information。

步骤6：UDM 调用 AMF 的 Namf_MT_ProvideDomainSelectionInfo 服务，获取 UE 在 5G 域内的域选择信息。

步骤7：AMF 返回 5G 域选择信息，包括是否支持 IMSVoiceOverPSSession，最新时间戳及接入类型。

步骤 8：UDM 进行域选择决策，并向 AS 发送 UDA 应答消息，携带域选择结果。

步骤 9：AS 继续进行呼叫建立流程，通过 S-CSCF/P-CSCF 把 INVITE 消息路由到 UPF。

步骤 10：如果 UE 处于空闲态，UPF 通知 SMF 发起用户寻呼流程。被叫 UE 发起 RRC 建立流程和 5QI=5 的 QoS Flow 建立过程。

步骤 11：UPF 通过 5QI=5 的默认承载将 INVITE 消息发送给被叫 UE。

步骤 12：被叫 UE 收到 INVITE 消息后，回复 100 Trying 消息进行响应，之后被叫 UE 需要确定自己支持的媒体流子集，并向主叫 UE 发送 "183" 会话过程消息（携带 1st SDP Answer）。这个响应消息包含了被叫 UE 支持的媒体流集合及相关的编解码器、传输协议和媒体格式等信息。在这个过程中，被叫 UE 需要根据自身的能力和需求，选择合适的媒体流子集，并在 SDP 中进行描述。

步骤 13：被叫侧 P-CSCF 收到 "183" 应答消息后，向 PCF/PCRF 发送 AAR 请求，指示 PCF/PCRF 为该会话分配必要的资源（建立 5QI=1 的语音专用承载），并要求获取用户位置信息。

步骤 14：PCF/PCRF 通过 Npcf_SMPolicyControl_UpdateNotify 服务，通知 SMF 为用户建立 5QI=1 的语音专用承载。

步骤 15：SMF 调用 AMF 的 Namf_Communication_N1N2MessageTransfer 服务，向 AMF 发送 PDUSessionModificationCommand。AMF 收到后，向 gNB 发送 PDU 会话资源调整请求 PDUSessionResourceModifyRequest，指示 gNB 建立 5QI=1 的语音专用承载。

步骤 16：gNB 根据其 EPS Fallback 配置，拒绝 5QI=1 的无线资源建立，执行 EPS Fallback 过程，后续流程同主叫回落流程一致。

●●4.5　相关消息说明

1. 语音能力信息查询

5G 终端在向 5GC 注册时，需要将 UE's usage setting 设置为 "voice centre"（语音中心）。同时，Registration Accept 中携带 5GS network feature support。该信元的 IMS-VoPS-3GPP 指示为 IMS voice over PS session supported over 3GPP access，即向终端指示网络支持 IMS-VoPS-3GPP。

2. P-CSCF 地址发现

与 4G 类似，5G 网络建立 PDU 会话的流程中，5G 终端需在发往 AMF 的 PDU Session EstablishmentRequest 中携带 ExtendedProtocolConfigurationOptions（PCO）信元。该信元包含要求获取 P-CSCF IP 地址信息的指示。终端收到网络下发的 PDU SessionEstablishment

Accept，在携带的信元 ExtendedProtocolConfigurationOptions（PCO）中获取 P-CSCF 地址信息并存储在终端中。

3. 媒体协商过程

媒体协商过程是指 UE 和 IMS 网络之间商定出双方都认可和支持的用户数据流编码格式，例如，媒体类型（视频、音频、文本）、编码方式（音频编码 PCM、AMR、AMR-WB、EVS 或视频的 MPV、H.264、H.265）、比特率等。因为主叫 UE、被叫 UE 和 IMS 网络都有可能支持不同的媒体格式，所以媒体协商通过 SDP 将主叫 UE 支持的媒体类型和编码方案发送给被叫 UE，与被叫 UE 进行协商（通过 SDP 请求—应答机制）。双方协商的媒体类型包括音频、视频、文本等，每种媒体类型可以包括多种编码制式。

4. 被叫接入域选择（T-ADS）过程

判断被叫用户最近驻留在哪个域（例如，IMS 或 CS）。通过 S-CSCF 触发 SCC AS 向 UDM 查询被叫 UE 当前驻留的域（例如，5G、4G 或 CS），然后 S-CSCF 根据被叫 UE 的域，选择向指定域发送消息。

5. 预置条件

为了保证协商的媒体面成功建立后才开始振铃、接续呼叫，避免振铃后无法接通。预置条件（也称为资源预留过程）通常发生在媒体协商过程，并获得对端确认后，避免在普通流程中应答，出现由于专用 QoS Flow 和承载没有建立成功而导致呼叫失败的情况。

6. QoS 资源授权（AuthorizeQoSResource）

QoS 资源授权即专用 QoS Flow 和承载建立过程。主叫 P-CSCF 收到 INVITE 请求消息或被叫 P-CSCF 收到"183 SessionProgress"应答消息后，要求 PCF 分配 VoNR 音视频资源，携带用户的流描述、媒体类型（音频、视频）、带宽。PCF 依据配置的 VoNR 策略，映射生成满足音视频业务需求的动态规则发送给 SMF，由 UPF 和 gNB 根据规则完成资源预留。

7. 自动迂回路由/身份认证、授权和记账协议，随机接入响应/速率自适应算法

自动迂回路由（Automatic Alternative Routing，AAR）是 P-CSCF 发给 PCF。AAR 消息包括 P-CSCF 应用标识、媒体流描述信息、IMS 应用层计费标识、要求 PCF 上报位置信息等。PCF 根据 P-CSCF 下发的流信息进行策略判断，将生成的 QoS 规则下发给 SMF。身份认证、授权和记账协议（Authentication Authorization and Accounting，AAA）是 AAR 的响应消息。

随机接入响应（Random Access Response，RAR）是重认证/授权请求，由 PCF 发给

P-CSCF，用于指明某个特定的行动已经完成，例如，通知 P-CSCF 专有承载已经建立，速率自适应算法（Rate Adaptive Algorithm，RAA）消息是对 RAR 消息的响应。

8. 快速返回

快速返回（Fast Return，FR）是指 UE 在执行 EPS Fallback 并完成业务后能够快速返回 5G 网络。使用快速返回功能时，UE 可以按照 4G 基站的指示，执行重定向或切换流程返回到 NR 小区，省去在 LTE 侧读取 SI 消息（SIB1、SIB3、SIB24，在 SIB24 里面定义了 E-UTRAN 至 NG-RAN 小区重选信息，包括 NR 邻区频点、优先级和重选参数等），加快 5G 终端由 4G 返回到 NR 小区。开启 FR 功能后，5G 终端由 4G 返回 5G 的时间由 6 ～ 8s 缩短到约 1s 以下。

基于重定向的快速返回功能如图 4-15 所示。

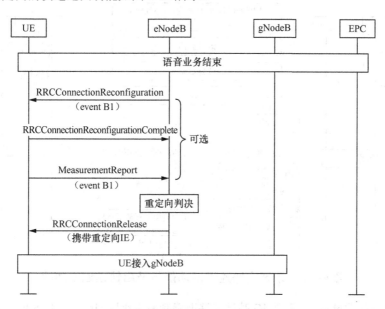

图4-15　基于重定向的快速返回功能

5G 终端回落到 4G 小区进行语音业务。语音业务结束后，4G 基站基于测量模式或盲重定向模式进行重定向判决，选取合适的 5G 频点。

● 基于测量模式：基站下发 B1 测量控制信息，UE 收到后进行 NR 邻区测量，并上报测量报告，基站收到后选取一个合适的 5G 频点。

● 盲重定向模式：基站根据预先配置的 NR 频点信息，选取优先级最高的 5G 频点。

重定向判决完成后，4G 基站向 UE 下发携带重定向 IE 的 RRC Release 消息，重定向 IE 包括 NR SSB 频点和子载波带宽等信息。

UE 收到 RRC 释放消息后，首先判断释放消息中是否携带重定向信息，如果携带重定向信息，则 UE 根据重定向指配的频点选择合适的小区驻留。

① **开启基于重定向的 FR 功能**。RRC Release 携带重定向信息，UE 根据重定向指配的频点选择合适的 5G 小区驻留。

② **未开启 FR 功能**。RRC Release 中无重定向信息，UE 会尝试选择在连接态时所在的最后一个 4G 小区作为服务小区；读取 4G 小区的 SIB1，SIB3，SIB24 系统消息；根据 SIB24 中定义的 NR 频点和重选门限搜索 5G 小区，并进行 4G→5G 小区重选判决。如果满足重选条件，则重选到 5G 小区，在 5G 小区发起注册过程。未开启快速返回功能与开启快速返回功能如图 4-16 所示。

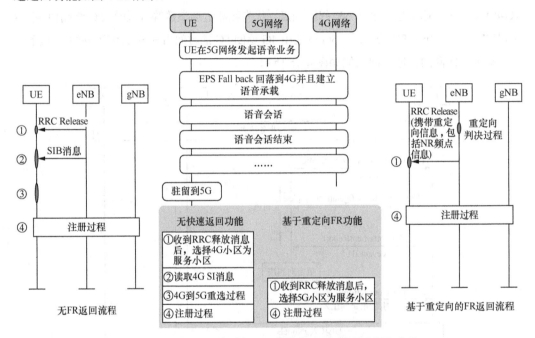

图4-16 未开启快速返回功能与开启快速返回功能

快速返回的关键点是，需要 4G 基站能够准确判断本小区 UE 是由 EPS Fallback 产生的。因此，在 EPS Fallback 或 RAT Fallback 过程中，4G 基站会在初始上下文建立请求消息中，从核心网侧收到切换限制列表（Handover Restriction List，HRL）和接入制式、频率选择策略索引（Index to RAT/Frequency Selection Priority，RFSP）信息，用于指示该 UE 是否能够接入 NR 频点，基站以此判断 UE 是否执行了 EPS Fallback，从而在语音结束后主动发起重定向或切换流程，使 UE 快速返回 5G 网络。

●● 4.6 会话初始协议

会话初始协议（Session Initiation Protocol，SIP）由互联网行业标准组织提出，属于一个应用层的信令控制协议。SIP 用于创建、修改和释放一个或多个参与者的会话，这些会话可以是 Internet 多媒体会议、IP 电话或多媒体分发。

SIP 消息分为请求消息和响应消息两种类型。

① 请求消息，即从客户机发到服务器的消息，由请求行、消息头和消息体组成，消息头和消息体之间通过空格行（Carriage Reture Line Feed，CRLF）区分。

② 响应消息，即从服务器发送到客户机的消息，由状态行、消息头和消息体组成。SIP消息构成如图 4-17 所示。

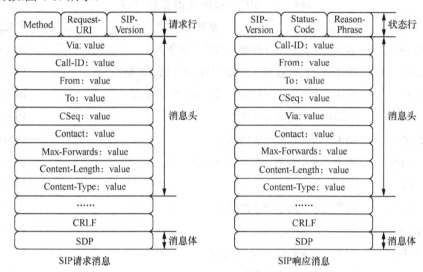

图4-17 SIP消息构成

请求消息请求行由 Method（方法）、Request-URI（URI 请求）和 SIP-Version（SIP 版本）组成。请求行属性功能描述见表 4-5。

表4-5 请求行属性功能描述

属性	作用
Method	表示请求消息的类型，基本请求中的 Method 主要分为 INVITE、ACK、BYE、CANCEL、REGISTER、OptionS 这 6 种类型
Request-URI	表示请求的目的方
SIP-Version	目前的 SIP 版本为 2.0

响应消息状态行由 SIP-Version（SIP 版本）、Status-Code（状态编码）、Reason-Phrase（原因短句）组成。状态行属性功能描述见表 4-6。

表4-6 状态行属性功能描述

属性	作用
SIP-Version	与请求行中的协议版本相同
Status-Code	表示响应消息的类型代码，由 3 位整数组成，即 1XX、2XX、3XX、4XX、5XX、6XX，代表不同的响应类型

续表

属性	作用
Reason-Phrase	表示状态码的含义，对 Status-Code 的文本描述。例如，"183"响应消息中携带的 Reason-Phrase 为 "Session Progress"，表示当前呼叫正在进行中

SIP 请求消息类型和功能见表 4-7。

表4-7　SIP请求消息类型和功能

SIP 类型	描述	定义文档
INVITE	表示一个客户端发起或被邀请参加会话	RFC3261
ACK	确认客户已经收到一个 INVITE 请求的最终响应	RFC3261
BYE	终止一个呼叫，可以由主叫方或被叫方发起	RFC3261
OptionS	查询对端的能力或状态	RFC3261
CANCEL	取消所有正在处理中的请求	RFC3261
REGISTER	用于 IMS 中注册，完成地址绑定	RFC3261
PRACK	临时确认	RFC3262
SUBSCRIBE	向服务器订阅某个事件通知	RFC3265
NOTIFY	用于对订阅事件的通知	RFC3265
UPDATE	用于会话媒体修改和会话刷新	RFC3311
PUBLISH	发布一个事件到服务器	RFC3903
INFO	会话过程中发送一个会话消息，但不修改会话状态	RFC6086
REFER	请求收件人发出 SIP 请求	RFC3515
MESSAGE	使用 SIP 传输即时消息	RFC3248

响应消息包括以下两种类型。SIP 响应消息见表 4-8。

① 临时响应（1XX），被服务器用来指示进程，但是不终结 SIP 进程。

② 最终响应（2XX，3XX，4XX，5XX，6XX），用于终止 SIP 进程。

表4-8　SIP响应消息

序号	类型	状态码	消息功能
1XX	进展响应	临时响应	表示已接收到请求消息，正在处理中
2XX	成功响应	最终响应	表示请求已经被成功接受、处理
3XX	重定向错误	最终响应	指引呼叫者重新定向另外一个地址
4XX	客户端错误	最终响应	表示请求消息中包含语法错误或者 SIP 服务器不能完成对该请求消息的处理
5XX	服务端错误	最终响应	表示服务器故障不能完成对消息的处理
6XX	全局错误	最终响应	表示请求不能在任何 SIP 服务器上实现

每个 SIP 消息头域后面紧接着一个冒号（：）和空格，空格后面就是该头域具体的描述。SIP 消息头域功能描述见表 4-9。

表4-9　SIP消息头域功能描述

属性名称	作用	示例
FROM	缩写"f"，标识请求的发起者（主叫号码）	From: "+8675520000001" <sip:+8675520000001@c8.huawei.com>; tag=BMuGktuGqEVep-2Dp-6Ue78In2 其中，sip: +8675520000001@c8.huawei.com 为呼叫请求发起方的 URI
TO	缩写"t"，标识请求的接收者（被叫号码），在注册请求中"To"字段填充和"FROM"一样	To: <sip: 20000002@c8.huawei.com;user=phone>; tag=7rE*tKE*-*ppJAswJAwL0cyz_b 其中，"sip:20000002@c8.huawei.com" 为呼叫请求目的方的 URI
CSeq	请求的序号，同一个对话中响应的序号和对应请求的序号相等	CSeq: 1 Invite 表示当前 Invite 消息序号是 1
Call-ID	缩写"i"，SIP 会话标识	Call-ID: asbcMocz7.czT69+3sKK3sGxUDchNB@164.192.96.100 其中，"asbc ~ sGxUDchNB"为全局唯一的本地标识，"164.192.96.100"为主机的 IP 地址
Via	指示请求迄今为止所走的路径	Via: SIP/2.0/UDP 154.133.128.12:5061; branch=z9hG4bKgxpzpgweipyihzvipdpphgi0r
Max-Forwards	消息的剩余跳数	Max-Forwards: 70 如果被转发 70 次还没有到达目的地，则该请求将被终止
Accept-Contact	缩写"a"，出现在除了 Register 的 SIP 请求消息中，该头域包含了主叫期望的 UAS 特征集	Accept-Contact: *; +g.3gpp.icsi-ref="urn%%3Aurn-7%%3A3gpp-service.ims.icsi.mmtel"
Content-Length	缩写"l"，消息体大小长度	Content-Length：171
Content-Type	缩写"c"，表示发送消息体的媒体类型	Content-Type：Application/sdp
Route	下一跳地址，空口消息对应 P-CSCF 的地址	Route: <sip: 154.133.128.7;lr>，其中，"154.133.128.7"为 Route URI，表示发送的请求消息需强制经过该地址
Allow	列举用户助理支持的 SIP 方法列表	Allow：Invite, ACK, BYE, UPDATE, REGISTER
Require	列举客户端助理，期望服务端助理支持的 SIP 扩展方法	Require: 100rel，表示消息请求方期望服务器支持的 SIP 扩展协议为"100rel"
Accept	标明请求发送方接受的消息类型	Accept：Application/reginfo+xml。其中，Application 为请求发送方接受的媒体类型，reginfo+xml 为请求发送方接受的媒体子类型

属性名称	作用	示例
P–Early–Media	在 IMS 网络中对早期媒体流进行授权	P–Early–Media：supported，表示支持放音提示
P–Called–Party–ID	被叫 IMPU，在被叫 S–CSCF 到 UE 之间传递	P–Called–Party–ID：sip:user1-business@example.com
P–Preferred–Identity	主叫 IMPU，用于终端携带自身注册的公共用户身份给代理服务器	P–Preferred–Identity：<tel:+8615224023212>

SIP 消息中的消息体（SDP）为可选项。消息体每个属性名称后面跟一个等号（=），等号后面是该属性描述。消息体（SDP）功能描述见表 4-10，SIP 消息体实例见表 4-11。

表4-10　消息体（SDP）功能描述

属性名称	作用
v	描述 SDP 协议版本，通常取值为 0
o	发起者和会话 ID o=<用户名 >< 会话 ID>< 版本 >< 网络类型 >< 地址类型 >< 地址 > 用户名：发起主机的名称，用 "–" 表示发起主机不支持用户名。 会话 ID：会话的序号。 版本：会话版本。会话数据有改变时，版本号递增。 网络类型：目前，仅定义 Internet 网络类型，用 "IN" 表示。 地址类型：类型为 IPv4 或 IPv6，分别用 "IP4" 和 "IP6" 表示。 地址：IPv4 或 IPv6 的地址。 会话 ID、网络类型、地址类型和地址组成此会话全球唯一的标识
s	会话名，s=< 会话名 >
c	连接状态：c=< 网络类型 >< 地址类型 >< 连接地址 >。 网络类型：目前，仅定义 Internet 网络类型，用 "IN" 表示。 地址类型：类型为 IPv4 或 IPv6，分别用 "IP4" 和 "IP6" 表示。 连接地址：IPv4 或 IPv6 的地址
b	带宽信息，格式 b=< 修饰语 r>:< 带宽值 > 修饰语为 AS 时，直接从带宽值取值。在 RFC3556 中，还定义了修饰语 RS 和 RR，RS 和 RR 分别表示 RTP 会话中分配给发送者和接收者的 RTCP 带宽
t	会话开始和结束时间，VoLTE 中，其值一般默认为 0，不进行时间控制
m	描述媒体类型、媒体端口号、传输协议、格式列表 m=< 媒体名称 >< 端口号 >< 传输协议 >< 媒体类型列表 > 媒体名称：常见的有 audio、video、Application、data 和 control。 端口号：协议端口号。传输协议通常为 RTP/AVP 或 UDP。 媒体类型列表：媒体类型的取值，例如，μ-law PCM 编码用 0 表示
a	属性行，对会话或媒体的附加属性进行描述，a=< 属性 >[:< 属性值 >] a=rtpmap，净荷类型号、编码名、时钟速率、编码参数

续表

属性名称	作用
a	a=fmtp，指定格式的附加参数 a=ptime，媒体分组打包的时长，通话双方的 codec ptime 一定要相同 a=maxptime，不管何种媒体格式，媒体分组打包时长最大值 a=inactive，（recvonly，sendrecv，sendonly） a=cur，当前状态：预置处理类型、状态类型、方向 a=des，期望状态：预置处理类型、强度标识、状态类型、方向 a=conf，确认状态

表4-11　SIP消息体实例

属性	属性描述
Register sip:ims.mnc002.mcc460.3gppnetwork.org SIP/2.0	向服务器 ims.mnc002.mcc460.3gppnetwork.org 发起注册
f: <sip:460024590100109@ims.mnc002.mcc460.3gppnetwork.org>;tag=324958465	UE 的地址，TAG 为一个随机数，这里使用的是用户 IMSI 号组成的用户地址
t: <sip:460024590100109@ims.mnc002.mcc460.3gppnetwork.org>	该消息为登记消息，与呼叫请求发起方的 URI 相同
v: SIP/2.0/TCP [2409:8896:8004:1f:d75e:4a18:e93f:c480]:5060;branch=z9hG4bK552603420	该参数表征呼叫经过的路径
Authorization: Digest uri="sip:ims.mnc002.mcc460.3gppnetwork.org", username= "460024590100109@ims.mnc002.mcc460.3gppnetwork.org", response="", realm="ims.mnc002.mcc460.3gppnetwork.org", nonce=""	鉴权信息摘要（第 1 次登记消息）
Authorization: Digest username="460024590100109@ims.mnc002.mcc460.3gppnetwork.org", realm="ims.mnc002.mcc460.3gppnetwork.org", uri="sip:ims.mnc002.mcc460.3gppnetwork.org", qop=auth, nonce= "yxpJ7woG30AQCGHR0cNhmFURe4VaVgABiL2RhD55xrI2YzNkYmQwMA==", nc=00000001, cnonce="324958441", algorithm=AKAv1-MD5, response="toC44bc54d1c95b3453f19afcb4944085"	根据 REGISTER 401 中的令牌补齐计算结果（第 2 次登记消息）
v=0	SDP 版本号为 0
o=mhandley 2890844526 2890842807 IN IP4 126.16.64.4	会话发起者为 mhandley，会话 ID 为 2890844526，版本号为 2890842807，网络类型是 Internet，IP 地址类型是 IPv4，IP 地址是 126.16.64.4
s=SDP Seminar	SDP 会话名称是 SDP Seminar
c=IN IP4 224.2.17.12/127	网络类型为 Internet，地址类型为 IPv4，地址为 224.2.17.12/127
t=2873397496 2873404696	会话激活状态的开始时间为 2873397496，结束时间为 2873404696

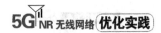
续表

属性	属性描述
m=audio 31004 RTP/AVP 104 105	媒体名称为 audio，协议端口号为 31004，传输协议为 RTP[1]/AVP[2]，后面为媒体类型列表
a=rtpmap:104 AMR-WB/16000/1	采用 AMR-WB 编码方式
a=fmtp:104 mode-set=2;mode-change-capability=2	采用 AMR-WB 12.65kbit/s 编码速率

注：1. RTP（Real-time Transport Protocol，实时传输协议）。

2. AVP（Attribute Value Pair，属性值）。

5G 专网与规划

Chapter 5

第5章

●●5.1　5G专网概念

5.1.1　专网定义

专网是指在特定区域实现网络信号覆盖，为特定用户提供通信服务的专业网络。简而言之，专网就是为特定用户提供网络通信服务的专用网络，公网与专网的区别主要在于，公网为社会大众服务，而专网为特定对象服务。

为了适应行业业务特点和发展趋势，3GPP R16版本定义了5G专网（Non-Private 5G Network，NPN）的概念，并定义了专网的两种部署形态，即独立专网（Stand-alone NPN，SNPN）和集成于公网的专网（Public Network Integrated NPN，PNI-NPN），为行业客户提供端到端、可定制化的专网解决方案。5G专网类型如图5-1所示。

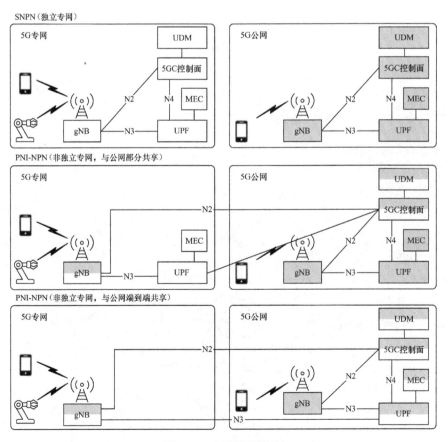

图5-1　5G专网类型

不论是 SNPN 还是 PNI-NPN，二者都可以实现端到端的资源隔离，为垂直行业或特定群体用户提供专属接入，限制非授权终端接入专属基站或频段，保障客户通信资源独享，满足一些企业、学校等园区对于可靠且稳定的私有网络需求。

1. SNPN

SNPN 模式采用 5GS 系统架构，在该模式下，独立部署是从无线网、核心网到云平台的整个 5G 专用网络，SNPN 由 PLMN ID 和 NID 唯一确定，签约了某一 SNPN 业务的用户会配置相应信息，存储在终端和核心网侧。在网络侧，基站广播网络支持的 NID 和相应的 PLMN ID 信息，核心网根据用户的签约信息对用户的身份进行认证；在终端侧，签约用户需要配置 SNPN 接入模式，根据自己的签约信息选择可接入的 SNPN 小区，未配置为 SNPN 接入模式的用户只能接入 5G 公网。

在初始接入和小区重选过程中，SNPN 网络广播的 SIB 消息携带了 PLMN ID 和每个 PLMN ID 相关联的 NID 列表，配置了 SNPN Access Mode 的 UE 可以根据自己的配置 PLMN ID+NID 信息选择可接入的 SNPN 小区。核心网根据 UE 的签约信息对 UE 的身份进行鉴权。当一个 UE 同时有多个 SNPN 可以接入时，由 UE 选择接入哪个 SNPN 网络。

另外，由于 SNPN 不依赖公网网络，所以不支持 SNPN 和公网之间的重选和切换，即 SNPN 和 PLMN 的 5G 核心网之间没有控制面接口。

2. PNI-NPN

PNI-NPN 集成在 5G 公网中，由 5G 公网为行业客户提供专网功能，并由 5G 公网电信运营商进行控制和维护。因为与 5G 公网共享深度或层次的不同，所以 PNI-NPN 的共享方案在安全性、端到端时延、工程实施、适用场景方面存在一定差异，PNI-NPN 的 3 类共享方案对比见表 5-1。各垂直行业用户可以根据本行业通信业务的需求，灵活定制相适应的 5G 专网方案。

表5-1　PNI-NPN的3类共享方案对比

项目		PNI-NPN 典型方案		
		端到端共享	共享无线网和控制面	共享无线网
网元	独立网元	无	UPF、MEC	UPF、5GC CP、MEC、UDM 等
	共享网元	gNB、UPF、5GC、MEC、UDM 等	gNB、5GC CP、UDM 等	gNB
	用户侧网元	gNB	gNB、UPF、MEC	gNB、UPF、5GC CP、MEC、UDM

续表

项目		PNI-NPN 典型方案		
		端到端共享	共享无线网和控制面	共享无线网
性能	安全性	数据和信令出园区，存在安全问题	数据不出园区，信令出园区。安全性相对较高，但身份验证、移动性、与公网互通功能等由公网网元执行	数据和信令都不出园区。除了 gNB，其他网元全部物理隔离，安全性高
	端到端时延	取决于园区和电信运营商 UPF/MEC 之间的距离，时延不可控	专用 UPF/MEC 下沉到园区，能够有效降低数据传输时延	全部专网网元下沉到园区，时延低
工程实施		全部共享公网资源，部署简单，成本最低	需独立部署 UPF/MEC，部署较简单，成本较低	需独立部署除了 gNB 的所有专网网元，部署复杂，成本高
适用场景		eMBB 类高清视频、AR/VR 等	uRLLC 等低时延场景	自动驾驶、无人机控制、实时机器人等 uRLLC 场景

在 PNI-NPN 网络下，UE 签约 PLMN 网络，开启封闭访问小组（Closed Access Group，CAG）功能用于接入控制。CAG 代表一组可以接入 1 个或多个 CAG 小区的签约用户组。同一个 UE 可以配置多个 CAG，如果多个 UE 有相同的 CAG 值，则表示这些 UE 可以接入同一个 CAG 小区。

CAG 是由 PLMN ID 和 CAG ID 共同确定的。网络侧启用了 CAG 的小区只允许签约 UE 接入。CAG ID 在相关联的 PLMN ID 内唯一，CAG 小区向每个 PLMN 广播一个或多个 CAG ID（最多 12 个）。终端侧配置 CAG 的 UE 中会存储两类信息：一是 UE 可以接入的 CAG 列表；二是 UE 是否只能通过 CAG 小区接入网络的标识（CAG-only indication）。配置该标识的 UE 只能接入 CAG 小区。5G 核心网侧可以发起 UE 配置更新过程来更新 UE 上的 CAG 配置。

对于未配置 CAG-only indication 的 UE，支持 PNI-NPN 和公网之间的重选和切换。从 CAG 小区到 PLMN 小区的切换，需要基站或者 AMF 确认 UE 是否配置了 CAG-only indication。从 PLMN 小区到 CAG 小区的切换，需要基站或者 AMF 判断目标基站的 CAG ID 是否在 UE 的 Allowed CAG list（允许封闭访问小组列表）中。

3. 国内组网方案

国内电信运营商基于 SNPN，PNI-NPN 模式分别推出了各自的 5G 专网建设方案，国内电信运营商 5G 专网方案如图 5-2 所示（和 3GPP NPN 有差别，3GPP R16 定义的 NPN，空闲态时通过 CAG 或 NID 识别专网小区，国内 5G 专网大多基于 R15 版本，没有此过程）。

各家电信运营商的 5G 专网部署模式组合大致保持一致，其主要差异在于核心网控制面网元部署的专用化节奏略有不同。几家电信运营商的 5G 专网部署模式对比见表 5-2。

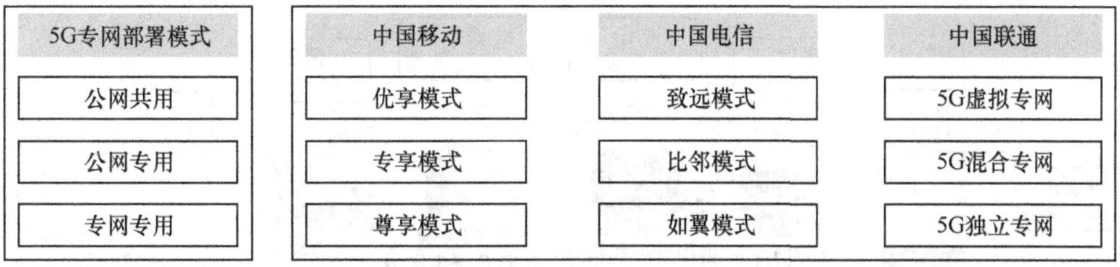

图5-2 国内电信运营商5G专网方案

表5-2 几家电信运营商的5G专网部署模式对比

电信运营商	部署模式	主要网元部署情况	对应的 NPN 架构
中国移动	优享	共用基站、共用频率，基于 5G 公网端到端网络切片为用户部署虚拟专网	PNI-NPN（端到端共享）
	专享	共用基站、专用频率，UPF/MEC 下沉	PNI-NPN（共享无线网和控制面）
	尊享	专用基站、专用频率和专用核心网	SNPN
中国电信	致远	通过 QoS、DNN 定制、切片等技术，提供端到端差异化保障	PNI-NPN（端到端共享）
	比邻	园区 UPF/MEC 平台部署与邻近企业园区的电信运营商机房或企业园区机房，可以选择独享 UPF 或与其他企业共享 UPF	PNI-NPN（共享无线网和控制面）
	如翼	按需定制专用基站、专用频率、专用 UPF/MEC 等设备，按需独立 5GC 网元	SNPN
中国联通	虚拟	通过 QoS、切片等技术，端到端共用 5G 网络资源，提供具有特定 SLA 保留的逻辑专网	PNI-NPN（端到端共享）
	混合	UPF 私有化部署，基站、5GC CP 根据用户需求灵活部署	PNI-NPN（共享无线网和控制面）
	独立	专用基站和核心网一体化设备	SNPN

5.1.2 应用场景

5G 专网典型应用场景可细分为机器视觉、数采/加载、自动导引车（Automated Guided Vehicle，AGV）调度、AR/VR、远程控制、高清视频、移动巡检、CtoC 控制共 8 类。5G 典型应用场景如图 5-3 所示。

以某电信运营商为例，提供的 5G 专网定制服务包括网定制、边智能、云协同、应用随选等。5G 专网定制服务能力如图 5-4 所示。

用户可以根据不同场景业务需求，选用不同的 5G 原子能力组合进行业务定制。某电信运营商 5G toB 定制网原子产品见表 5-3。

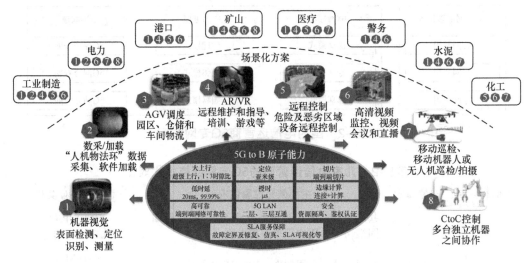

图5-3 5G典型应用场景

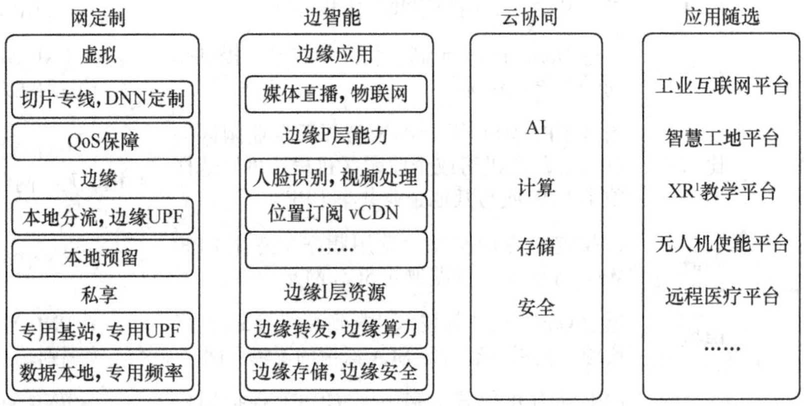

网定制	边智能	云协同	应用随选
虚拟	**边缘应用**		工业互联网平台
切片专线, DNN定制	媒体直播, 物联网	AI	智慧工地平台
QoS保障	边缘P层能力	计算	XR[1]教学平台
边缘	人脸识别, 视频处理	存储	无人机使能平台
本地分流, 边缘UPF	位置订阅 vCDN	安全	远程医疗平台
本地预留	……		……
私享	**边缘I层资源**		
专用基站, 专用UPF	边缘转发, 边缘算力		
数据本地, 专用频率	边缘存储, 边缘安全		

1. XR（eXtended Reality，扩展现实）。

图5-4 5G专网定制服务能力

表5-3 某电信运营商5G toB定制网原子产品

产品分类	原子产品	序号	功能与属性					
端－卡 （toB/toC）	定制流量	N1	流量包	流量池	区域流量包			
	定制号卡	N2	定向访问	区域限制	机卡绑定	大量断网	二次激活	固定 IP
	业务加速	N3	优先保障型[1]	宽带保障型[2]				
切片	业务隔离	N4	通用切片	专用切片	通用 DNN	专用 DNN		
专线	专线接入	N5	STN 专线	OTN 专线				
网元服务 （无线增强、数据分流等）	无线增强	N6	超级上行	专属上行	载波聚合			
	本地保障	N7	本地共享 UPF	共享 MEC				
	数据不出场	N8	独享 UPF	独享 MEC				

续表

产品分类	原子产品	序号	功能与属性				
网元服务（无线增强、数据分流等）	专用室分	N9	专用室分				
	专用宏站	N10	专用宏站				
	专用 5GC	N11	专用 5GC				

注：1. 优先保障型是指空口侧 non-GBR 保障，承载网差分服务代码点（Differentiated Services Code Point，DSCP）优先级调度策略实现差异化承载，5G 外网段可选专线方式传输。

2. 带宽保障型是指空口侧 GBR 保障，承载网 FlexE 通道内使用优先队列（Priority Queuing，PQ）调度方式实现差异化承载，5G 外网段可根据业务保障需求选用传输专线。

5.1.3　关键技术

5G 专网的关键技术包括 QoS 优先保障、RB 资源预留、网络切片、边缘计算等。5G 专网关键技术如图 5-5 所示。

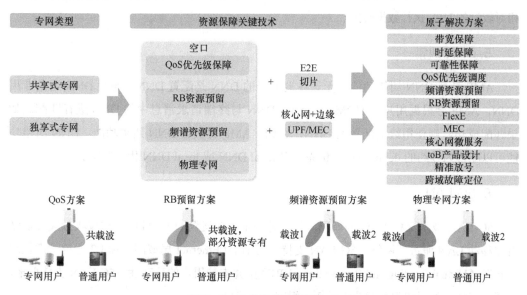

图5-5　5G专网关键技术

1. 切片技术

切片（S-NSSAI）是指在同一网络基础设施上，将 5G SA 架构的物理网络划分为多个端到端、虚拟的、隔离（物理隔离 / 逻辑隔离）的专用逻辑网络，每个虚拟网络具有不同的功能。例如，时延、带宽、数据安全等，以满足行业客户对网络能力的差异化要求。

2. 空口数据传输保障

专网用户的空口数据传输保障措施包括 QoS 优先、RB 资源预留和载波隔离。其中，

259

QoS 优先是指通过给切片（或用户）分别配置不同的调度优先级、保障速率和最大速率。针对高优先级用户，在资源抢占时能够优先调度空口的资源。RB 资源预留是指根据各切片的资源需求，为特定切片预留分配一定数量 RB 资源。

3. 上行分流

上行分流（UpLink Classifier，ULCL）是指在数据会话中，核心网根据分流规则在原有会话的数据路径中插入"特定路径"，将一路分为多路，根据报文的目的地址不同进行分流。

4. DNN 分流

DNN 分流是指用户面数据可以根据不同 DNN 路由到不同的客户内网，实现客户业务的端到端隔离，符合隔离性、安全性要求。核心网还可以根据客户所用 DNN 来控制选择 UPF 网元的位置，针对低时延、数据不出园区、本地卸载的用户，可以选择距离客户园区相对较近的 UPF 执行数据转发。

5. DNN 纠错

AMF 具备 DNN 纠错功能，无论终端上报的 DNN 是配置 DNN、通用 DNN 还是专用 DNN，AMF 会根据用户在 UDM 中签约的 DNN 与终端请求消息中的 DNN 进行匹配。如果匹配成功，则使用终端配置的 DNN，否则，AMF 将执行 DNN 纠错功能。DNN 纠错功能可以配置为签约的 default DNN 优先、仅 local DNN 或 local DNN 优先策略。

6. 5G LAN

5G LAN 技术又称为 5G 局域网，是一种基于电信运营商的 5G 网络与授权频段提供私有化移动 LAN 服务的网络。5G LAN 支持 L2 通信（Ethernet 局域网）和 L3 通信［虚拟路由转发（Virtual Routing and Forwarding，VRF）］，并支持用户的移动性。5G LAN 支持单播、组播和广播，相互访问方式非常灵活，组网非常简单。

7. 边缘计算

边缘计算将数据存储、处理、应用下沉到靠近用户侧，一方面可以节省核心承载网的带宽资源，另一方面通过将计算能力下沉到移动边缘节点，提供第三方应用集成，实现敏感数据不出园区的目标，同时满足行业专网对时延和数据安全的需求。

8. 采用高可靠传输协议

提高传输可靠性的一个简单原理就是利用重复传输获得增益，具体措施包括以下 4 个方面。

- 物理层（PHY）采用低码率的调制编码方式降低空口传输误码率。

- 链路层（RLC/MAC）在业务信道上重复发送，以提升数据传输的可靠性，并且允许跨时隙重复，在提升可靠性的同时降低时延。

- 采用冗余传输机制，将工业数据在不同的无线载波上进行冗余传输。该方式支持载波聚合和双连接两种模式，降低空口数据丢包率，保证数据实时完整。

- 双发选收冗余机制，支持单终端双 PDU 会话、双终端帧复制和消除以提高可靠性（Frame Replication and Elimination for Reliability，FRER）两种方式。FRER 双发选收示意如图 5-6 所示。发送端进行数据的复制，通过两路独立的通路进行数据传输，接收端收到后进行数据合并，减少因传输网络、核心网处理等环节的数据丢包导致的业务受损，提升端到端数据传输的可靠性。

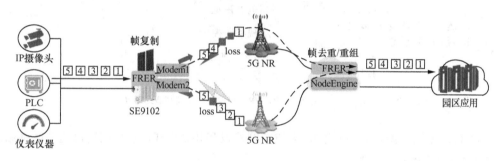

图5-6　FRER双发选收示意

9. 增强设备运行的稳定性

各模块采用"1+1""1+N"等主备设计，例如，在 5G 基站设备中对电源模块、主控模块、基带处理模块进行热备份部署。当某模块出现故障时，支持在线业务的快速热备倒换，保障网络的正常运行。当采用通用服务器部署时，相同功能的虚拟机或容器可以按照互斥原则部署在不同的服务器上，以保证设备的高可靠性，并可以在设备内部采用无状态化设计，解耦设备运行的配置与业务数据，以减少设备故障对业务的影响，进一步提升 5G 工业现场网络设备运行的稳定性。

10. 网络能力开放

对于开发 App 租户，可通过调用通信服务管理功能（Communication Service Management Function，CSMF）能力开放应用程序编程接口（Application Programming Interface，API），自行实现切片业务监控、业务办理、业务保障等功能。

●●5.2 5G 专网规划

5G 专网规划是一个端到端的规划，包括终端、基站、承载网、核心网和应用平台。其具体规划过程包括如下内容。

① 收集客户需求信息：包括终端数量、业务类型（视频类、AGV 等）、时延、带宽、业务数据是否出园区、终端是否允许同时访问公网和内网，或仅能访问内网、业务服务地理范围，例如，本地业务、省内多地市业务或跨省业务。5G 专网需求调研表示例见表 5-4。

表5-4 5G专网需求调研表示例

客户名称	数据不出园区要求	UPF要求	覆盖区域	覆盖场景	覆盖面积	业务类型	终端类型[1]	终端数	开机率	时延	平均带宽/UE（Mbit/s）	平均每个终端会话数
客户A	a. 是 b. 否	a. 共享型 b. 独享型	a. 跨省 b. 全省 c. 多地市 d. 地市 e. 园区 f. 其他	生产车间		AGV 调度						
						机器视觉						
				园区		视频监控						
						数采/加载						
						……						

注：1. 终端类型包括 CPE、手机、平板计算机、AR、VR、摄像头、工业制造终端等。

② 制定无线覆盖方案：确定 5G 无线专网建设和共享方式，包括利用已建公网基站，或新建室外/室内基站覆盖。

③ 选择 UPF/MEC 组网方案。一是共享部署，UPF 优先部署在地市核心机房。二是独享部署，如果数据不允许出园区，则 UPF 双挂园区 A 设备；如果数据允许出园区，则 UPF 优先采用双挂 B 设备方式。

④ 根据 5G 的会话及业务连续性要求选择 PDU 会话模式（SSC mode）。

⑤ 根据用户对带宽与时延的要求，选择切片方案（uRLLC、eMBB、mIoT）。

⑥ 根据业务分流需求信息选择业务分流方案。业务分流需求信息包括签约特定用户、划分特定服务区域、实现内网和互联网的业务分流等。

⑦ 制定承载网建设方案：公网共用和公网专用模式原则上利用现有的传输网络承载，专网专用模式可建设单独的承载设备。

5.2.1 专网架构

5G toB 业务部署专用 UPF 情况下，5G 专网整体架构示意如图 5-7 所示。

针对数据不出园区的客户，通常基于 toC 5GC（或新建 toB 专用 5GC）进行信令承载，在园区配置独享 UPF 用于专网数据承载，5G 定制网部署方案（不允许数据出园区）如图 5-8 所示。

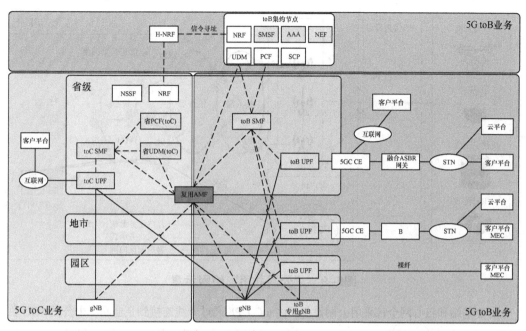

图5-7　5G toB业务部署专用UPF情况下，5G专网整体架构示意

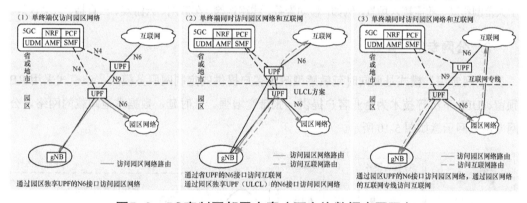

图5-8　5G定制网部署方案（不允许数据出园区）

① 终端仅访问客户平台。配置园区 toB UPF，通过园区 UPF 访问客户平台。

② 终端同时访问客户平台和互联网。配置园区 toB UPF，UPF 采用 ULCL 方案，通过园区 UPF 的 N6 接口访问客户平台，通过园区 UPF 的 N9 接口连接到省级 toB UPF，再通过省级 toB UPF 的 N6 接口访问互联网，或通过园区 UPF 经由园区专线访问互联网。

1. "公网共用"模式

"公网共用"模式是指面向广域优先型行业客户提供的定制网服务模式。该模式基于公网 5G 网络资源，通过 VPN、QoS、DNN 定制和切片等技术，为行业客户提供端到端差异化保障的网络连接、行业应用等服务。"公网共用"组网示意如图 5-9 所示。

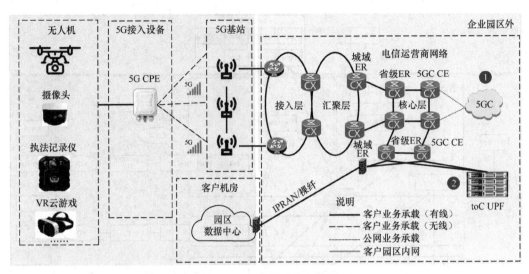

图5-9 "公网共用"组网示意

5G 基站和核心网全部采用公网设备，由 toC UPF 通过专线连接到企业网，由公网 5GC 负责管理和监控服务，提供 4G/5G 互访、私网 / 公网协同。该方案依托公网，网络改造较少，适用于大范围移动、随需接入场景，例如，移动警务、线路巡检、车联网、云游戏、云直播、云会议等。

2. "公网专用" 模式

"公网专用" 模式是面向时延敏感型政企客户提供的定制网服务模式。该模式采用 RB 预留、UPF 下沉等技术为企业客户提供一张带宽增强、低时延、数据本地卸载的网络。公网专用组网示意如图 5-10 所示。

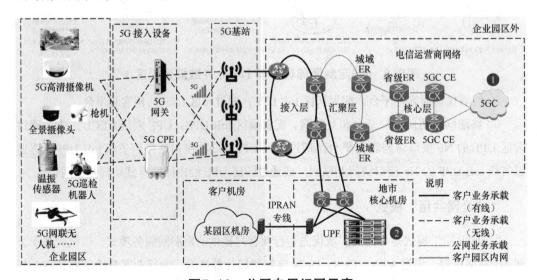

图5-10 公网专用组网示意

由公网 5GC 负责管理和监控服务，提供 4G/5G 互访、私网 / 公网协同，并在地市核心机房部署 UPF，实现数据本地分流，降低传输时延。适用场景包括工业视觉检测、工业数据采集、云化可编程逻辑控制器（Programmable Logic Controller，PLC）、设备远程控制、移动诊疗车、AGV 调度与导航、机器人巡检等。

3. "专网专用" 模式

"专网专用" 模式为企业客户提供了一张硬件隔离、端到端高性能的专用接入网络，提供专用基站、独享无线资源或独享 5GC 等网络服务。专网专用组网示意如图 5-11 所示。

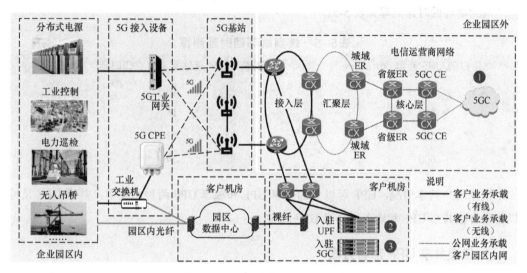

图5-11　专网专用组网示意

接入网采用专用 5G 基站或专用无线资源（即专用频率或预留的 RB 资源），由公网 5GC 负责管理和监控服务，或根据需求本地部署专用 5GC，并在企业园区内部署专用 UPF，确保数据不出场，满足企业数据安全要求。适用场景有井下采矿、矿车无人驾驶、港口吊机远控、港口自动集卡、电网差动保护等。

5.2.2　UPF 部署方案

UPF 是 5G 核心网络的用户面部分，支持分布式部署，能够在更接近网络边缘的地方执行数据流的路由和转发，提高带宽效率。实现的功能包括以下 3 个方面。

① 应用本地化：园区、企业、场馆应用数据在本地闭环不出园区。

② 内容分布化：AR/VR 等高带宽内容从中心到区域分布式部署。

③ 计算边缘化：通过就近访问部署在边缘的 MEC，满足超低时延业务诉求。

可以根据不同的时延要求对 UPF 的部署位置灵活选择，越靠近用户，时延越小。UPF

部署位置示意如图 5-12 所示。

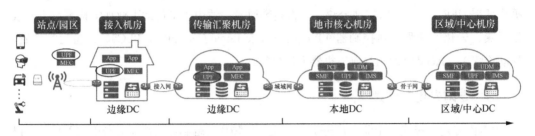

图5-12 UPF部署位置示意

端到端环回时延测算见表 5-5。

表5-5 端到端环回时延测算

用户到 UPF 距离 /km	端到端环回时延估算（含空口时延）/ms
100	14
200	16
500	22
600	24

根据租户共享情况，UPF 可以分为共享 UPF 和独享 UPF 两种。其中，共享 UPF 又可以分为省级共享 UPF 和地市级共享 UPF 两种。

1. 省级共享 UPF 部署方案

省级共享 UPF 为多个客户共享，设备一般部署在区域 / 中心机房。其主要承载省内允许数据出园区的 toB 业务，以及有 4G/5G 互操作需求和跨多地市需求的 toB 业务，适用于业务范围广且区域不固定、有广域覆盖需求的 toB 业务，例如，智慧城市、新媒体等。

2. 地市共享 UPF 部署方案

地市共享 UPF 为多个客户共享，设备部署机房通常与城域 ER 同机房。地市级 UPF 部署宜综合考虑部署成本、运维难度、配套条件等多重因素，并遵循以下原则。

① 5G 业务规模发展迅速的区域，如果由传输导致业务发展出现瓶颈，则可以考虑选取配套设施完善的地市部署共享 UPF。

② 依据端到端时延测试结果，对端到端时延要求在 30ms 以内，可以考虑在地市部署共享 UPF。

③ 依据业务需求，如果流量、带宽需求较大，则可以考虑在地市部署共享 UPF，例如，

文旅、医卫、教育及政务等客户，用于采集 AR/VR 等业务需求的场景，以及用 5G 定制专网替代工厂原有的 Wi-Fi 工业互联网场景。

地市共享型 UPF 方案适用于允许数据出园区，并且对数据时延有要求的 toB 业务，例如，基于 AR 数字平台实现全息信息展示、虚实融合拍照、AR 实景导航等功能。

3. 园区独享 UPF 部署方案

园区独享 UPF 首选接入 A/B 设备，尽量靠近用户，UPF 可以采用轻量级设备。该方案适用于数据时延敏感、安全性要求高，数据不出园区的业务场景，例如，港口、工业制造等。

4. UPF 配置计算

依据业务承载原则，将每个 toB 客户的业务依照承载 UPF 进行细分和聚类，计算每个 UPF 承载的业务吞吐量和会话数要求，具体说明如下。

① 客户 A 带宽需求 =∑业务类型的平均每终端带宽 × 对应业务类型的用户数

② 客户 A 会话需求 =∑业务类型的平均每终端会话数 × 对应业务类型的用户数

如果采用共享型 UPF，则依照上述方法，计算基于同一共享型 UPF 的其他客户的业务指标要求，最终累计求和，同时考虑冗余系数，具体说明如下。

① 共享型 UPF 吞吐量需求 =(∑客户的带宽需求)× 冗余系数

② 共享型 UPF 会话需求 =(∑客户的会话需求)× 冗余系数

如果采用独享 UPF，则独享 UPF 与企业的专线带宽设置建议在带宽需求的基础上，考虑 50% 的带宽利用率。

独享 UPF 至企业带宽需求 =∑业务类型的平均每终端带宽 × 对应业务类型的用户数 ×2

不同 UPF 配置能承载的会话数会有较大差异，用户在实际配置中可以结合 5G 专网容量需求进行合理配置。

5.2.3　MEC 部署方案

MEC 部署位置宜综合考虑时延、安全、机房环境、运维条件等因素，优先推荐使用电信运营商自有节点部署 MEC，降低客户的建设和运维成本，具有隔离部署需求且对成本不敏感，可下沉至客户本地机房部署。UPF 尽量部署在靠近 MEC 的边缘数据中心（Data Center，DC），避免路由迂回。MEC 部署位置如图 5-13 所示。

根据用户安全等级需求，MEC 部署模式可以分为共享式部署、独享式部署和专享式部署 3 种。MEC 部署方案如图 5-14 所示。

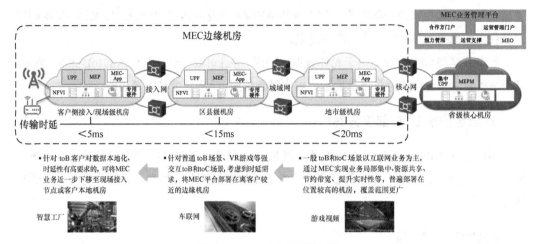

图5-13 MEC部署位置

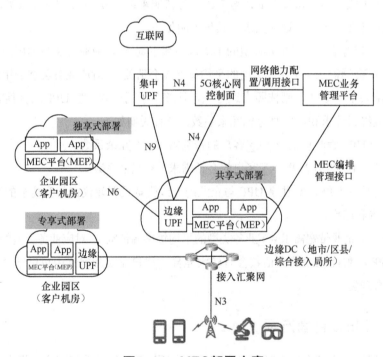

图5-14 MEC部署方案

1. 共享式部署（分流 UPF 共享 + MEC 平台共享）

UPF、MEC 平台均部署在边缘机房。UPF 共享为不同客户配置不同的分流策略。MEC 平台采用多租户模式，为不同客户分配逻辑隔离的基础资源和业务资源，适用于对时延和本地化需求不高、成本敏感的用户。

2. 独享式部署（分流 UPF 共享 + MEC 平台专享）

MEC 平台下沉部署在边缘机房或客户侧机房，UPF 部署在地市 / 区县 / 综合接入局所机房，多客户共享，MEC 平台与 UPF 之间通过 VPN 或专线连接。MEC 平台资源及应用归客户专享，应用和数据存储均可以按需部署在客户本地，适用于对本地化处理要求较高的场景。

3. 专享式部署（分流 UPF 专享 + MEC 平台专享）

UPF 和 MEC 平台均下沉部署在客户侧机房，由客户专享使用，应用和数据存储均在客户本地完成，适用于对时延敏感、数据不出园区、本地化处理要求较高的场景。

5.2.4 承载网切片

5G 承载网切片分为"软切片"和"硬切片"两种方式。承载网切片如图 5-15 所示。承载网切片方式遵循"业务价值与保障标准相适应原则"，为客户提供能满足其业务需求的实现方案。

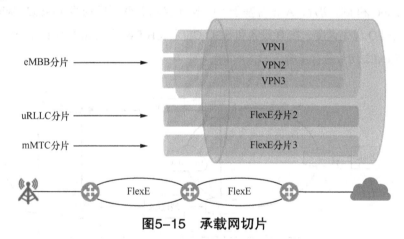

图5-15 承载网切片

1. 软切片

软切片基于"VPN+QoS"方式实现，软切片示意如图 5-16 所示。VPN 称为虚拟专用网络，其本质就是利用加密技术在公网上封装出一个数据通信隧道，业务流量在隧道中进行传输，实现业务软隔离。QoS 在承载网中通过流量管理模块来实现，通过流量监管 / 整形，拥塞管理 / 避免等基于共享缓存队列调度的机制，实现不同业务的差分服务。

软切片实现方式遵循已有的业务规范和组网策略规范，主要应用于带宽、时延、可靠性、QoS 保障要求一般的场景，例如，智能抄表、道桥巡检、景区 AR 导航等。

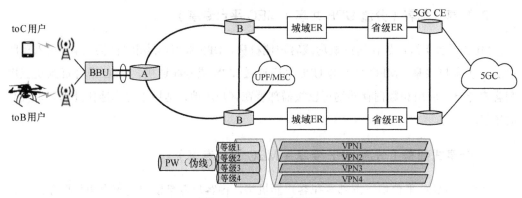

图5-16 软切片示意

2. 硬切片

硬切片基于"FlexE+PQ"方式实现，FlexE 在 B 及以上设备部署。硬切片示意如图 5-17 所示。承载网 B 设备到5GC CE 部署 FlexE1 和 FlexE2 两个硬切片，分别承载 toC 和 toB 业务。toC 硬切片部署 4 个 QoS 等级，toB 硬切片部署两个 QoS 等级。基站侧通过独立 VLAN 子接口区分 toC 和 toB 切片，A 设备基于 VLAN 子接口关联不同伪线（Pseudo Wire，PW）。toB PW 采用 PQ 优先调度。在 B 设备和 5GC CE 上 toB PW 进入 toB RAN VPN，toB RAN VPN 采用 FlexE2 切片进行承载。

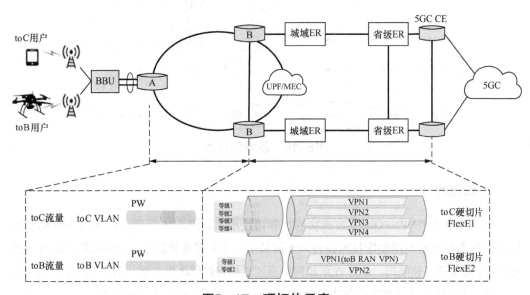

图5-17 硬切片示意

FlexE 的中文名称是"灵活以太网"，其中，E 是 Ethernet 的简写，即将每个 100GE 物理层切分为 20 个时隙（slot）的数据承载通道，每个物理层所对应的这一组 slot 被称为一个 Sub-calendar。其中，每个 slot 所对应的带宽为 5Gbit/s。专网用户可以独占 slot 用于数据传输，实现物理隔离，保障数据传输的安全性。FlexE 与帧结构如图 5-18 所示。

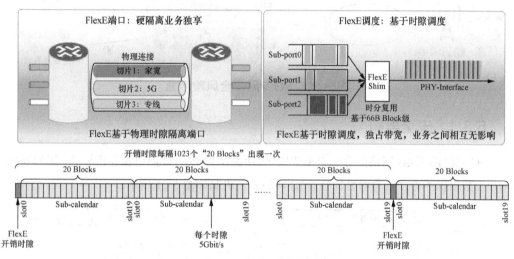

图5-18　FlexE与帧结构

传统基于 QoS 调度传输时延和 FlexE 时延测试对比如图 5-19 所示。硬切片主要应用于带宽、时延、可靠性要求较高的场景，例如，智能电网、远程医疗 / 应急救援、智能制造、智慧园区 / 港口等。

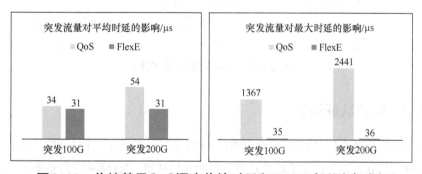

图5-19　传统基于QoS调度传输时延和FlexE时延测试对比

●●5.3　5G 专网安全方案

5G 专网安全风险包括终端接入安全风险、数据传输安全风险、MEC 边缘安全风险、企业内外网安全风险和安全管理风险。5G 专网安全风险示意如图 5-20 所示。

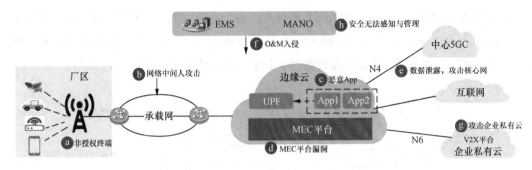

图5-20　5G专网安全风险示意

5.3.1　安全架构

5G 网络沿用 4G 网络的分层安全架构保障机制，同时，5G 网络在加密算法、网间互联、用户面数据保护方面均有明显加强。5G 网络安全机制如图 5-21 所示。

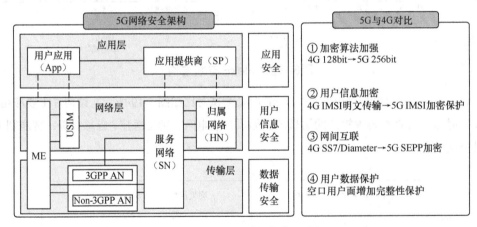

图5-21　5G网络安全机制

5.3.2　安全认证体系

面对垂直行业对 5G 网络更高安全需求，5G 网络在电信运营商主认证的基础上，引入了切片认证和二次认证，使用了非电信运营商控制的信任状。5G 网络中的安全认证如图 5-22 所示。

UE 入网时向核心网发起注册请求，由 5G 主认证控制 5G 用户终端是否可接入电信运营商 5G 网络，由核心网网元 AMF、AUSF、UDM 共同完成 5G 用户终端与 5G 网络之间的双向鉴权认证。切片认证用来控制用户终端能否接入垂直行业切片，由 AMF 对用户终端发起切片接入认证流程，确保接入切片的用户终端合法。二次认证用来控制用户终端是否可接入垂直行业的企业网络，在用户发起 PDU 会话建立请求时，由 SMF 触发二次认证，由垂直行业客户侧的 DN-AAA 对 UE 进行认证授权。

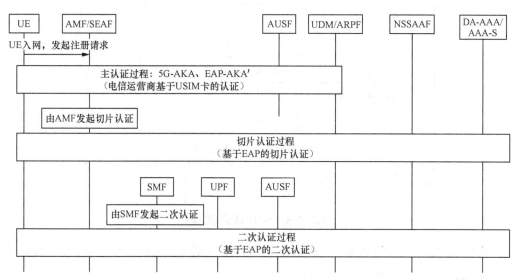

图5-22　5G网络中的安全认证

1. 主认证过程

主认证主要用于验证用户身份的合法性，避免非法用户接入移动网络或者避免攻击者通过伪基站向用户提供虚假网络服务，因此，主认证是用户接入移动网络必不可少的一环，相关详细内容可参阅前文"3.8 鉴权和安全过程"。

2. 切片认证过程

切片认证的主要应用场景为高安全需求的行业客户根据自己业务的特点，判断自主可控用户终端是否可以接入切片。切片认证时，首先，用户通过 NSSAI 选择合适的切片接入，然后，由 AMF 根据 UE 的签约信息发起切片认证流程。切片认证能够在电信运营商主认证的基础上，更多考虑垂直行业等第三方客户的需求，由第三方客户根据自己的需求对用户进行"是否可以使用切片资源的额外"认证。例如，垂直行业客户限制只在客户认可的 IMSI 清单内的行业终端，才可以接入客户专属切片，从而确保网络切片分配给正确的签约用户，保证切片的接入认证安全。

UE 成功完成主认证后，归属 / 服务 PLMN 向 AMF 和 UE 授予允许接入的 S-NSSAI 列表，触发切片认证。切片认证流程如图 5-23 所示。

步骤 1：UE 发送携带 S-NSSAI 列表的注册请求。

步骤 2：UE 与 AMF/SEAF、ARPF/UDM、AUSF 交互，完成主认证流程。对于后续的注册请求，如果 UE 已经通过认证并且 AMF 具有有效的安全上下文，则可以跳过主认证。

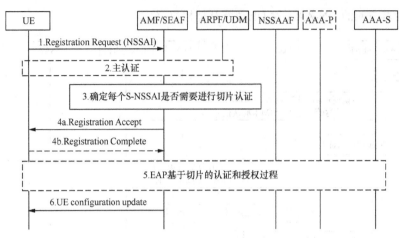

图5-23 切片认证流程

步骤 3：AMF 应根据本地存储的信息或来自 UDM 的签约信息，确定每个 S-NSSAI 是否需要网络切片认证和授权。

步骤 4：AMF 向 UE 发送注册接受消息，信元 Pending NSSAI 包含需授权和验证切片列表。

步骤 5：对于需要进行网络切片认证和授权的用户，执行基于 EAP 的网络切片认证流程。UE 和 AAA 服务器之间的网络切片认证使用 IETF RFC 3748 中定义的 EAP 框架，可以使用多种 EAP 方法，例如，PAP、CHAP、PPP、TLS、MD5 等认证协议。

3. 二次认证过程

面向对终端有多重接入控制需求的工业互联网等垂直行业客户，5G 网络可以为其提供底层认证通道，由垂直行业客户自己选择或定制具体的认证算法和协议，实现自主可控的二次认证。如果二次认证通过，则为用户建立 PDU 会话，并提供网络服务，否则，不能为用户建立 PDU 会话。5G 用户和核心网的主认证完成之后，在用户建立 PDU 会话时，由 SMF 发起二次认证。5G 网络中的二次认证如图 5-24 所示。

步骤 1～步骤 3：UE 使用网络接入凭证执行和 AUSF/ARPF 之间的主认证过程，注册到网络，并且和 AMF 建立 NAS 安全上下文。

步骤 4：当 UE 有业务时，UE 通过发送包含 PDU 会话建立请求消息的会话管理 NAS 消息，发起建立新的 PDU 会话。

步骤 5：AMF 选择合适的 V-SMF/H-SMF 请求为用户建立 PDU 会话，当 PDU 会话建立过程中只包括单个 SMF 的情况，例如，非漫游或者本地疏导场景中，单个 SMF 扮演 V-SMF 和 H-SMF 的角色。

步骤 6、步骤 7：H-SMF 从 UDM 获取用户签约数据，SMF 检查 UE 请求是否符合用户签约数据和本地策略，触发二次认证。

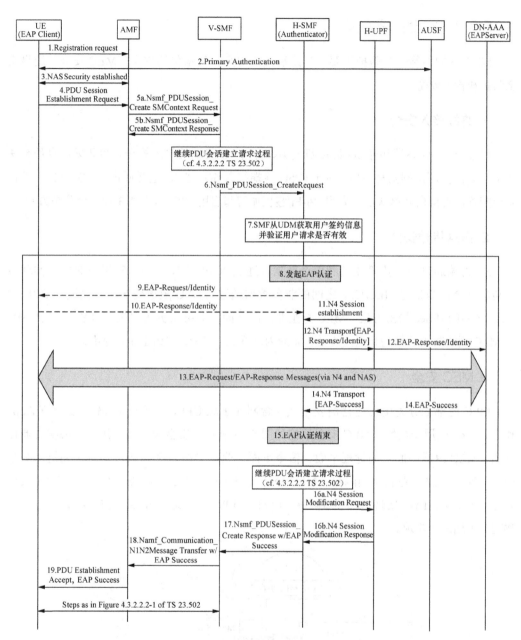

图5-24 5G网络中的二次认证

步骤 8～步骤 13：二次认证基于扩展认证协议（Extensive Authentication Protocol，EAP）认证过程从外部 DN-AAA 服务器得到授权。

步骤 14、步骤 15：完成认证过程后，DN-AAA 服务器发送 EAP 成功消息给 H-SMF。

步骤 16～步骤 19：如果认证成功，则 SMF 等网元继续为用户建立 PDU 会话；否则，不能建立 PDU 会话，返回失败消息。

5.3.3 安全部署方案

5G 专网的网络安全防护主要包括终端接入安全、数据传输安全、MEC 安全、边界安全防护和管理安全。

1. 终端接入安全

终端分为 5G 终端和非 5G 终端两大类。针对 5G 终端的接入安全，主要采用身份合法认证和访问控制限制两种方案；对于非 5G 终端接入 5G CPE，主要通过在 5G CPE 上进行安全配置，支持白名单认证、启用 Wi-Fi 鉴权加密和启用 CPE 防火墙 3 种安全防护方案。

2. 数据传输安全

5G 终端通过空口传输业务和信令数据，通过 3GPP 空口信令面和用户面加密实现数据传输安全。基站与 MEC/UPF 之间的业务数据通过 GTP-U 隧道传输，可以采用 BBU 到 MEC 之间的 IPSec 加密方案。MEC 与企业内网之间的业务数据可以采用 IPSec 加密保护，以 MEC 侧的防火墙作为起点，终结在企业内网网关，IPSec 密钥由企业掌握。

3. MEC 安全

MEC 内部划分为电信运营商安全域（含网元子域 UPF、平台子域 MEP 及自有 App）和三方 App 应用安全域。MEC 安全架构如图 5-25 所示。安全域之间采用防火墙实现通信隔离，MEC 组网层面上的管理平面、信令平面、业务平面和企业 App 运维平面这 4 个平面之间通过 VLAN 逻辑平面隔离。MEC 分区采用由外向内的分层隔离与防护，FW1 实现外部攻击防护，FW2 实现内部领域隔离。FW1 和 FW2 可以通过 MEC 的 DC-GW 旁挂 1 对物理防火墙统一实现。

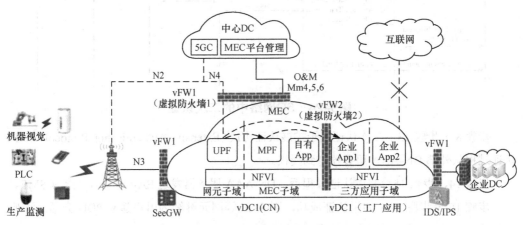

图5-25 MEC安全架构

MEC 平台可以采取的安全防护措施包括 3 个方面：一是 MEC 服务器基于硬件根安全启动和安全运行，保证设备启动链的完整性，防止被植入后门；二是 MEC 主机安全加固，启用 MEC 平台 API 安全能力，包括 API 认证鉴权、API 流控、API 调用 TLS 加密等，防止通过 App 攻击 MEC 平台和 5GC；三是 MEP/UPF 与 App 之间启用防火墙策略，防止 App 通过 N6/Mp1 接口发起对 UPF/MEP 的流量攻击等。

4. 边界安全防护

5G 专网边界包括 MEC 与 5GC 控制面边界、UPF 与 App 边界以及 MEC 与企业内网边界。MEC 与 5GC 边界采用防火墙进行隔离，UPF 与企业 App（三方应用）之间通过部署防火墙进行隔离，MEC 与企业内网边界采用防火墙隔离。以边缘 UPF 为例，其采取的安全防控措施如下。

① 边缘 UPF 到 5GC 的网络访问控制：为了防范通过边缘 UPF 的网络去渗透大网 5GC，需要在边缘 UPF 上联的 B 设备进行访问控制，配置白名单，拒绝不信任 IP 源访问请求。

② 园区网络到边缘 UPF 的访问控制：为了防范来自园区网络对边缘 UPF 的渗透行为，对 UPF 设备的端口要实现最小化开放，配置白名单，拒绝不可信任 IP 源的访问。

③ 边缘 UPF 设备安全：包含设备现场安全监控、对可执行交互命令的接口实现安全管理、设备连通性实时监控、空闲端口关闭等。

④ 边缘 UPF 风险评估：在 5G 定制网业务正式上线前，要对边缘 UPF 及上联交换机实施漏洞扫描、基线检测和渗透测试，完成后才能上线新业务。正式上线新业务后，每月定期进行漏洞扫描、基线检测和渗透测试。

5. 管理安全城

管理安全域主要包括运营系统，其防护策略与平台类防护类似，在该域各类平台中，部署病毒防护、漏洞扫描等软硬件，并对相关操作进行认证、授权及审计。

●●5.4　5G 专网案例

5G 专网典型应用场景与建设模式见表 5-6。

表5-6　5G专网典型应用场景与建设模式

典型场景	建设模式	特征
文旅、医卫、教育及政务等场景	无线覆盖 + 专线方式 + 省中心 UPF	公网共用，行业流量，（N1、N2、N3、N4、N5）原子能力

典型场景	建设模式	特征
文旅、医卫、教育及政务等场景	无线覆盖 + 专线方式 + 地市共享 UPF	公网专用，行业流量 + 本地保障，（N1、N2、N3、N4、N5、N6、N7）原子能力
工业互联网或大流量场景	无线覆盖 + 专线方式 + 入驻式 UPF	公网专用，专用流量[1] + 数据不出场，（N1、N2、N3、N4、N5、N6、N8）原子能力
业务高隔离场景	RB 预留 + 专线方式（FlexE）+ 入驻式 UPF	公网专用，专用流量 + 硬切片 + 数据不出场，（N1、N2、N3、N4、N5、N6、N8）原子能力

注：1. 专用流量和行业流量都是指定向流量，例如，内容专属流量，地区专属流量以及时段专属流量。

1. 工业互联网场景

该场景采用 5G 定制专网替代工厂原有的有线和 Wi-Fi，采用地市共享 UPF 提供 5G 定制专网的方式解决，客户配置专有 DNN（根据客户需求配置一个或多个），地市共享 UPF 采用专线的方式连接到客户企业专网。

2. 文旅、医卫、教育及政务等场景

该场景主要用于数据采集及 AR/VR 等业务需求，采用地市共享 UPF 或省级 UPF 提供 5G 定制专网的方式解决，不同客户配置专有 DNN，共享 UPF 采用专线的方式连接到客户企业专网，或采用客户专网上云的方式。

3. 大流量场景

该场景对于企业园区有大带宽需求，综合考虑回传网络的建设成本，根据项目情况评估是否采用园区独享 UPF 提供 5G 定制专网的方式。

4. 业务高隔离场景

该场景对于港口码头、电网等能源类企业拥有数据不出园区及高隔离需求的客户，可以采用园区独享 UPF 提供 5G 定制专网的方式解决。

5.4.1 智能安防

通过全景鹰眼摄像头（目前，已有含 5G 工业模组摄像头）、无人机、机器人等连接 5G CPE 模组，实现全景高清视频的实时监控。专网 UPF 经防火墙隔离后，通过专线连接至企业私有云，以保障网络的安全。智能安防 5G 专网架构如图 5-26 所示，智能安防 5G 专网案例如图 5-27 所示。

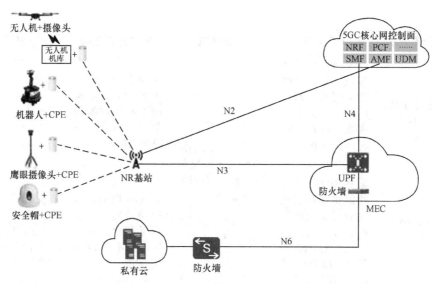

图5-26　智能安防5G专网架构

图5-27　智能安防5G专网案例

5.4.2　校园专网

校园专网用户有同时访问校园网和互联网的诉求，且活动范围不固定。5G 校园专网方案见表 5-7。

表5-7　5G校园专网方案

序号	分流方案	方案描述	终端要求	DNN 配置签约	漫游
1	专用 DNN+路由器	根据专用 DNN 选择校园 UPF 访问校园网，通过校园互联网专线访问互联网	安卓和苹果手机终端均不需要配置 DNN，不需要切换 DNN	在 AMF 启用 DNN 纠错功能；UDM 只保留校园专用 DNN，不保留通用 DNN	支持。通过 DNN 纠错功能把终端上报的 DNN 修改为专网 DNN，以实现漫游

续表

序号	分流方案	方案描述	终端要求	DNN 配置签约	漫游
2	通用 DNN+ULCL	以太网 UPF 为主锚点，校园 UPF 为辅锚点，通过 ULCL 分流功能实现在签约地同时访问校园网和互联网	安卓和苹果手机终端均不需要配置 DNN，不需要切换 DNN	UDM 签约通用 DNN；PCF 为校园专网用户签约基于 TAC list 的分流策略	不支持
3	专用 DNN+ULCL	通过 ULCL 分流功能实现在签约地同时访问校园网和互联网；4G 接入及 5G 漫游时，通过专用 DNN 访问校园网		在 AMF 启用 DNN 纠错功能；UDM 只保留校园专用 DNN，不保留通用 DNN	支持。通过 DNN 纠错功能把终端上报的 DNN 修改为专网 DNN，以实现漫游
4	通用 DNN+专用 DNN+ULCL	在签约地通过 ULCL 分流功能实现同时访问校园网和互联网；4G 接入或漫游时，手动切换至专用 DNN 访问校园网	签约地通过 5G 接入时，安卓和苹果手机终端均不需要切换 DNN；4G 接入或漫游时，手动切换至专用 DNN	不启用 DNN 纠错功能，UDM 同时签约通用 DNN 和校园专用 DNN	支持。漫游时，访问互联网不需要切换 DNN，访问校园网时需要手动切换到专用 DNN

从用户操作的便利性、是否支持 4G/5G 同时访问、是否支持漫游、用户的业务体验保障等维度对上述 4 种方案的优劣势进行对比分析，5G 校园专网方案对比分析见表 5-8。

表5-8 5G校园专网方案对比分析

序号	分流方案	优势	劣势
1	专用 DNN+路由器	终端不需要配置 DNN；支持 4G/5G 访问校园网和互联网	①不支持定向流量包；②漫游时，用户所有流量全部迁回至校园所在 UPF，影响用户体验
2	通用 DNN+ULCL	终端不需要配置 DNN	①不支持 4G 访问校园网；②不支持 5G 漫游时访问校园网
3	专用 DNN+ULCL	终端不需要配置 DNN；支持 4G/5G 访问校园网和互联网	漫游时，用户所有流量全部迁回至校园所在 UPF，影响用户体验
4	通用 DNN+专用 DNN+ULCL	在签约地终端不需要配置 DNN；支持 4G 和 5G 漫游时访问校园网；5G 漫游时访问互联网，不需要迁回至签约地	通过 4G 接入或 5G 漫游时（离开签约 TAC 区）访问校园内网，需手动切换到专用 DNN

在表 5-7 中，我们将方案 4 作为校园专网的推荐方案，校园 5G 专网组网示意如图 5-28 所示，即采用同时签约"通用 DNN+ 专用 DNN+ULCL"分流方式。该方案可以最大限度

地保证校园专网用户漫游时，访问互联网的业务体验，仅在需要访问校园网时手动切换DNN。

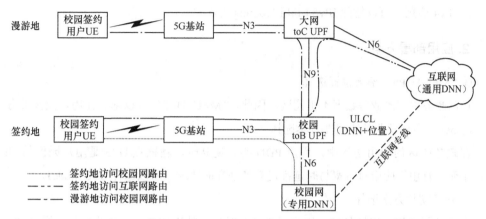

图5-28　校园5G专网组网示意

校园专网用户在签约地通过校园 UPF 的 N6 接口访问校园网，如果校园专网用户访问互联网，则数据流量通过校园 UPF 的 N9 接口送至大网 UPF，再通过大网 UPF 的 N6 接口访问互联网。

校园专网用户漫游至其他地区时（不在签约的 TAC list 区域），由于专网用户携带的DNN 为通用 DNN，所以可以正常通过漫游地的大网 UPF 直接访问互联网，流量不需要迂回至签约地。当漫游用户访问校园网时，需要将 UE 的 DNN 修改为校园专用 DNN。

5.4.3　政务园区专网

政务专网作为电子政务的核心基础设施和信息网络平台，由政务内网和政务外网构成。其中，政务内网主要是办公专网；政务外网主要运行的是面向社会的专业性业务。

1. 业务需求分析

以某政务局为例，5G 专网定制业务的需求如下。

① 针对指定（签约）toC 用户，不换卡不换号，使用公共 DNN，在指定区域内可以同时访问政务内网和互联网业务，在区域外只能访问互联网业务，不能访问政务内网。其他非指定用户只能访问互联网业务。

② 访问政务内网的业务数据不出政务园区。

③ 采用 IPv4 的应用。

针对业务需求，其具体分析如下。

① 如果要保证访问政务内网的业务数据不出园区，则需要采用专享 UPF，将 UPF 下

沉到用户园区。

② 如果同时访问园区政务内网和互联网业务，则需要通过 ULCL 业务分流来实现。

③ IPv4 应用，可以排除 IPv6 Multi-Homing 方案。

2. 应用部署方案

① "MEC+UPF" 部署位置选择

访问政务内网的业务数据不出园区，因此，"MEC+UPF" 可以部署在用户园区机房。

② 5G 的会话及业务连续性方案选择

在政务园区的应用场景中，用户 PDU 会话建立时，辅锚点 UPF 是用户园区的 UPF，保持不变，且由于应用对带宽与时延都没有特别高的要求，所以选择 SSC mode1。

③ 业务切片方案选择

在政务园区的应用场景中，用户对带宽与时延无特别的要求，用户可以按默认切片方案部署。

④ 业务分流方案选择

业务分流需求要点包括特定签约用户、特定服务区域、实现政务内网和互联网的业务分流 3 个方面。分流方案对比见表 5-9。

表5-9　分流方案对比

序号	分流方案	特定签约用户	特定服务区域	本地分流	其他因素
1	DNN 方案	满足	不满足	满足	需要手动切换 DNN
2	LADN 方案	满足	满足	满足	需要终端支持
3	位置 +ULCL	不满足	满足	满足	
4	位置 + 签约 +ULCL	满足	满足	满足	所有业务流量分流到本地，无法使用相同 DNN 同时访问公网业务
5	位置 + 签约 +App+ULCL	满足	满足	满足	推荐方案
6	能力开放方案	满足	满足	满足	需要定制开发

3. 方案实施效果

当签约用户移动到指定区域时，AMF 通过 SMF 向 PCF 上报用户位置信息，PCF 根据用户位置信息及签约信息，触发 ULCL 插入流程，本地业务分流触发过程如图 5-29 所示（未签约的用户通过主锚点 UPF 访问互联网，不能访问政务内网）。

ULCL 基于本地绑定的 App ID 与转发规则（IP+ 端口号）识别本地业务流，分流用户数据到政务内网。基于 ULCL 的本地业务分流流程如图 5-30 所示。

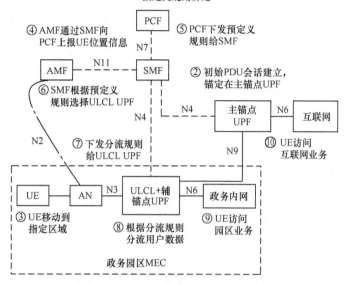

图5-29 本地业务分流触发过程

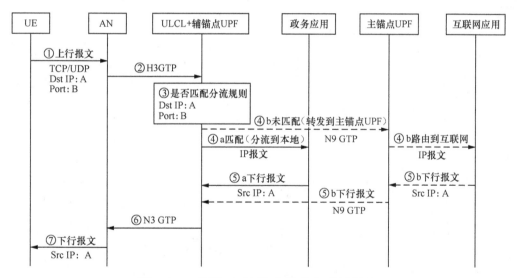

图5-30 基于ULCL的本地业务分流流程

参数规划

Chapter 6

第6章

●●6.1 全球小区识别码

全球小区识别码（NCGI）用于全局范围内标识一个小区。NCGI 由 3 个部分组成：移动国家码（Mobile Country Code，MCC）+ 移动网络代码（Mobile Network Code，MNC）+ NR 小区识别号（NR Cell Identity，NCI）。其中，NCI 由基站标识 gNodeB ID 和扇区标识 Cell ID 两个部分组成，共 36bit/s，采用 9 位 16 进制编码，即 $X_1X_2X_3X_4X_5X_6X_7X_8X_9$。NCGI 结构示例如图 6-1 所示。

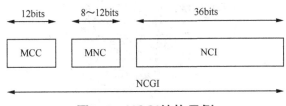

图6-1 NCGI结构示例

基站标识 gNodeB ID 对应小区识别号 NCI 的 MSB 为 22 ~ 32bits，扇区标识 Cell ID 对应小区识别号 NCI 的 LSB 为 4 ~ 14bits。

根据（YD/T 5264-2021）《数字蜂窝移动通信网 5G 无线网工程技术规范》定义，将 NCI 前 6 位 $X_1X_2X_3X_4X_5X_6$ 定义为 gNB ID，剩余后 3 位 $X_7X_8X_9$ 定义为 Cell ID。

NCI=gNB ID（24bit）+ Cell ID（12bit）= gNB ID×4096+ 小区标识

●●6.2 PCI

PCI 是 5G 物理小区编号，用于无线侧区分不同的小区。PCI 分为 336 组，每组包括 3 个 PCI，共 1008 个 PCI。

$$N_{ID}^{Cell} = 3N_{ID}^{(1)} + N_{ID}^{(2)}$$

其中，$N_{ID}^{(1)} \in \{0, 1 \cdots 335\}$，$N_{ID}^{(2)} \in \{0, 1, 2\}$，物理小区标识组号 $N_{ID}^{(1)}$ 从 SSS 中获取，组内编号 $N_{ID}^{(2)}$ 从 PSS 中获取。PCI 组成示例如图 6-2 所示。

NR 的 PSS 和 SSS 都是长度为 127 的 M 序列，PSS 序列有 3 种取值，与物理小区标识组内编号 $N_{ID}^{(2)}$ 一一对应。SSS 序列有 336 种取值，分别与物理小区标识组号 $N_{ID}^{(1)}$ 一一对应。PSS/SSS 映射到 SSB 中间的 12 个 PRB，占用中间连续 127 个子载波，PSS 占用 SSB 第 1 个符号，两侧作为保护带，以零功率发射；SSS 和 PBCH 共同占有第 3 个符号，在 SSS 两边分别预留 8 个或 9 个子载波作为保护带，以零功率发射。

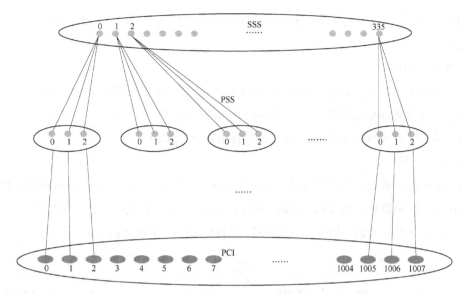

图6-2 PCI组成示例

PCI 规划的目的是 NR 组网中的每个小区分配一个物理小区标识 PCI，尽可能多地复用有限数量的 PCI，同时避免 PCI 复用距离过小而产生干扰。PCI 的具体规划原则如下。

① 不冲突原则：同频相邻小区不能使用相同的 PCI。

② 不混淆原则：同一个小区的同频邻区不能使用相同的 PCI，否则，切换时 gNB 无法区分目标小区，容易造成切换失败。

③ 复用原则：保证 PCI 相同的同频小区具有足够大的复用距离。

④ 最优原则：相邻同频小区的 PCI 避免模 3、模 4、模 30 相同。

PUSCH/PUCCH 的 DM-RS 和 SRS 基于 ZC 序列，ZC 序列共有 30 组，算法使用 PCI mod30（模 30）作为高层配置 ID，选择序列组。为了避免小区间上行参考信号干扰，PCI 规划时要求相邻小区的 PCI 避免 mod30 相同。另外，大部分干扰随机化算法，主同步信号序列选择，均与 PCI mod3 有关，邻近小区的 PCI mod3 宜尽可能错开，保证算法增益。邻近小区的 PCI mod4 宜尽可能错开，避免相邻小区 PBCH 上出现 DM-RS 干扰，这是由于 PBCH 上的 DM-RS 位置与 PCI mod4 相关。

⑤ 可扩展原则：为了考虑后续网络扩容，应进行 PCI 资源预留。

⑥ 协同规划原则：为了避免与上述规划原则冲突，应针对网络省市边界、设备厂家边界、共建共享下电信运营商边界等提前相互获取规划信息协同规划。

●●6.3 用户永久标识符

5G 终端的真实身份称为用户永久标识符（SUbscription Permanent Identifier，SUPI），

类似 IMSI，属于永久标识。SUPI type 包含在 0 ～ 7 范围内的值，标识 SUPI 类型，其具体含义如下。

- 0 表示 IMSI。
- 1 表示网络接入标识符（Network Access Identifier，NAI），例如，SIP 地址。
- 2 表示全球线路标识符（Global Line Identifier，GLI）。
- 3 表示全球电缆标识符（Global Cable Identifier，GCI）。
- 4 ～ 7 预留。

SUPI 通过公钥加密后的密文称为用户隐藏标识符（SUbscription Concealed Identifier，SUCI）。在 5G 网络中，终端收到 IdentityRequest 后不再发送明文 SUPI，而是发送经过加密的 SUCI，基站收到后直接上传至核心网。IMSI 和 SUPI 对比如图 6-3 所示。

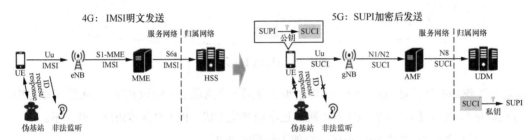

图6-3　IMSI和SUPI对比

手机侧用来加密 SUPI 的公钥放在 USIM 中，网络侧 SUCI 的解密算法只能被执行一次，放置在核心网的 UDM 中。SUPI 加密过程示意如图 6-4 所示，SUCI 的组成架构如图 6-5 所示。

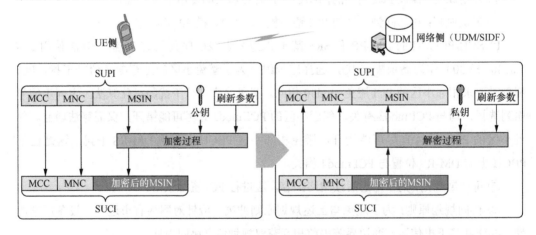

图6-4　SUPI加密过程示意

RoutingIndicator 为 1 ～ 4 位数字，HomeNetworkPublicKeyIdentifier 取值为 0 ～ 255 的数值，ProtectionSchemeID 有 null-scheme、ProfileA 和 ProfileB 共 3 种设置。其中，ProtectionSchemeID null-scheme 表示 SUPI 不加密。ProtectionSchemeID 如果配置为

null-scheme，则 HomeNetworkPublicKeyIdentifier 需设置为 0。SUCI 构成示例如图6-6所示。

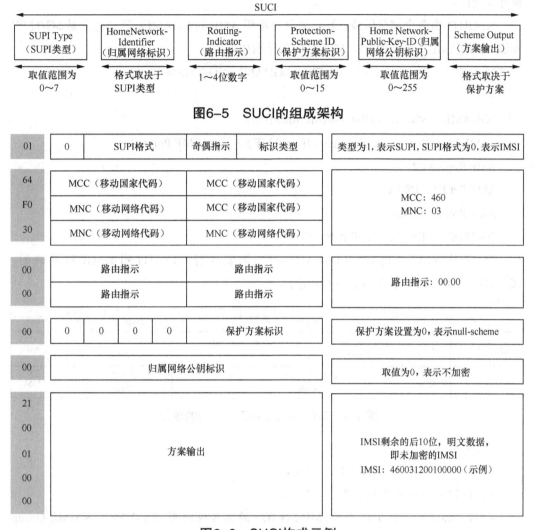

图6-5　SUCI的组成架构

图6-6　SUCI构成示例

另外，5G 还引入了通用公共用户标识（Generic Public Subscription Identifier，GPSI），类似 4G 的移动手机号码（Mobile Subscriber ISDN Number，MSISDN），属于永久标识。SUPI 和 GPSI 并不是一一对应关系，如果用户访问不同的数据网络，则可以有多个 GPSI 标识，网络需要将外部网络 GPSI 与 SUPI 建立对应关系。

●●6.4　5G 全局唯一的临时 UE 标识

5G 全局唯一的临时 UE 标识（5G-Globally Unique Temporary UE Identity，5G-GUTI）

由 AMF 分配。5G 系统下使用 5G-GUTI 的目的是减少在通信过程中使用 UE 的永久性标识，提升安全性。

5G-GUTI 由两个部分组成：第一部分是标识 AMF 的 GUAMI；第二部分是 5G-TMSI 标识 UE 在 AMF 内唯一的 ID。5G-GUTI 的结构如下。

<5G-GUTI> = <GUAMI><5G-TMSI>

其中，

<GUAMI> = <MCC><MNC><AMF Identifier>

<AMF Identifier> = <AMF Region ID><AMF Set ID><AMF Pointer>

AMF Region ID：8bits

AMF Set ID：10bits

AMF Pointer：6bits

5G-TMSI：32bits（在 AMF 内唯一）

当 UE 从 5G 移动到 4G（E-UTRAN）时，需要执行 5G-GUTI 到 4G-GUTI 的映射。5G-GUTI 到 4G-GUTI 的映射如图 6-7 所示。

	12bits	8~12bits	X_0 X_1 X_2 X_3 X_4 X_5 X_6 X_7	Y_0 Y_1 Y_2 Y_3 Y_4 Y_5 Y_6 Y_7 Y_8 Y_9	Z_0 Z_1 Z_2 Z_3 Z_4 Z_5	32bits
5G	MCC	MNC	AMF Region ID（8bits）	AMF Set ID（10bits）	AMF Pointer（6bits）	TMSI
4G	MCC	MNC	MME Group ID（16bits）		MME Code（8bits）	mTMSI

图6-7　5G-GUTI到4G-GUTI的映射

其中，

- 5G <MCC> 映射到 E-UTRAN <MCC>。
- 5G <MNC> 映射到 E-UTRAN <MNC>。
- 5G <AMF Region ID> 和 <AMF Set ID> 的高 8 位映射到 E-UTRAN<MME Group ID>。
- 5G <AMF Set ID> 低 2 位和 <AMF Pointer> 映射到 E-UTRAN<MME Code>。
- 5G <5G-TMSI> 映射到 E-UTRAN<M-TMSI>。

6.5　5G-S-TMSI

5G-S-TMSI 是 5G-GUTI 的缩短形式，引入 5G-S-TMSI 是为了使空口信令消息占用的空间更小，提升空口效率。例如，用户在寻呼时，只须采用 5G-S-TMSI 寻呼移动台即可。

<5G-S-TMSI> = <AMF Set ID><AMF Pointer><5G-TMSI>

●● 6.6 IMPI 和 IMPU

IMS 网络中的用户标识分为私有用户标识 IMPI 和公有用户标识 IMPU 两种。其中，IMS 用户和业务标识见表 6-1。私有标识相当于 IMSI 号码，对用户不可见，是用户本身使用且不需要告别人，用于用户注册和鉴权。公有用户标识相当于 MSISDN 号码，是用户对外公布的"手机号码"，是和其他用户进行通信时的身份标识，用于呼叫寻址和路由。

表6-1 IMS用户和业务标识

标识名称	格式	作用
IMS 归属网络域名	ims.mnc<MNC>.mcc<MCC>.3gppnetwork.org，例如，ims.mnc011.mcc460.3gppnetwork.org	用于标识 VoNR 用户及网元所归属的网络
私有用户标识 IMPI	<imsi>@ ims.mnc011.mcc460.3gppnetwork.org	归属电信运营商提供给用户的唯一全球标识，用于鉴权和注册
临时公有用户标识	<imsi>@ ims.mnc011.mcc460.3gppnetwork.org，与私有用户标识 IMPI 格式相同	采用 USIM 卡时，用户向 IMS 网络注册时需携带临时公有用户标识
公有用户标识 IMPU	公有用户标识的格式可以采用 SIP URI 和 TEL URI 两种格式。TEL 号码的格式为"tel：用户号码"，用户号码采用 E.164 的编号规则。IMS 用户 SIP URI 格式为"sip：用户名 @ 域名"。例如，"tel：+86189××××5678"，其默认的 SIP URI 为"sip：+86189××××5678@hb.ims.mnc011.mcc460.3gppnetwork.org"	用于用户之间进行通信的标识，SIP 消息的路由，同一个用户可以分配多个公有用户标识。IMPU 在使用前应该通过显式或者隐式的方式进行注册
DNN	IMS DNN 的 NI 部分为"IMS"	VoNR 用户语音业务、视频业务采用 IMS DNN

●● 6.7 无线网络临时标识符

无线网络临时标识符（Radio Network Temporary Identity，RNTI）用于接入层区分 UE，解扰不同的 DCI。MAC 层通过 PDCCH 物理信道指示无线资源的使用时，会根据逻辑信道的类型把相应的 RNTI 映射到 PDCCH。这样用户通过匹配不同的 RNTI 可以获取相应的逻辑信道数据。

NR 中 RNTI 定义见表 6-2。

表6-2 NR中RNTI定义

标识类型	应用场景	有效范围
SI-RNTI	用于加扰 Format 1_0，系统广播消息调度	全网相同
P-RNTI	用于加扰 Format 1_0，寻呼或系统消息变化通知	全网相同
RA-RNTI	用于加扰 Format 1_0，随机接入中用于指示接收随机接入响应消息	小区内

续表

标识类型	应用场景	有效范围
TC-RNTI	用于加扰 Format 0_0 和 Format 1_0，随机接入中没有进行竞争裁决前的 C-RNTI	小区内
C-RNTI	用于加扰 Format 0_0、Format 0_1、Format 1_0 和 Format 1_1，标识 RRC 连接状态的 UE	小区内
SP-CSI-RNTI	Semi-PersistentCSI RNTI，用于加扰 Format 0_1，指示 Semi-PersistentCSI 在 PUSCH 的上报，由高层信令 PhysicalCellGroupConfig 带给 UE，终端通过解扰 DCI 的结果判断是否上报	小区内
CS-RNTI	Configured Scheduling RNTI，半静态调度标识，用于加扰 Format 0_0、Format 0_1、Format 1_0 和 Format 1_1。用于 SPS 调度，通过 RRC 信令携带给 UE。通过解扰 PDCCH 的结果决定 SPS 的启动和释放	小区内
MCS-C-RNTI	用于加扰 Format 0_0、Format 0_1、Format 1_0 和 Format 1_1，指示 PUSCH/PDSCH 使用的 MCS 表格（QAM64LowSE 或 QAM256），由 PhysicalCellGroupConfig 配置。使用 MCS-C-RNTI 解扰 PDCCH，根据 CRC 结果决定使用的 MCS 表格	小区内
SFI-RNTI	用于加扰 Format 2_0（携带了帧结构信息）。通过高层信令 slotFormatCombToAddModList 携带给 UE，用于时隙格式指示	小区内
INT-RNTI	InterruptedTransmissionIndication RNTI，用于加扰 Format 2_1（携带了 PRB 和符号中断的相关信息），指示下行 Pre-emption 资源占用信息，通过高层信令配置给 UE，识别下行链路中的抢占	小区内
TPC-RNTI	用于加扰 Format 2_2（携带了 PUCCH/PUSCH 的功控信息），通过高层信令 PhysicalCellGroupConfig 带给 UE	小区内
	用于加扰 Format 2_3（携带了 SRS 的功控信息），通过高层信令 PhysicalCellGroupConfig 带给 UE	
I-RNTI	用于 RRC-INACTIVE 态下识别 UE 上下文，由 Paging 消息携带	NG-RAN

RNTI 和信道映射关系如图 6-8 所示。

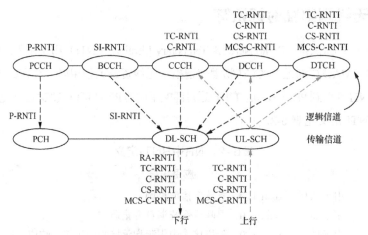

图6-8　RNTI和信道映射关系

••6.8　5GS TAI

每个 5GS 跟踪区域（TA）有一个跟踪区 TAI 标识，其编号由 3 个部分组成，即 MCC+ MNC+TAC。5GS TAI 组成如图 6-9 所示。

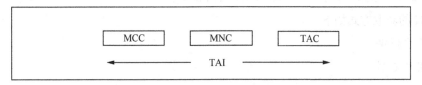

图6-9　5GS TAI组成

移动国家代码（MCC）标识 PLMN 所在的国家 / 地区，其值与 SUPI 中包含的 3 位 MCC 值相同。移动网络代码（MNC）的值与 SUPI 中包含的 2 位或 3 位 MNC 相同。5GS 跟踪区号（TAC）是固定长度代码（共 3 个 8 位字节），用于标识 PLMN 内的跟踪区域。

TA 规划应遵循以下原则。

① 连片原则：同一个跟踪区内使用相同 TAC/TAL 的基站群体，应在地理上为一片连续的区域，避免不同跟踪区的基站"插花"。

② 不宜过大原则：应根据核心网接入和移动管理功能单元（Access and Mobility Management Function，AMF）的容量、基站 gNB 的处理能力及寻呼信道的容量要求，合理规划跟踪区大小，并做适当预留。

③ 不宜过小原则：应充分利用移动用户的地理分布和行为进行区域划分，减少跟踪区更新（Tracking Area Update，TAU）。

④ 跟踪区不跨 AMF 的原则。

⑤ 边界设置原则：跟踪区边界不应设置在业务量较高的区域，不宜以主干道为界，不宜与主干道平行或垂直；在与 4G 同站址部署的情况下，宜参考 4G 跟踪区边界，并结合新增覆盖需求进行调整。

⑥ 可通过跟踪区列表（Tracking Area List，TAL）功能，降低跟踪区更新的负荷。

需要注意的是，一个 TAC 可包含一个或多个小区，而一个小区只能归属于一个 TAC，但一个 TAC 可以属于不同的 TA List。

••6.9　接入点名称与 DNN

接入点名称（Access Point Name，APN）是指一种网络接入技术，是通过 UE 上网时必须配置的一个参数，它决定了 UE 通过哪种接入方式来访问网络。APN 是 UE 通过 PGW 可连接到外部网络标识，该标识由网络运营者分配给互联网服务提供商（Internet Service Provide，ISP）或公司，与其固定 Internet（互联网）域名一致，是 APN 的必选组成部分。

APN 实际上就是对一个外部 PDN 的标识，这些 PDN 包括企业内部网、Internet、WAP 网站、行业内部网等。APN 作为用户签约数据存储在 HSS 中，用户在发起业务时也可向网络侧 MME 提供 APN。MME 根据用户所提供的 APN，通过 DNS 进行域名解析，从而获取到 PGW 的 IP 地址，将用户接入 APN 对应的 PDN 中。

APN 的获取方式如下。

- 用户提供。
- 用户定制。
- 网络指定。

APN 由以下两个部分组成。

- 网络标识，定义 PGW 连接到哪个外部网络，MS 请求的业务类型（必选）。
- 电信运营商标识，表示哪一个 PLMN 的 PGW（可选）。

4G 网络 APN 的 FQDN 格式如下。

<APN NI>. apn.epc.mnc<MNC>.mcc<MCC>.3gppnetwork.org

网络标识（APN NI）至少包含一个标签，其长度最长为 63 字节。如果定义移动用户通过该网络标识接入某公司的企业网，则 APN 的网络标识可以规划为 "www.ABC123.com"。

电信运营商标识（APN OI）的第一个和第二个标签要唯一地标识出一个 PLMN。每家电信运营商都有一个默认的 APN 电信运营商标识，默认的电信运营商标识由 IMSI 推导得到，具体格式如下。

"mnc <MNC> .mcc<MCC> .3gppnetwork.org"

UE 在"附着"请求流程中，上报 UE 上设置的 APN。MME 收到 UE 上报的 APN 后，根据手机 IMSI 构造成 FQDN 格式，然后送至域名系统（Domain Name System，DNS）查询（注意这个 DNS 不是互联网中的 DNS，而是移动网内专用的 DNS，只负责 EPS 网元之间的主机名或域名解析）。DNS 当中存储有 APN 的 FQDN 格式域名和 P-GW 网关 IP 地址之间的对应关系，这样通过查询 DNS，MME 便可以获得 P-GW 网关的 IP 地址，其后便可以决定手机通过哪种接入方式来访问网络（选择不同的 P-GW 便决定了手机采用哪种接入方式访问网络）APN 与 P-GW 映射关系示意如图 6-10 所示。

5G 系统中，DNN 等效于 EPS 系统中的 APN。DNN 指向一个数据网络（Data Network，DN），5G 通过 DNN 选择 SMF 或 UPF，确定应用于此 PDU 会话的策略。DNN 是电信运营商决定的参数，不同

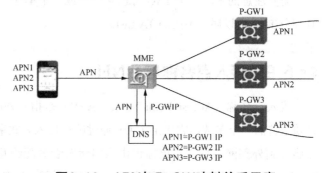

图6-10　APN与P-GW映射关系示意

的 DNN 会决定核心网不同的出口位置（用于选择服务的 UPF），也决定能够访问的不同的外部网络，例如，IP 多媒体系统（IMS）DNN、Internet-DNN 等。

DNN 在 5G 核心网中主要具有以下三大功能。

① 用于为 PDU 会话选择 SMF、UPF 等核心网网元。

② 为 PDU 会话选择 N6 口网络通道。

③ 确定应用于终端 PDU 会话的策略。

当终端携带特定 DNN 发起 PDU 会话时，会话请求经过无线网和承载网，到达核心网后，核心网会根据 DNN 选择不同的控制面网元（SMF 等）和用户面网元（UPF）来承载业务。终端用户也可以根据不同 DNN 签约不同的 QoS 策略，从而实现不同等级 5G 用户的差异化传输质量控制。核心网侧还可以通过不同 DNN 绑定 UPF 不同的 N6 接口虚拟专用网络（VPN）通道来实现不同终端到不同客户内网的访问。

5G DNN 支持部分 5GC 功能（例如，UPF）独立部署和选择，同时也提供用户级的 QoS 控制，但 DNN 不是端到端的连接，可以认为是核心网到企业专网的"切片"技术。

●●6.10 数据网络接入标识符

数据网络接入标识符（Data Network Access Identifier，DNAI）为一个特定字符串，其格式由电信运营商定义，目前，尚未标准化。

例如，电信运营商为多个使用 toB 数据分流业务的用户设置一个专用 DNN，此 DNN 区别于 toC 和其他 toB 业务，每位用户通过不同的数据网络接入标识（DNAI）区分绑定到不同用户内网的路由通道。基于 DNAI 业务分流示意如图 6-11 所示。

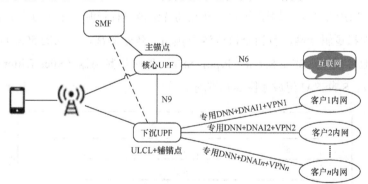

图6-11　基于DNAI业务分流示意

●●6.11 本地数据网

本地数据网（Local Area Data Network，LADN）用于定义一个或多个 DNN 的服务区域，该 DNN 服务区域也称为 LADN 服务区。LADN 的服务区是一组 TAs 跟踪区，只有 UE 在 LADN 服务区内，才能访问对应的 DNN。如果 UE 离开 LADN 服务区，就不能访问 LADN 对应的 DNN，但可以访问其他的 DNN。LADN 结构示例如图 6-12 所示。LADN 信息（例如，LADN DNN 和 LADN 服务区）由 AMF 在注册时提供给 UE。当 LADN 信息改变时，AMF 通过 UE 配置更新流程通知 UE 新的 LADN 信息。在后续的注册更新流程中（周期性注册更新除外），如果网络侧没有提供 LADN 信息，那么 UE 会删除已经存在的 LADN 信息。

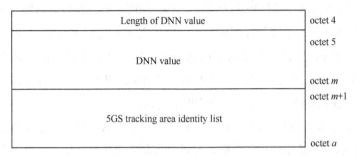

图6-12　LADN结构示例

对于 LADN 网络，当 UE 处于 LADN 服务区以外时，UE 不能发起到 LADN DNN 的 PDU Session 建立请求。

●●6.12　单个网络切片选择协助信息

单个网络切片选择协助信息（Single-Network Slice Selection Assistance Information，S-NSSAI）用于标识一个网络切片。UE 处理业务时通过 S-NSSAI 选择对应的切片组，例如，AMF、SMF 和 UPF，网络侧根据用户 5QI 在切片组内进行资源分配（切片是基于公网分离出来的一个虚拟逻辑专网，包括空口资源块预留、传输隔离、独立的 5GC）。S-NSSAI 的结构由切片服务类型（Slice Service Type，SST）和切片鉴别器（Slice Differentiator，SD）两个部分组成。S-NSSAI 组成如图 6-13 所示。

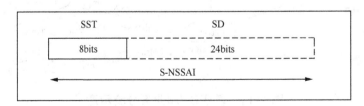

图6-13　S-NSSAI组成

SST 中的 1 表示 eMBB，2 表示 uRLLC，3 表示 mIoT。SD 用于区分相同切片类型的多个网络切片。

单个网络切片标识（S-NSSAI）可以是标准值，也可以是非标准值。当其取值为标准值时，仅 SST 存在，且其取值范围为 1 ～ 3。当其取值为非标准值时，SST 和 SD 同时存在，或者仅有 SST，但取值为非标准值。

网络切片标识 NSSAI 是 S-NSSAI 集合，其包含多个 S-NSSAI，或者可将 NSSAI 认为是一个 S-NSSAI 列表。NSSAI 字段描述如图 6-14 所示。

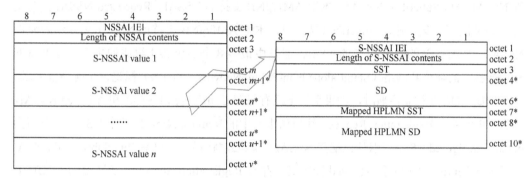

图6-14 NSSAI字段描述

5G 用户在开户时，会在 UDM 上签约一个或者多个 S-NSSAI，即签约一个或者多个切片。5G 终端接入网络时携带这些 S-NSSAI，网络根据 S-NSSAI 将终端接入相应切片。

3GPP 23.501 定义了 Configured NSSAI、Subscribed NSSAI、Requested NSSAI、Allowed NSSAI 共 4 种类型 NSSAI。除了缺省配置的 NSSAI 和被拒绝的 NSSAI，其他配置的 NSSAI 都与 PLMN 标识或 SNPN 标识相关联。

① 签约 NSSAI（Subscribed NSSAI，UDM → AMF），在 UDM 上签约的 UE 支持的切片列表，签约信息中包含一个或多个 S-NSSAIs。

② 配置 NSSAI（Configured NSSAI，AMF → UE），由本地电信运营商设置，通过 Registration Accept 消息发送给 UE。配置 NSSAI 多出现在 Requested NSSAI 和 Allowed NSSAI 不一致时，是 Subcribed NSSAI 和本地 AMF 配置支持的 NSSAI 交集。网络下发配置 NSSAI 场景：a）注册请求中不含 Requested NSSAI；b）注册请求中的 Requested NSSAI 包含的 S-NSSAI 不可用；c）注册请求中的 Requested NSSAI 使用的 Default Configured NSSAI；d）注册请求中的 Requested NSSAI 对应的 mApped S-NSSAI 不正确。UE 收到消息后替换当前的 Configured NSSAI，并删除所有之前保存的 Allowed NSSAI、Rejected NSSAI 和 Pending NSSAI。

③ 请求 NSSAI（Requested NSSAI，UE → AMF），注册过程中，UE 通过 Registration Request 消息向服务 PLMN 提供 NSSAI，是 UE 提供给 AMF，表明 UE 想要申请接入的切片信息。Requested NSSAI 来自 UE 中保存的 Configured NSSAI 和 Allowed NSSAI，优先使用 Allowed NSSAI。AMF 根据订阅信息验证 UE 提供的"Requested NSSAI"，并根据"Requested

NSSAI"为 UE 选择合适的服务 AMF 和网络切片，以及网络切片实例（注："Requested NSSAI"可以在 5G-AN 信令中包含被用于 5G-AN 选择服务 AMF，也可以在 NAS-PDU 信令中包含被用于选择网络切片的输入信息）。

④ 允许 NSSAI（Allowed NSSAI，AMF → gNB/UE），注册过程中，由服务 AMF 通过 Registration Accept 消息发送给 UE，指示 UE 在当前注册域可以使用的 S-NSSAIs 值。允许 NSSAI 来自 Subcribed NSSAI、本地 AMF/gNB 支持的 NSSAI、Requested NSSAI 三者交集，如果没有交集，则取 Subcribed NSSAI、本地 AMF/gNB 支持的 NSSAI 交集作为允许 NSSAI。终端存储的每个允许的 NSSAI 都是由最多 8 个 s-NSSAI 组成的集合，与 PLMN 标识或独立的非公共网络（Stand-alone Non-Public Network，SNPN）标识、访问类型关联。

例如，UE 在初始注册时，如果手机上没有保存 Configured NSSAI 和 Allowed NSSAI，那么 UE 可以在 Registration Request（注册请求）中的 Request NSSAI（请求 NSSAI）填写为 default configured NSSAI（默认已配置 NSSAI），核心网将根据用户签约的 Subscribed NSSAI 设置 Configured NSSAI 和 Allowed NSSAI，并在 Registration Accept 中发送给 UE，UE 上的 App 在触发业务的时候就可以从保存的 Allowed NSSAI 中选择一个切片来接入。UE 在后续注册的时候就会从保存的 Configured NSSAI 和 Allowed NSSAI 中选择全局或者一个子集来填写 requested NSSAI（由 UE 实现）。

无论是 Configured NSSAI 还是 Allowed NSSAI，二者都是 PLMN 级别的，也就是说，网络只会下发当前 PLMN 下支持的 NSSAI。

●● 6.13 PRACH

随机接入前导序列通过 ZC（Zadoff-Chu）根序列进行循环移位生成。对于长序列前导，ZC 根序列逻辑索引的取值为 0 ～ 837；对于短序列前导，其取值为 0 ～ 137。每个小区固定配置 64 个前导，如果 ZC 根序列循环移位产生的序列数小于 64，则对逻辑顺序的下一个 ZC 根序列进行循环移位继续生成前导，直到前导个数达到 64 个。

前导格式 0 ～ 3 ZC 序列见表 6-3。

表6-3　前导格式0～3 ZC序列

CM 组号	逻辑根序列 i	物理根序列 μ
0	0 ～ 19	129, 710, 140, 699, 120, 719, 210, 629, 168, 671, 84, 755, 105, 734, 93, 746, 70, 769, 60, 779
1	20 ～ 39	2, 837, 1, 838, 56, 783, 112, 727, 148, 691, 80, 759, 42, 797, 40, 799, 35, 804, 73, 766
2	40 ～ 59	146, 693, 31, 808, 28, 811, 30, 809, 27, 812, 29, 810, 24, 815, 48, 791, 68, 771, 74, 765

CM 组号	逻辑根序列 i	物理根序列 μ
3	$60 \sim 79$	178，661，136，703，86，753，78，761，43，796，39，800，20，819，21，818，95，744，202，637
4	$80 \sim 99$	190，649，181，658，137，702，125，714，151，688，217，622，128，711，142，697，122，717，203，636
$5 \sim 39$	$100 \sim 799$	……
40	$800 \sim 819$	404，435，406，433，235，604，267，572，302，537，309，530，265，574，233，606，367，472，296，543
41	$820 \sim 837$	336，503，305，534，373，466，280，559，279，560，419，420，240，599，258，581，229，610

逻辑根序列索引 i 与物理根序列 μ 存在一一映射关系，每组中的根序列按照立方度量（Cubic Metric，CM）值排序。需要说明的是，CM 是上行功率放大器非线性影响的衡量标准，比峰值平均功率比（Peak to Average Power Ratio，PAPR）更准确，CM 越低，对射频硬件的要求越低，位置连续的根序列 CM 值始终接近，可以实现一致的小区覆盖，且低逻辑根索引组的 CM 值低于高逻辑根索引组的 CM 值，因此，我们建议从低逻辑根索引组开始规划。

对于 Format $0 \sim 3$，逻辑根序列（rootSequenceIndex）共 838 个，采用码域规划方式，假定小区的覆盖半径为 4km，对应 N_{cs} 为 38（即每个小区需配置 3 个根序列才能生成 64 个前导），可有 $838/3/3 \approx 93$ 组（标准 3 扇区站）供分配。CM 值低的逻辑根建议优先分配给室外宏基站，有利于覆盖，而室内分布基站由于天然隔离的信号质量较好，所以可以使用 CM 值高的逻辑根。

ZC 序列逻辑索引和循环移位偏移量包含在 RACH-ConfigCommon 信元中传输。对于 SA 组网场景，RACH-ConfigCommon 信元由 SIB1 消息携带；对于 NSA 组网场景，RACH-ConfigCommon 信元由 RRCConnectionReconfiguration 消息携带。

为了避免相邻小区之间不同用户发生随机接入冲突，需对 PRACH 根序列进行合理规划，并遵循以下原则。

① 每个 NR 小区应分配一定数量的 PRACH ZC 根序列，宜确保产生 64 个可用于获取随机接入的前导码（Preamble）。

② 不冲突原则：应尽量保证相邻的同频小区使用不同的 PRACH ZC 根序列。

③ 可复用原则：PRACH ZC 根序列的复用应至少满足两个小区的隔离度。

④ 对于高负荷小区，可通过调整 PRACH 频域起始位置或时分复用方式最大化根序列复用，进一步避免邻近小区前导码冲突。

PRACH 规划流程如图 6-15 所示。

① 根据覆盖场景选择前导格式；②根据小区半径决定 N_{cs} 取值；③计算每个小区需要配置的根序列数，长序列根据 $839/N_{cs}$ 计算，短序列根据 $139/N_{cs}$ 计算，用向下取整的方法计算根序

列索引数，例如，839/76 结果向下取整结果为 11，这意味着每个索引可产生 11 个前导序列，64 个前导序列需要 6 个根序列索引；④确定可用根序列索引，例如，6 个根序列索引意味着 0，6，12…828 共 139 个可用根序列的索引；⑤根据可用的根序列索引，在所有小区之间进行分配。

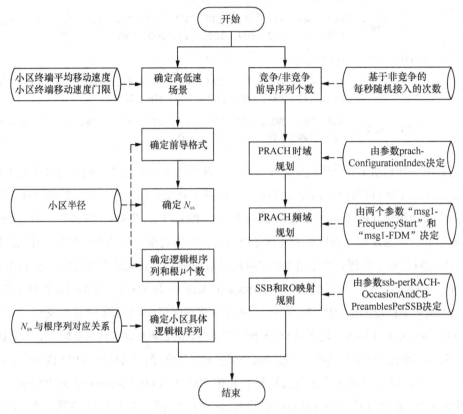

图6-15　PRACH规划流程

N_{cs} 的选择和小区半径的大小、时延扩展有关，N_{cs} 参数设计需满足以下条件。

$$N_{cs} \times T_S > T_{RTD} + T_{MD} + T_{Adsch}$$

上式中，T_S 为 ZC 序列的抽样长度，长格式 T_S 为（$1/\Delta f^{RA}$）/839，短格式 T_S 为（$1/\Delta f^{RA}$）/139，格式 0 的 T_S 取值为 800/839μs，格式 C2 的 T_S 取值为 67/139μs；T_{RTD} 为小区信号往返时延，和小区半径的关系为 $T_{RTD}=2r/c=6.67\times r$（μs），$r$ 的取值单位为 km；T_{MD} 为多径扩展时延，用于小区边缘 UE 的多径干扰保护，格式 C2 时根据 4.69/（$\Delta f^{PUSCH} \times 15$）计算得到，单位为μs；$T_{Adsch}$ 表示下行同步误差，格式 0 时，其取值为 2μs，格式 C2 时，其取值为 0μs。

N_{cs} 配置要求 N_{cs} 对应的小区半径应大于或等于规划的小区半径。在满足上述条件下，N_{cs} 尽量取小，从而减少接收机处理时间。如果其值配置过大，则会导致使用的根序列过多，提高了基站的检测复杂度。

长序列前导循环移位偏移量 N_{cs} 定义了非限制集、限制集 A 和限制集 B 共 3 种场景。

其中，限制集用于在高速场景下保证随机接入信道（Random Access CHannel，RACH）的接收性能，防止频偏造成序列相关峰的能量泄露对 RACH 接收性能产生影响。其中，限制集 A 用于高速场景，限制集 B 用于超高速场景。

N_{cs} 和小区半径之间的对应关系（格式 0，T_{MD}=6.25μs）见表 6-4，N_{cs} 和小区半径之间的对应关系（短格式 Δf_{RA}=15×2^{μ}kHz，当 μ={0，1，2，3}）见表 6-5。

表6-4 N_{cs} 和小区半径之间的对应关系（格式0，T_{MD}=6.25μs）

ZC 配置	中低速场景 N_{cs}	小区半径 /km	每个根能产生的前导个数	所需根序列数	根序列组
0	0	14.53	1	64	13
1	13	0.63	64	1	838
2	15	0.92	55	2	419
3	18	1.34	46	2	419
4	22	1.92	38	2	419
5	26	2.49	32	2	419
6	32	3.35	26	3	279
7	**38**	**4.21**	**22**	**3**	**279**
8	46	5.35	18	4	209
9	59	7.21	14	5	167
10	76	9.64	11	6	139
11	93	12.07	9	8	104
12	119	14.53	7	10	83
13	167	14.53	5	13	64
14	279	14.53	3	22	38
15	419	14.53	2	32	26

表6-5 N_{cs} 和小区半径之间的对应关系（短格式 Δf_{RA}=15×2^{μ}kHz，当 μ={0，1，2，3}）

ZC 配置	非限制集 N_{cs}	小区半径 /km（T_{MD}=3.13μs）	小区半径 /km（T_{MD}=4.69μs）
0	0		
1	2	—	—
2	4	—	—
3	6	—	—
4	8	—	—
5	10	0.11	—
6	12	0.25	0.02

续表

ZC 配置	非限制集 N_{cs}	小区半径 /km (T_{MD} =3.13 μs)	小区半径 /km (T_{MD} =4.69 μs)
7	13	0.32	0.09
8	15	0.47	0.23
9	17	0.61	0.38
10	19	0.75	0.52
11	23	1.04	0.81
12	27	1.33	1.1
13	34	1.83	1.6
14	46	2.7	2.46
15	69	4.65	4.32

●● 6.14 RSRP

NR 中 RSRP 和 RSRQ 的定义与 LTE 类似。不同的是，LTE 的 RSRP 和 RSRQ 是基于 CRS 进行测量的，NR 的 RSRP 和 RSRQ 是基于 SSS、SRS 和 CSI-RS 物理信号进行测量得到的。NR 主要测量指标定义见表 6-6。

表6-6 NR主要测量指标定义

类型	方向	指标名称	指标定义
RSRP	下行	SS-RSRP	SSB 中，携带 SSS 同步信号 RE 的平均功率，用于空闲态和连接态测量。实际值（L3）= 上报值 – 156（dBm）
	下行	CSI-RSRP	在天线端口 3000 上，指定的 CSI-RS 测量频带内，携带 CSI-RS 信号 RE 的平均功率，仅用于连接态测量。如果使用 CSI-RSRP 定义 L1-RSRP，则使用天线端口 3000、3001 上的 CSI 参考信号进行测量
	上行	SRS-RSRP	携带 SRS 的 RE 平均功率
RSRQ	下行	SS-RSRQ	$N \times$ SS-RSRP 与 NR 载波 RSSI 的比值，其中，N 为 NR 载波 RSSI 测量带宽中的 RB 数。分子和分母的度量应该在同一组资源块上进行。实际值 =（上报值 – 87）/2（dB）
	下行	CSI-RSRQ	$N \times$ CSI-RSRP 与 CSI RSSI 的比值，其中，N 为 CSI-RSSI 测量带宽中的 RB 数。分子和分母的度量应该在同一组资源块上进行
SINR	下行	SS-SINR	SS-RSRP 与相同带宽内噪声和干扰功率比值。实际值 = 上报值 /2–23（dB）
	下行	CSI-SINR	CSI-RSRP 与相同带宽内噪声和干扰功率比值

RRC 连接态时，NR 小区基于小区质量和波束质量两个维度进行移动性管理，增加了针对波束的测量，NR 测量和切换消息如图 6-16 所示。UE 测量一个小区中的多个波束（至

少一个），并将大于门限的多个波束电平取平均值后得到小区质量。UE 根据小区质量和满足门限的波束数选择合适的小区，再从选择的小区中选择多个波束中的最优波束。

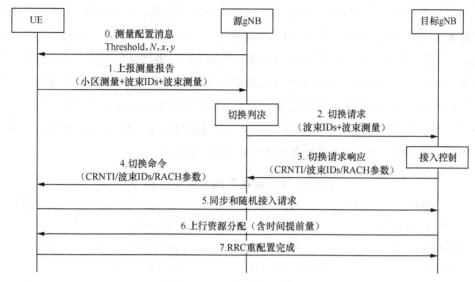

图6-16 NR测量和切换消息

由于 NR 系统引入了波束赋形的概念，所以 UE 需针对各个波束分别进行测量，从波束测量结果推导出小区测量结果。RRC 测量模型如图 6-17 所示。

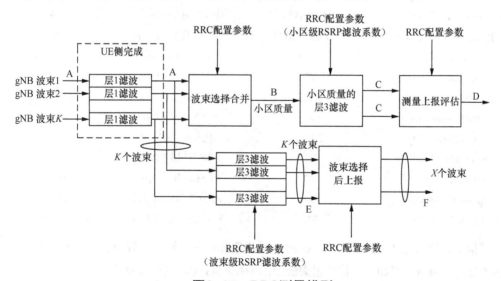

图6-17 RRC测量模型

图 6-17 中 A 为 UE 物理层内部单个波束的测量样本；C 为经过波束选择 / 合并、层 3 过滤后的测量结果，用于测量事件的评估；D 为 UE 在 Uu 接口上报的测量结果；E 为层 3 滤波后 K 个波束的测量结果；F 为 UE 在 Uu 接口上报的满足门限的最多 X 个波束质量（X 由参数定义）。

UE 物理层执行 RRM 测量获得多个波束的测量结果并递交到 RRC 层。在 RRC 层，UE 对满足门限的 N 个最大电平的波束测量结果取线性平均值，得到小区测量结果（波束电平门限值和最大的波束数 N 由网络发给 UE。当网络不配置门限和 N 时，UE 选择最好的波束测量结果作为小区测量结果）。为了降低测量过程中的随机干扰，生成的小区测量结果要经过 L3 滤波后才能触发测量上报。NR 支持周期上报、事件触发上报。对于周期上报和事件触发上报，上报配置中会指定参考信号类型（SSB 或 CSI-RS）、测量上报量（RSRP、RSRQ 和 SINR 的任意组合）、是否上报波束测量结果以及可上报波束的最大个数。对于事件触发上报，上报配置针对每个事件会指定一个测量触发量。目前，5G 系统支持 A1 ～ A6，B1 ～ B2 测量事件。NR 连接态测试结果示例见表 6-7。

表6-7 NR连接态测试结果示例

参数	数值	参数	数值
Network Type	NR	SS-RSRP	−82.81
PLMN1/PLMN2	46000	SS-SINR	6
MCC\MNC\TAC	460\00\1331211	CSI-RSRP\CSI-SINR	
Band	41	PDSCH DM-RSSI	−75.77
NCI	51629768707	PDSCH DM-SINR	29
gNB\Cell ID	12604924\3	Avg CQI	13.6
SSB Freq(MHz)	2524.95	PRACH TxPower	
SSB ARFCN\PCI	504990\363	PUCCH TxPower	−3
PointA\Cent. ARFCN	503172\513000	PUSCH TxPower	10
SSB GSCN	6312	Most Modul DL/s	256QAM
Bandwidth(MHz\RBs)	100\273	Most Modul UL/s	64QAM
SC Spacing	30kHz	RB Num DL/Slot	241.81
SSB Beam Num	8	RB Num UL/Slot	4.29
SSB Periodicity	20ms	MCS Avg DL\UL	22.88\18.52
Slot Config(DL\UL)	7\2	PDSCH BLER(%)	10.13
Rank Indicator DL\UL	2\2	PUSCH BLER(%)	0.49
Grant Count DL/s	1600	PDSCH iBLER(%)	10.13
Grant Count UL/s	203	PUSCH iBLER(%)	0.49

根据下行接收电平大小将室外 5G 网络覆盖等级分为极好点、好点、中点和差点，各覆盖等级对应覆盖电平如下（该数据来源：中国移动 5G 无线网验收规范）。

极好点：SS-RSRP ≥ −70dBm 且 SS-SINR ≥ 25dB

好点：−80dBm ≤ SS-RSRP < −70dBm 且 15dB ≤ SS-SINR < 20dB

中点：−90dBm ≤ SS-RSRP < −80dBm 且 5dB ≤ SS-SINR < 10dB

差点：−100dBm ≤ SS-RSRP < −90dBm 且 −5dB ≤ SS-SINR < 0dB

关键技术

Chapter 7

第7章

5G 网络引入的关键技术主要有高阶调制（256QAM）、mMIMO、网络切片，移动边缘计算（MEC）等。本章将从无线接入、无线传输、组网方式等维度介绍 5G 网络关键技术。

●● 7.1　基于服务的架构

移动网络需要一种开放的网络架构，通过开放网络架构的更改支持不断扩充的网络能力，通过接口开放支持业务访问所提供的网络能力。基于此，3GPP 采纳 5G 基于服务的架构（Service Based Architecture，SBA）。5G SBA 演进如图 7-1 所示，5G SBA 演进基于 5G 核心网进行了重构，以网络功能（Network Function，NF）的方式重新定义了网络实体，各网络功能（NF）和其他网络功能（NF）在业务上解耦，并且对外提供服务化接口。不同网络功能实体之间的接口采用成熟的标准化协议，便于快速实现网络接口的开放和网络功能实体的快速升级。NF 可以通过相同的接口向其他调用者提供服务，并将传统网络多个耦合接口转变为单一服务接口，减少接口数量，进而实现从传统的刚性网络（网元固定功能、网元之间固定连接和固化信令交互等）向基于服务的柔性网络转变。

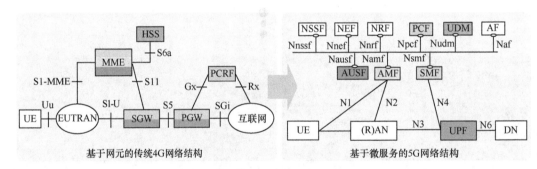

图7-1　5G SBA演进

服务化的网络架构中，网络功能之间的交互由服务调用实现，每个网络功能对外呈现通用的服务化接口，可被授权的网络功能或服务调用，解决了点到点架构紧耦合的问题，实现了网络灵活演进，满足了各种业务灵活部署的需求。

5GC 服务化架构的核心特征表现为 NFV 和 SDN，使能网络切片。与传统核心网架构相比，5GC 的显著特点体现在以下几个方面。

① 控制面与用户面分离，将 S/P-GW 的控制功能分离到 SMF，用户面分离到 UPF，采用集中控制、分布式用户面的组网方式。用户面功能脱离"中心"的束缚，可以靠近用户部署，满足 5G 用户的极致业务体验。

② 控制面网络功能摒弃传统的点对点通信方式，采用统一的基于服务化架构和接口，例如，Nnssf、Nsmf 等，将控制面功能抽象为多个独立的网络服务，以软件化、模块化、

服务化的方式构建网络，使网络更加敏捷，匹配 5G 业务发展的需要。

③ 移动性管理与会话管理解耦，解耦后的功能单元分别称为 AMF 和 SMF。

④ 核心网对接入方式不感知，各种接入方式通过统一的机制接入网络，例如，non-3GPP 方式通过统一的 N2/N3 接口接入 5G 核心网，3GPP 与 non-3GPP 统一认证等。

⑤ 开放接口，实现分配策略的灵活定义。

5G 采用服务架构 SBA 后对电信运营商的价值主要体现在以下 4 个方面。

① 敏捷：服务松耦合，网络部署、维护、升级更快速、便利。

② 易扩展：轻量级的接口使新功能的引入不需要引入新的接口设计。

③ 灵活：通过模块化、可重用方式实现网络功能的组合，满足切片等灵活组网需求。

④ 开放：新型 REST API 极大地便于电信运营商或第三方调用服务。

●●7.2 网络切片

网络切片（Network Slice，NS）是一个临时的逻辑网络，是将电信运营商的物理网络根据不同的服务需求，划分为多个虚拟网络，以灵活的应对不同的网络应用场景，提供差异化服务。为了便于理解，我们把移动网络比喻为交通，车辆是用户，道路是网络，道路和网络切片示例如图 7-2 所示。随着车辆的增多，城市道路变得拥堵不堪。为了缓解交通拥堵，交通部门根据不同的车辆、运营方式进行分流管理，例如，设置快速公交系统（Bus Rapid Transit，BRT），机动车道，非机动车专用通道等，满足不同人的出行要求，提高通行效率。

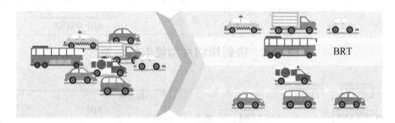

图7-2　道路和网络切片示例

5G 网络实现从人—人连接到万物互联，连接数量成倍上升，业务类型越来越复杂，利用网络切片技术对网络实行分流管理，其目的是提高资源的使用效率，满足不同业务的 QoS 需求。

网络切片提供端到端网络服务，根据网元划分为接入网（RAN）切片、传输网（TN）切片和核心网（CN）切片，需要跨域的切片管理系统，端到端切片示意如图 7-3 所示。

不同切片可以共享基础设施资源，但它们之间相互隔离、互不影响，并且网络切片可以独立运营，端到端切片功能架构示意如图 7-4 所示，网络切片选择如图 7-5 所示。

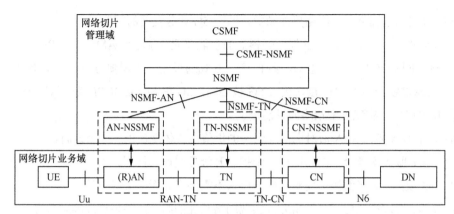

图7-3 端到端切片示意

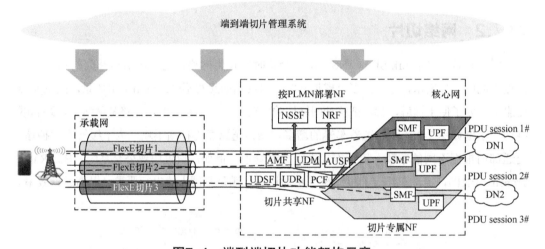

图7-4 端到端切片功能架构示意

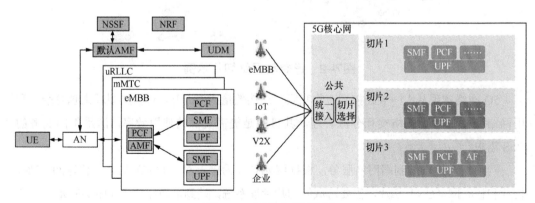

图7-5 网络切片选择

在网络维度上，切片代表用户群级，一个切片会包含很多用户。在用户维度，切片意味着 UE 的 App 级，一个终端的不同 App 可以附着在不同切片，允许同一个 UE 同时接入 8 个不同的切片。从租户维度看，切片也代表着行业的子业务级，一个行业往往有很多子业务，不同子业务对应的 SLA 不同。

从电信运营商角度来看，网络切片的实现过程就是编排部署，对应的功能实体有通信服务管理功能（CSMF）、切片管理功能（NSMF）、子切片管理功能（NSSMF）、管理和编排（MANO）。5G 网络切片编排部署流程如图 7-6 所示。

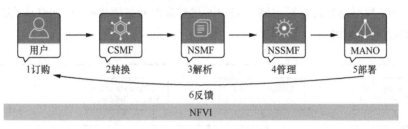

图7-6　5G网络切片编排部署流程

① 行业客户向电信运营商购买切片，并提供业务具体需求，例如，切片类型（eMBB、uRLLC 或 mMTC 等）、切片性能要求（时延、带宽、可靠性等）、切片规格、地理位置等。

② 通信服务管理功能（Communication Service Management Function，CSMF）负责将通信业务需求翻译为网络切片的相关要求，完成用户需求到服务等级协议（SLA）的转换，SLA 包括用户数、QoS、带宽等参数。CSMF 将翻译后的用户需求发给 NSMF，要求 NSMF 依据网络切片需求分配一个网络切片实例（Network Slice Instance，NSI）。用户需求到服务等级协议（SLA）的转换如图 7-7 所示。

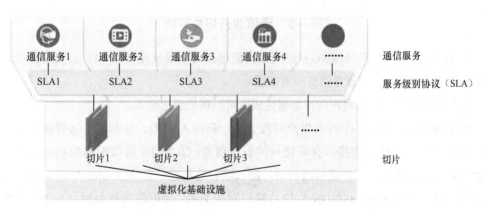

图7-7　用户需求到服务等级协议（SLA）的转换

③ 切片管理功能（NSMF）评估请求的可行性，如果业务不可行，则拒绝这一请求。如果能提供该业务，则分析请求的网络切片实例（NSI）是否可与其他通信业务共享。如

果可以共享并且现存的 NSI 可用，则 NSMF 使用现存的 NSI。否则，NSMF 根据 SLA 创建新的 NSI。同时，NSMF 从网络切片相关需求中提取出网络切片子网相关需求，并发送给NSSMF。

④ 子切片管理功能（NSSMF）分为无线接入网 RAN、传输网 TN 和核心网 CN 共 3 个部分，根据 NSMF 发来的需求分别完成无线网、传输网和核心网切片子网实例（NSSI）的管理和编排，以及相对应的资源申请，并对子切片进行全生命周期管理。

⑤ NSMF 将网络切片子网实例（NSSI）与对应的网络切片实例（NSI）关联。通信业务切片实例如图 7-8 所示。

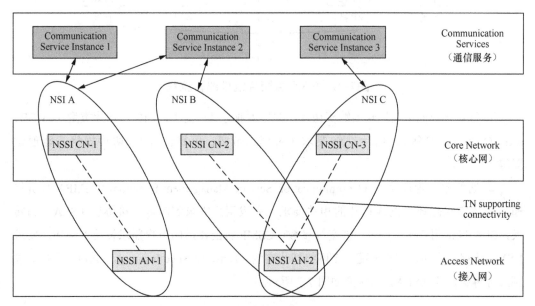

图7-8　通信业务切片实例

⑥ 管理和编排功能（MANO）在网络功能虚拟化基础设施（NFVI）上完成各子切片以及所依赖的网络、计算和存储资源的部署。

⑦ 管理系统通知订购用户切片部署完成，可以使用通信服务。

切片商业应用举例。①行业用户开发 App，获得 App ID，并向电信运营商购买切片用于 App 业务，通过开放接口获取切片的管理信息；②电信运营商根据用户业务需求进行切片实体编排和管理，分配相应的切片标识给行业用户，并建立 App ID 与切片标识对应关系，以及用户号码 MSISDN 与切片标识对应关系；③电信运营商网络向 UE 下发切片标识集合，以及 App ID 和切片标识对应关系；④UE 激活 App 时，绑定对应切换标识进行通信，网络依据切片标识选择相应的切片为用户提供服务。网络切片过程如图 7-9 所示。

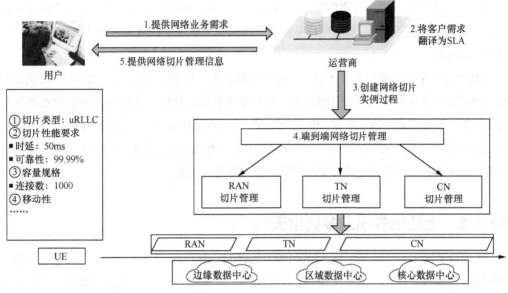

图7-9　网络切片过程

●●7.3　边缘计算

ETSI 定义的边缘计算（Multi-access Edge Computing，MEC）是指通过在无线接入侧部署通用服务器，为移动网边缘提供 IT 和云计算的能力。其原理就是在无线网络侧增加计算、存储、处理、路由等功能，使传统无线接入网具备了业务本地化和近距离部署的条件，从而提供了大带宽、低时延的传输能力，同时业务面下沉形成本地化部署，可以有效降低对网络回传带宽的要求。

MEC 可以部署在基站机房（与基站共址）、接入汇聚机房或骨干汇聚机房。当 MEC 边缘部署时，可以降低传输时延。MEC 功能示意如图 7-10 所示。

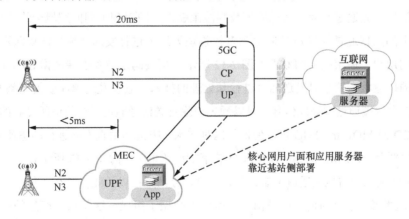

图7-10　MEC功能示意

MEC 改变网络与业务分离的状态，将业务平台下沉到网络边缘，为移动用户就近提供业务计算和数据缓存能力，实现网络从接入管道向信息化服务使能平台的关键跨越，是 5G 的代表性能力。

MEC 适合部署于实时性要求高、大数据量等场景，例如，企业网、AR/VR、视频监控等，通过靠近终端侧引入智能计算能力，保障业务体验，同时，无线资源的管理更加智能化。典型应用包括本地内容缓存、基于无线感知的业务优化处理、本地内容转发、工业视觉，VR 远程操作，协同作业等。"5G+ 边缘计算"具有"免布线、大带宽、低时延、兼容多协议、提高安全性"五大价值，可以为无人工厂的建立提供新思路。

●● 7.4 大规模多输入多输出天线

大规模多输入多输出（massive Multiple Input Multiple Output，mMIMO）天线技术是指在基站端布置多根天线（由 128 根或 192 根天线振子构成），对几十个目标接收机调制各自的波束，通过空间信号隔离，在同一频率资源上同时传输多路信号给相同的终端或不同的终端。

典型 mMIMO 应用有 16T16R、32T32R 和 64T64R。收发信机数量和天线数有关，天线越多所需收发信机（通道）的数量也越多。mMIMO 结构示意如图 7-11 所示。

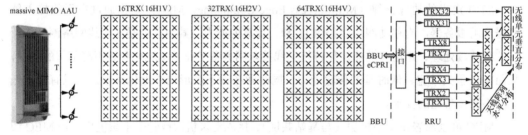

图7-11　mMIMO结构示意

发射信号 S 先通过预编码（也称为数字波束赋形）映射到不同的逻辑天线端口，然后各个端口上的数据通过加权 ω 后映射到多根物理天线上进行发送（模拟波束赋形），使输出波束指向用户，波束赋形的原理如图 7-12 所示。预编码是指发送端根据 SRS 或 CSI-RS 预先获取的信道状态信息对发送信号进行预处理的技术。假设发送端能获得完整的信道状态信息，在发送端通过预处理信号，可以预先消除发送信号通过无线信道所受到的干扰。

相比 2D-MIMO，mMIMO 可以使信号同时在水平方向和垂直方向进行动态调整，有利于改善高层覆盖。2D-MIMO 和 3D-MIMO 波束赋形效果对比如图 7-13 所示。

mMIMO 天线增益包括通道增益、阵列增益、分集增益以及业务增益 4 种。

① 通道增益：单个通道一般是由 3 个或者 6 个振子组成，这些振子产生的合成增益，称为通道增益，即通道增益 =10log（振子数）。

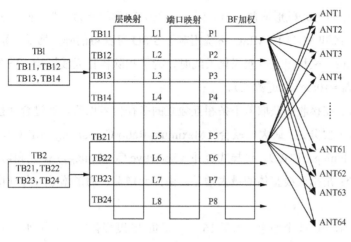

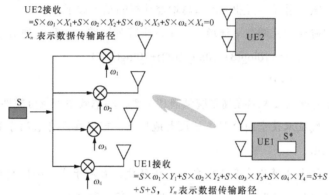

图7-12 波束赋形的原理

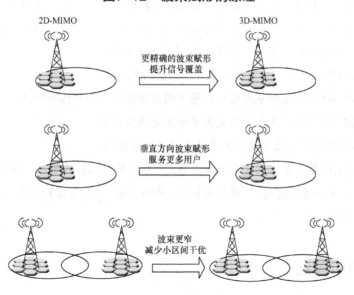

图7-13 2D-MIMO和3D-MIMO波束赋形效果对比

② 阵列增益：也称为赋形增益，通道数越多，波束赋形的能力越强，增益越大。理论上，$1 \times N$ 的 SIMO 系统和 $M \times 1$ 的 MISO 系统相对于 SISO 可获得的阵列增益分别为 $10\log(N)$ dB 和 $10\log(M)$ dB。采用 ±45° 双极化天线时，为了扣除极化天线影响，需要将通道数除以 2，即阵列增益 $=10\log$（通道数 /2）。

③ 分集增益：在接收端获取若干条相互独立的多径信号以后，通过合并技术得到分集增益。合并方式主要分为：最大比联合（Maximum Ratio Combining，MRC）、等增益组合（Equal Gain Combining，EGC）、选择式合并（Selective Combining，SC）和切换合并 4 种。

④ 业务增益：是指天线整体的最大增益，由振元增益、通道增益、阵列增益和分集增益构成。

以 64TR 为例，共 64 个通道，水平 16 个（正负 45 度极化排列）排列，垂直 4 个排列，每个通道由 3 个振子组成，其业务信道总增益计算的结果如下。

业务信道增益 = 振元增益 + 通道增益 + 水平阵列增益 + 垂直阵列增益 + 分集增益

$$=2.15+10\log(3)+10\log(16/2)+10\log(4)+3$$

$$=25 \text{ dB}$$

mMIMO 应用可以极大地提高系统频谱利用率、功率效率以及可靠性。

- 大规模天线技术使空间分辨率被极大地提升，可以在没有基站分裂的条件下实现空间资源的深度挖掘。
- 波束赋形技术能够让波束集中在一小块区域，有利于减少小区间干扰。另外，将信号集中于特定方向和特定用户群，能量更加集中，有利于改善覆盖。
- 能够通过不同维度（空域、时域、频域等）提升频谱利用率，增加网络容量。

NR 下行 MIMO 是基于 CSI 反馈或者 SRS 信道互易性信息进行预编码的闭环传输。

- MU-MIMO 模式时，下行支持最多 16 个正交的数据流。
- SU-MIMO 模式时，下行支持最多 8 个正交的数据流。

NR 上行 MIMO 需要根据基站指示，基于码本和非码本两种传输模式。

- MU-MIMO 模式时，上行支持最多 8 个正交的数据流。
- SU-MIMO 模式时，上行支持最多 4 个正交的数据流。

mMIMO 应用场景主要包括 3 个方面内容：一是流量大的业务热点，提高系统容量；二是 CBD 商业区，解决高层覆盖；三是体育场馆、演唱会馆，人流量比较集中，通过波束赋形，降低用户之间干扰。

●●7.5 高阶调制

正交振幅调制（Quadrature Amplitude Modulation，QAM）将幅移键控和相移键控结

合在一起，其原理是将输入比特先映射（常用格雷码）到一个复平面（常用星座图来描述QAM 信号的空间分布状态），形成复数调制符号（I，Q），然后将符号的I、Q 分量（对应复平面的实部和虚部）采用幅度调制，分别调制在相互正交的两个载波 $\cos(\omega t)$ 和 $\sin(\omega t)$。

NR 上行和下行均支持 256QAM 调制方式，即每个调制符号 S 携带 8 比特信息，与 4G 64QAM 相比，其频谱效率可以提升 33%。

由于 5G 终端上行和下行都支持多天线传输和 256QAM 高阶调制，速率将会有明显提升。NR 空口物理层峰值速率的计算过程如下。

$$\text{data rate (Mbit/s)} = 10^{-6} \cdot \sum_{j=1}^{J} \left(v_{\text{Layers}}^{(j)} \cdot Q_m^{(j)} \cdot f^{(j)} \cdot R_{\max} \cdot \frac{N_{\text{PRB}}^{\text{BW}(j),\mu} \cdot 12}{T_s^{\mu}} \cdot (1 - \text{OH}^{(j)}) \right)$$

其中，J 是指 CA 载波数。

$v_{\text{Layers}}^{(j)}$ 是指载波分量 j 支持的最大层数。

$Q_m^{(j)}$ 是指载波分量 j 支持的最大调制阶数。

$f^{(j)}$ 是指比例因子，由参数 scalingFactor 配置，其取值为 {1，0.8，0.75，0.4}。

$R_{\max} = 948/1024$。

$N_{\text{PRB}}^{\text{BW}(j),\mu}$：Numerology 为 μ 时，带宽 $\text{BW}^{(j)}$ 支持的最大 RB 数。

T_s^{μ}：Numerology 为 μ 时，OFDM 符号时长，$T_s^{\mu} = 10^{-3}/(14 \times 2^{\mu})$。

$\text{OH}^{(j)}$ 开销比例：下行 FR1 取 0.14，FR2 取 0.18；上行 FR1 取 0.08，FR2 取 0.1。

假定 100MHz 带宽，子载波带宽为 30kHz，时隙配置为 2.5ms 双周期（DDDSUDDSUU），特殊时隙配置为 10:2:2，终端支持 4 流，256QAM 调制，在控制信道开销占比为 14% 的情况下，NR 单用户空口下行峰值速率的计算过程如下。

$$\underbrace{\frac{4}{①}} \times \underbrace{\frac{8}{②}} \times \underbrace{\frac{948/1024}{③}} \times \underbrace{\frac{(273 \times 12 \times 14)}{④}} \times \underbrace{\frac{(5 + 2 \times 10/14)/10}{⑤}} \times \underbrace{\frac{(1-0.14)}{⑥}} \times \underbrace{\frac{0.5/1000}{⑦}} \times \underbrace{\frac{10^9}{⑧}}$$
$$\approx 1.5 \text{Gbit/s}$$

其中，①终端采用 4 流进行接收；②每个 RE 可携带 8 比特信息；③编码效率；④总 RE 数 / 时隙；⑤用于下行传输的时隙占比；⑥业务 RE 占比；⑦时隙长度，即传输时间；⑧单位转换为 Gbit/s。

NR 上行峰值速率的计算结果如下。

$$2 \times 8 \times 948/1024 \times (273 \times 12 \times 14) \times 3/10 \times (1-0.08)/(0.5/1000)/10^6 = 375 \text{Mbit/s}$$

●● 7.6 自适应调制编码

自适应调制编码（Adaptive Modulation and Coding，AMC）技术是指根据信道状态确定最佳的调制方式和信道编码组合。其实现方式是通过接收端对导频或参考信号等进行测量，判断信道质量，并将信道质量映射为特定的信道质量指示（Channel Quality Indicator，

CQI），将其上报到发射端。发射端根据接收端反馈的 CQI 选取相应的调制方式、编码方式、传输块大小等进行数据传输。自适应调制编码如图 7-14 所示。

较差的信道环境
→较多的信道编码冗余

较好的信道环境
→较少的信道编码冗余

较差的信道环境
→采用低阶调制

较好的信道环境
→采用高阶调制

图7-14 自适应调制编码

在小区边缘信道环境较差的情况下，使用较多的信道编码冗余，空口采用低阶调制，提高空口抗干扰能力和接收端的纠错能力。反之，在信道好的环境下，采用较少的编码冗余，空口采用高阶调制，提高传输效率。

CQI 索引表示例见表 7-1，其中，当 CQI 在 1 ~ 3 之间时，对应 QPSK；当 CQI 在 4 ~ 6 时，对应 16QAM；当 CQI 在 7 ~ 11 时，对应 64QAM；当 CQI 在 12 ~ 15 时，对应 256QAM。

表7-1 CQI索引表示例

CQI 索引	调制方式	编码速率 ×1024	频谱效率
0		未使用	
1	QPSK	78	0.1523
2	QPSK	193	0.3770
3	QPSK	449	0.8770
4	16QAM	378	1.4766
5	16QAM	490	1.9141
6	16QAM	616	2.4063
7	64QAM	466	2.7305
8	64QAM	567	3.3223
9	64QAM	666	3.9023
10	64QAM	772	4.5234
11	64QAM	873	5.1152
12	256QAM	711	5.5547
13	256QAM	797	6.2266
14	256QAM	885	6.9141
15	256QAM	948	7.4063

PDSCH 和 PUSCH MCS 索引表示例见表 7-2。其中，当 MCS 在 0 ～ 4 之间时，对应 QPSK；当 MCS 在 5 ～ 10 时，对应 16QAM；当 MCS 在 11 ～ 19 时，对应 64QAM；当 MCS 在 20 ～ 27 时，对应 256QAM。

表7-2　PDSCH和PUSCH MCS索引表示例

MCS 索引 I_{MCS}	调制阶数 Q_m	目标编码速率 $R \times [1024]$	频谱效率
0	2	120	0.2344
1	2	193	0.3770
2	2	308	0.6016
3	2	449	0.8770
4	2	602	1.1758
5	4	378	1.4766
6	4	434	1.6953
7	4	490	1.9141
8	4	553	2.1602
9	4	616	2.4063
10	4	658	2.5703
11	6	466	2.7305
12	6	517	3.0293
13	6	567	3.3223
14	6	616	3.6094
15	6	666	3.9023
16	6	719	4.2129
17	6	772	4.5234
18	6	822	4.8164
19	6	873	5.1152
20	8	682.5	5.3320
21	8	711	5.5547
22	8	754	5.8906
23	8	797	6.2266
24	8	841	6.5703
25	8	885	6.9141
26	8	916.5	7.1602
27	8	948	7.4063
28	2		
29	4		
30	6	预留	
31	8		

●● 7.7 信道编码

接收机的灵敏度与多个因素相关，其中，最主要的是信道编码方式。所谓信道编码，就是在发送端对原数据添加冗余信息，并且这些冗余信息和原数据相关，在接收端根据这种相关性来检测和纠正传输过程产生的差错。3GPP确定在增强移动宽带（eMBB）场景下，5G网络控制信道编码采用华为公司主导的Polar码（极化码），数据信道编码采用的是高通公司提出的低密度奇偶校验码（Low Density Parity Check Code，LDPC）。

Polar码于2010年由土耳其科学家Arikan发明，主要是基于信道极化现象和采用串行译码方式提升信息比特的可靠性。LDPC由R. Gallager于1962年提出，是分组码的一种。一般通用的分组码译码算法是伴随式译码，非常复杂，而LDPC是通过比特翻转的译码算法来简化分组的译码，并且可以进行并行化译码，非常适合高速率数据处理的场景。

●● 7.8 灵活多载波技术

NR上行支持CP-OFDM和DFT-S-OFDM两种模式，在信号好的区域使用CP-OFDM，在小区边缘或覆盖差的区域使用DFT-S-OFDM，进一步提升频率资源的利用率。NR上行多载波技术如图7-15所示。

CP-OFDM的优点是可以使用不连续的频域资源，资源分配灵活，频率分集增益大，支持多流传输，频谱利用率高，其缺点是峰均比相对较高。DFT-S-OFDM的优点是峰均比相对较低，波形类似单载波，其缺点是对频域资源有一定约束，只能使用连续的频域资源且只支持单流传输。

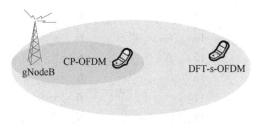

图7-15　NR上行多载波技术

●● 7.9 上下行解耦

由于C-Band频段较高，传播损耗较大，以及受到终端上行发射功率等限制，5G小区的上行覆盖受限严重，造成5G小区的覆盖范围偏小。上下行解耦就是针对这一问题提出的创新频谱使用技术，3GPP中的正式名称是LTE-NR UL coexistence。其原理是下行采用5G基站进行数据和信令传输，上行5G信号通过低频段的4G基站进行传输，然后通过4G基带板与5G基带板之间的HEI接口将收到的5G信号发给5G基站进行处理（主控板BBU之间的互连线用于时钟互锁），实现5G与LTE的并存，弥补C-Band高频上行覆盖的不足。

上下行解耦前后覆盖对比如图7-16所示。上下行解耦前，5G小区上行覆盖比下行覆盖差 15.4dB。上下行解耦后，上行用 1.8GHz 进行补充覆盖，可以提高上行覆盖 7.7dB（2R），10.7dB（4R）。

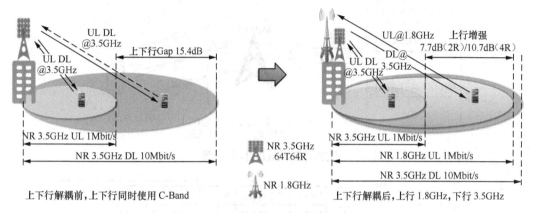

图7-16   上下行解耦前后覆盖对比

上下行解耦 NR 和 LTE 基站连接示意如图 7-17 所示。在 5G 上行弱覆盖区域，5G 下行信号继续由 NR 发送给 UE，而上行链路通过低频段，例如，1.8GHz 的 4G RRU 接收，通过基带板 HEI 接口透传给 5G 基带板处理。

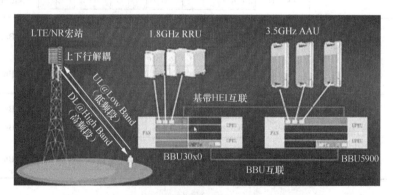

图7-17   上下行解耦NR和LTE基站连接示意

上下行解耦场景中，每个 NR 小区包括多个上行载波，其中，一个上行载波为 SUL 载波。SUL 载波可以是 NR 独享频率，也可以是与 LTE 共享的上行频率。UE 可以在 UL 和 SUL 之间动态选择发送链路，但是在同一个时刻，UE 只能选择其中一条链路，不能同时在两条链路上发送上行数据。SUL 小区示意如图 7-18 所示，超级上行、上行载波聚合和上下行解耦示意如图 7-19 所示。

R16 引入了上行频谱切换发送技术，即终端在上行发送链路以时分复用方式工作在 TDD 载波和 FDD 载波，提高用户的上行吞吐率和上行覆盖性能。采用上行频谱切换发送方案时，UE 两路射频发送通路中，FDD 的发送通路与 TDD 双路发射中的一路共用 1 套

RF 发射机。终端支持通过基站调度，可以动态地在如下两种工作状态下切换。

DL: 3.5GHz频段
UL: 3.5GHz频段
SUL: 1.8GHz频段
CC#0
DL: 3.5GHz频段
UL: 3.5GHz频段
SUL: 1.8GHz
同一个时刻，UE只能在UL
或SUL的一条链路上发送

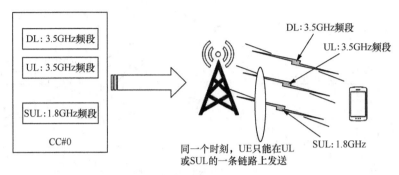

图7-18　SUL小区示意

3.5GHz单频
2T
3.5GHz D D D S U D D S U U 23dBm
3.5GHz D D D S U D D S U U 23dBm
超级上行
2T
3.5GHz D D D S U D D S U U 23dBm
3.5GHz D D D S U D D S U U 23dBm
+
1T
2.1GHz U U U U 23dBm
上行载波聚合
（CA）
1T
3.5GHz D D D S U D D S U U 20dBm
+
1T
2.1GHz U U U U U 20dBm
上下行解耦
（SUL）
2T
（近点）
3.5GHz D D D S U D D S U U 23dBm
3.5GHz D D D S U D D S U U 23dBm
1T
（远点）
2.1GHz U U U U U 23dBm

图7-19　超级上行、上行载波聚合和上下行解耦示意

- FDD 载波 1 路发射 +TDD 载波 1 路发射（1T+1T）。
- FDD 载波 0 路发射 +TDD 载波 2 路发射（0T+2T）。

上行载波之间切换发送机制可以使 UE 在 EN-DC、上行 CA、SUL 3 种模式下工作。当 UE 处于小区近点位置时，基站可以调度用户在 TDD 载波的双发状态（0T+2T）下工作，使用户获得 TDD 载波上行 MIMO 模式下处于高速率。基站也可以对近点用户调度在“FDD+TDD”载波聚合状态（1T+1T）下，使用户获得上行 CA 模式下处于高速率。当 UE 处于小区边缘位置时，基站可以调度用户工作在 FDD 低频载波上单发，提升边缘用户的覆盖性能。

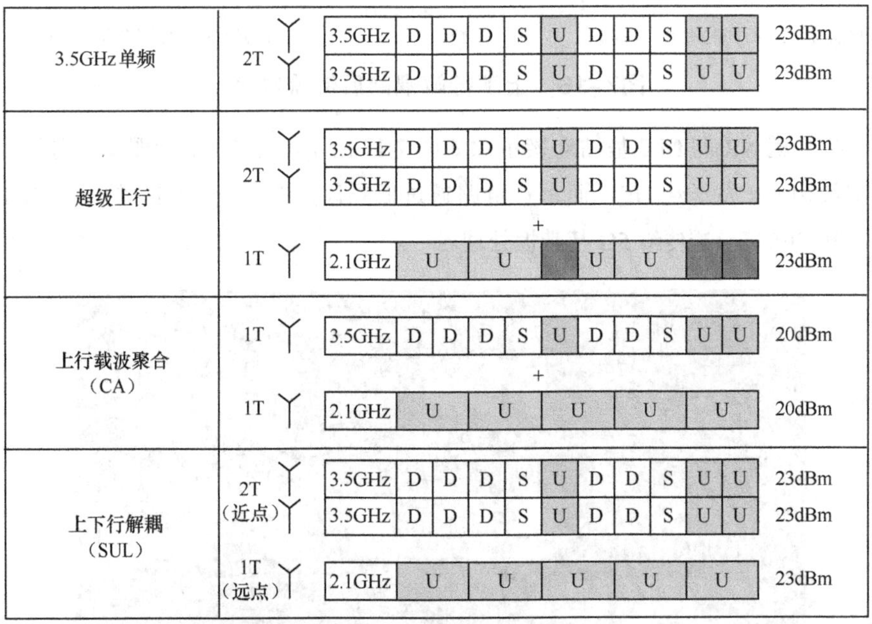

●●7.10 CU-DU 分离

为了满足 5G 网络需求，3GPP 提出面向 5G 的无线接入网重构方案，引入 CU-DU 架构。在此架构下，5G 的 BBU 拆分为 CU 和 DU 两个逻辑单元，而射频单元及部分基带物理层底层功能与天线构成 AAU。

根据 3GPP 协议定义，将 PDCP 层及以上的无线侧逻辑功能节点作为 CU。CU-DU 可以映射到不同的物理设备，也可以映射为同一物理实体。4G 基站和 5G 基站的功能映射如图 7-20 所示。

通过引入中央控制单元 CU，一方面，在业务层面，可以实现无线资源的统一管理、移动性的集中控制，进一步提高网络性能；另一方面，在架构层面，CU 既可以灵活集成到电信运营商云平台，也可以在专有硬件环境上采用云化思想设计，实现资源池化、部署自动化，降低运营成本（OPEX）和资本性支出（CAPEX）的同时，提升客户体验。

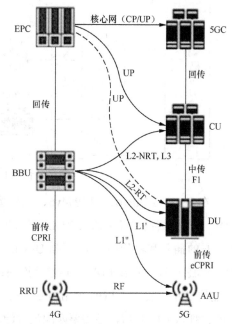

图7-20 4G基站和5G基站的功能映射

其中，CU 云化部署是基于集中化处理（Centralized Processing，CP），协作式无线电（Collaborative Radio，CR）和实时云计算构架（Real-time Cloud Infrastructure，RCI）的绿色无线接入网构架（Clean System，CS）。其本质是将基带处理资源进行集中部署，形成一个基带资源池，并对其覆盖区域进行统一管理与调度。

CU 云化部署属于新型无线接入网构架，可以减少基站的机房数量，降低能耗，同时可以采用协作化、虚拟化技术，实现资源共享和动态调度，提高频谱效率，以实现低成本、大带宽，以及提高运营灵活度的目标。

●●7.11 ULCL 分流

UPF 有两种形态：PDU 会话锚点（PDU Session Anchor，PSA）和 UPF 上行分类器（UPF Uplink Classifier，UPFULCL）。PSA 作为 PDU 会话锚点，是终结 GTP 隧道的处理点，而且只有 PSA 可以提供 N6 接口。PSA 分为主锚点 PSA（也称为 IP 锚点，通过 N6 接口与中心 DN 连接）和辅锚点 PSA（通过 N6 接口与本地 DN 连接）。其中，主锚点 PSA 在 UE 激活时负责为 UE 分配 IP 地址，主锚点 PSA 和辅锚点 PSA 都可以为经过 PSA 的业务完成计费、监听、业务控制等功能。ULCL 对来自 UE 的上行数据按分流规则识别后，决定将数据分别发送到主锚点和辅锚点，以及聚合来自主锚点辅锚点的下行数据，统一封装到 N3 接口的 GTP 隧道中传递给 gNB。UPF 外部接口和功能如图 7-21 所示。

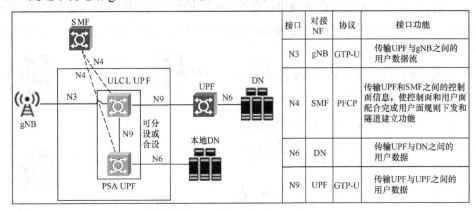

接口	对接 NF	协议	接口功能
N3	gNB	GTP-U	传输 UPF 与 gNB 之间的用户数据流
N4	SMF	PFCP	传输 UPF 和 SMF 之间的控制面信息，使控制面和用户面配合完成用户面规则下发和隧道建立功能
N6	DN		传输 UPF 与 DN 之间的用户数据
N9	UPF	GTP-U	传输 UPF 与 UPF 之间的用户数据

图7-21　UPF外部接口和功能

在 IPv4、或 IPv6、或 IPv4v6、或以太网类型 PDU 会话的情况下，SMF 可以决定在 PDU 会话的数据路径中插入 "ULCL"（上行链路分类器），其目的是分流本地的一些流量。ULCL 的插入和移除由 SMF 根据 ULCL 的触发条件决定，并由 SMF 通过 N4 接口进行控制。SMF 可以决定在 PDU 会话建立期间或 PDU 会话完成后的数据路径中插入支持 ULCL 功能的 UPF，或者在 PDU 会话建立之后，从 PDU 会话的信号路径中，移除支持 ULCL 的 UPF。插入 ULCL 后，还需要匹配流过滤规则，只有符合过滤规则的数据包才能被分流到本地 DN。ULCL 触发条件示例见表 7-3。

表7-3　ULCL触发条件示例

序号	触发条件	方案优势	方案劣势	应用场景建议
1	特定位置	只须判断位置信息	进入区域的所有用户都需要分流，可能会对边缘 UPF 造成压力	特定地点对公众开放的 MEC 场景
2	位置及用户签约	支持对用户进行签约，避免 UPF 资源被过度占用	需要提前对用户签约	工业园区、校园网本地业务
3	位置及应用检测	可以按照应用触发，粒度更细	PDU 会话为 SSC mode1，可能造成业务中断	在特定地点对公众开放的特定业务
4	能力开放	分流策略配置在 MEC/App（AF），NEF 支持向 MEC/App 开放 2 个 API，包括流量引导功能及定位用户位置功能。当用户移动到 MEC 区域时，AMF 通过 NEF 的用户位置功能把用户位置信息通知给 MEC/App，MEC/App 通过 NEF 触发流量引导功能，将分流规则传递给 PCF，PCF 结合用户位置信息及应用流检测结果触发 ULCL 插入流程	开发门槛高	定制业务

例如，某公司签约了本地分流业务，当员工在公司所在的区域接入 5G 网络时，通过 ULCL+ 辅锚点 UPF 的方式，卸载用户访问企业网的流量，实现本地闭环。ULCL 本地分流总体架构如图 7-22 所示，ULCL 本地分流过程示意如图 7-23 所示。

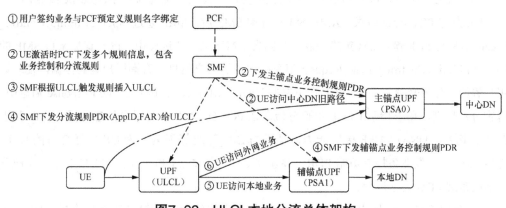

图7-22 ULCL本地分流总体架构

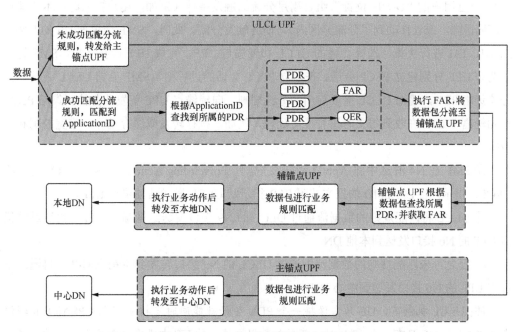

图7-23 ULCL本地分流过程示意

UE 注册后首先与 UPF PSA0（主锚点）建立 PDU 会话，数据流量经由 UPF PSA0（主锚点）访问中心 DN。当 UE 移动到某个位置时，SMF 根据 PCF 的策略要求，执行添加本地的 ULCL（含辅锚点）进行数据分流。ULCL 根据 SMF 下发的分流规则，过滤上行数据包目的 IP 地址，将符合规则的数据包分流到本地 DN，其他数据包继续发送至 UPF PSA0。

中心 DN 与本地 DN 下行的数据包，ULCL 汇聚后，将其发送给 UE。ULCL 的分流实现过程如下。

① PCF 配置 UE 签约的本地分流套餐与预定义规则名 userprofile 之间的绑定关系。

② 当 UE 激活时，PCF 判断 UE 签约该业务，下发预定义规则名 userprofile 到 SMF。

UE 发起 PDU 会话请求，AMF 为 UE 分配 SMF 后，SMF 通过 Npcf_SMPolicyControl_Create 消息与 PCF 建立 SM 策略关联，并完成策略下发。该过程中，PCF 根据来自 SMF 的 Npcf_SMPolicyControl_Create Request 消息中携带的用户信息，查询用户签约数据，发现该用户签约了分流套餐。于是，PCF 在下发的 Npcf_SMPolicyControl_Create Response 消息中，携带分流规则，用于指示 ULCL 如何分流。在 PCF 向 SMF 下发用户信息之后，SMF 基于 DNN、切片、DNAI、UPF 接口能力、是否与 EPS 互通等因素，为 UE 选择合适的 UPF。之后 SMF 会下发业务控制策略 PDR，并建立 UE 与主锚点 UPF 之间的 PDU 会话，完成分流前的常规 PDU 会话过程。

③ 在用户会话过程中，SMF 会实时检测用户的位置（一般是用户所在的 TAC 或者 CI），一旦用户的"DNN+位置"组合满足分流的触发条件（例如，用户接入时，本身就在分流园区内，或者移动到了分流园区内），便会触发分流。此时，SMF 会根据 UE 的 DNN、DNAI、TAI 进行决策，选择合适的 ULCL 和辅锚点 UPF。完成 UPF 选择之后，SMF 将与这两个 UPF 分别建立 PFCP 会话。在建立 PFCP 会话的过程中，SMF 会向 ULCL 下发业务分流策略 PDR，通知 ULCL 需要启用的分流规则，向辅锚点 UPF 下发业务控制策略 PDR，通知辅锚点 UPF 在收到报文时进行业务处理，例如，执行转发或缓存动作、带宽控制和计费等。

④ SMF 在 N4 消息中将 AppID 和转发规则（Forwarding Action Rules，FAR）发送给 ULCL，指示匹配该 AppID 的报文按照 FAR 指示从 ULCL 发送给辅锚点 UPF。

⑤ ULCL 将匹配规则的数据流通过 ULCL 的 N9 接口发送给辅锚点 UPF，再通过辅锚点 UPF 的 N6 接口发送到本地 DN。

⑥ 反之，未匹配规则的数据流则通过 ULCL 的 N9 接口转发到主锚点 UPF，再通过主锚点 UPF 的 N6 接口发送到中心 DN。

注：ULCL 机制下，UE 只需保持一个 PDU 会话就能同时支持主锚点（PSA0）和辅锚点（PSA1）。UE 只有一个 IP 地址，不感知数据分流，对 UE 也没有特别要求。这种分流方式在实现上较为灵活，MEC 的 MEP 可以通过 N5 接口下发分流规则（MEP→PCF→SMF→UPF），也可以通过 N33 接口下发分流规则（MEP→NEF→PCF→SMF→UPF），或在网络信息安全要求允许的情况下，还可以通过 Mp2 私有接口下发分流规则（MEP→UPF）。分流规则支持目的 IP 地址和 DNN 等方式，并支持动态增删改。因此，现阶段，这种分流实现方式是一种优选方案。

●● 7.12　IPv6 多归属分流

IPv6 多归属（IPv6 Multi-Homing）分流是指基于源 IP 地址进行本地分流的一种实现方式。

一个 PDU 会话可以关联多个 IPv6 前缀，同时，锚定到多个不同的 DN，即多归属（Multi-Homing）PDU 会话。根据 3GPP TS23.501 规定，PDU 会话的多归属仅适用于 IPv6 类型的 PDU 会话。IPv6 Multi-Homing 场景下通过对会话分支点（Branching Point，BP）的增加、删除完成对本地业务锚点的创建，完成分流功能。在 PDU 会话建立的过程中，或在 PDU 会话建立完成后，SMF 可以在 PDU 会话的数据路径中插入或者删除会话分支点（UPF BP），分支点 UPF 根据 SMF 下发的过滤规则，通过检查数据包源 IP 地址进行分流，将不同 IPv6 前缀的业务流转发至不同的 PDU 会话锚点 UPF，以及将不同 PDU 会话锚点 UPF 的下行业务流合并发送到 UE。IPv6 Multi-Homing 分流业务实现流程如图 7-24 所示。

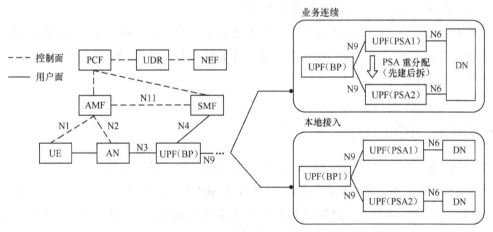

图7-24　IPv6 Multi-Homing分流业务实现流程

IPv6 Multi-Homing 可以用于支持先通后断服务连续性，即 SSC mode3，也可以用于支持终端同时接入本地业务和互联网业务的场景。

注：IPv6 Multi-Homing 机制下，UE 和网络需要支持 IPv6，一个 PDU 会话分配多个 IPv6 前缀，并且 UE 能感知并控制数据分流。

●● 7.13　本地区域数据网分流

本地区域数据网（Local Area Data Network，LADN）分流是指基于特定的 DNN 进行本地分流的一种实现方式，LADN 分流如图 7-25 所示。UE 在 5G 核心网注册成功后，AMF

通过注册流程或 UE 配置更新流程告知 UE 其 LADN 信息（例如，DNN 和服务区域 TA 等）。

SMF 根据 AMF 提供的 UE 实时位置信息，负责判断当前 UE 是否能够接入 LADN。在这种分流方式下，UE 需要建立新的 PDU 会话接入 LADN，用于本地分流业务。

以图 7-25 为例，UE 先与中心 UPF2 建立 PDU 会话。当 UE 移动到 LADN 服务区域内且发起访问 LADN 的请求时，UE 会发起创建本地 PDU 会话流

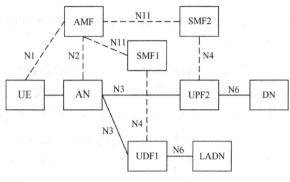

图7-25　LADN分流

程，SMF 根据 UE 的位置选择本地 UPF1，将本地会话路由到 LADN。访问 DN 的 PDU 会话与访问 LADN 的 PDU 会话相互独立，互不干扰。当 UE 离开 LADN 服务区域后，SMF 应根据 AMF 上报的 UE 实时位置信息，发起 LADN 会话释放流程；此时，即使 UE 再次发起访问 LADN 的请求，SMF 也会拒绝这次请求。

需要说明的是，LADN 机制下，UE 需要支持 LADN，并且能感知和控制数据分流。这种分流方式可以理解为基于 DNN 的分流，分流规则无法动态增删改，缺少灵活性，而且需要 UE 支持签约特定的 LADN。

●●7.14　5G LAN

3GPP R16 阶段定义了 5G LAN 技术，5G LAN 又称为 5G 局域网，是一种基于电信运营商的 5G 网络与授权频段提供私有化移动 LAN 服务的网络。5G LAN 支持 L2 通信（Ethernet 局域网），也支持 L3 通信（IP VRF 转发），并支持用户的移动性。5G LAN 支持单播、组播和广播，相互访问方式非常灵活，组网非常简单。5G LAN 端到端系统用户面协议栈如图 7-26 所示。

5G LAN 网络架构中的局域网交换机（Local SWitch，LSW）功能集成到 UPF，提供 LAN 路由功能。为了完成 5G LAN 通信，首先要划分虚拟网络（Virtual Network，VN）群组，即根据需求，将特定的用户划分为一个 VN 组，VN 组内的成员之间可以进行 5G LAN 组内通信。VN 组配置可以由电信运营商通过网管直接进行配置，也可以由第三方通过能力开放平台进行动态管理。但无论哪种方式，每个 VN 组都具备以下特征。

① VN 组标识。

② VN 组成员信息由 GPSI 唯一标识。

③ VN 组数据（例如，PDU 会话类型、DNN、S-NSSAI、二次认证 / 鉴权信息等）。

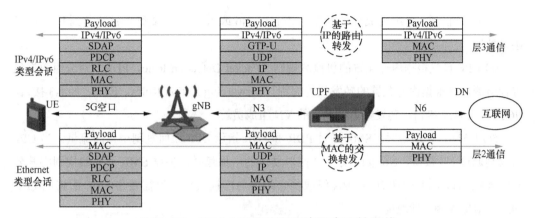

图7-26　5G LAN端到端系统用户面协议栈

3GPP 根据不同的场景需求，定义了 3 种 VN 组内用户面流量转发方式。3 种流量转发方式如图 7-27 所示。

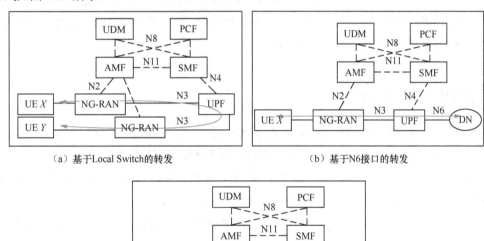

（a）基于Local Switch的转发　　　　　　　（b）基于N6接口的转发

（c）基于N19接口的转发

图7-27　3种流量转发方式

① 基于局域网交换机（LSW）的转发：又称为本地转发模型，属于同一 VN 组的 UE 之间通过单个 UPF 进行的通信。

② 基于 N6 转发：UE 和 N6 连接的组成员或 DN 内的设备之间转发的通信。

③ 基于 N19 转发：又称为跨 UPF 转发，属于同一 VN 组的 UE 之间通过不同 UPF 之间转发的通信。

5G LAN 的 VN 组内的流量转发流程分为以下两步。

① UPF 收到 VN 组内成员的数据（经 N3、N6 或 N19 接口收到）后转发到 UPF 内部接口处理。

② UPF 首先根据内部配置的包检测规则（Packet Detection Rule，PDR）对分组数据包进行检测，再根据内部配置的转发行为规则（Forwarding Action Rules，FAR）经 N3 接口、N6 接口或 N19 接口，转发数据包到目的 VN 组成员。

5G LAN 广播通信时，SMF 通过 PDR 和 FAR 指示 UPF 如何复制用户面流量。当 UPF 接收到通过 N3 接口、N6 接口或 N19 接口发送的广播包时，根据 SMF 下发的规则将其分发给连接到该 UPF 的所有 5G VN 组成员。组播与广播类似，但需要将 SMF 配置的 PDR 的广播地址改为多播地址。

5G LAN 的 VN 分组不仅满足隔离通信的需求，还实现了不同 LAN 网络的 QoS 差异化，即针对带宽、时延等不同的要求，为工业自动化控制、办公自动化等场景提供差异化的服务能力。在安全方面，5G LAN 可以设置灵活的授权、认证机制，对不同分组进行差异化管理。与 Wi-Fi 相比，5G LAN 支持小区之间切换能力，覆盖范围比 Wi-Fi 更大，支持通过设置授权和认证机制来提供更强的安全性。

●● 7.15　DNN 纠错

DNN 纠错是 AMF 网元的功能，是指在 PDU 会话建立的流程中，AMF 可以将 UE 请求的 DNN 和签约数据以及本地配置进行比对，如果发现 UE 请求的 DNN 未签约或者不合法，满足纠错条件，就会采用某个缺省 DNN 或者本地配置的 DNN 来选择 SMF。后续的 PDU 会话建立请求中，都使用纠错后的 DNN，覆盖掉 UE 请求的 DNN。PDU 会话建立流程中的 DNN 纠错如图 7-28 所示。例如，某 5G 用户购买了电信运营商 A 的 5G 定制手机，但后来因为某种原因换了电信运营商 B 的卡，用户发起 PDU 会话建立请求流程中携带的 DNN 可能是电信运营商 A 的，这种情况就需要纠错。

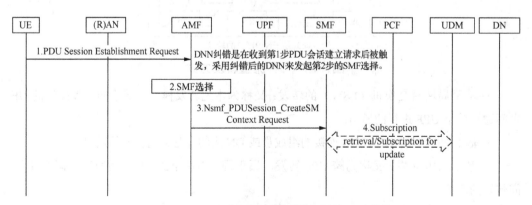

图7-28　PDU会话建立流程中的DNN纠错

数据网络名称（Data Network Name，DNN）纠错功能可以配置为签约的 default DNN（默认 DNN）优先、仅 local DNN（仅本地 DNN）、local DNN 优先（优先本地 DNN）等策略，具体描述如下。

① 签约的 default DNN 优先：AMF 首先判断是否存在签约 default DNN，如果存在签约的 default DNN，则使用 default DNN 作为终端的 DNN；如果不存在签约的 default DNN，则判断 AMF 配置的 local DNN 是否在终端签约的 DNN 列表中，转入仅 local DNN 纠错策略。

② 仅 local DNN：判断 AMF 配置的 local DNN 是否在终端签约的 DNN 列表中，如果 local DNN 在 DNN 列表中，则使用 AMF 本地配置的 local DNN，否则，AMF 拒绝终端接入。

③ local DNN 优先：判断 AMF 配置的 local DNN 是否在终端签约的 DNN 列表中，如果 local DNN 在 DNN 列表中，则使用 AMF 本地配置的 local DNN，否则，判断是否存在签约 default DNN。如果不存在签约 default DNN，则在签约的 DNN 列表中，随机选择一个 DNN；如果存在签约 default DNN，则使用签约的 default DNN。

●●7.16 集成接入回传

集成接入回传（Integrated Access Backhaul，IAB）将接入和回传集成在一起，从而节省有线回传光纤资源，降低回传网络部署成本。IAB 中的节点分为 IAB-donor 和 IAB-node 两种类型。其中，IAB-donor 是 IAB 在网络侧的终结节点，通过有线光纤进行回传，而 IAB-node 是具有无线回传功能的基站节点，部署在期望扩展网络覆盖的区域，且不需要光纤进行回传。IAB 网络及节点示意如图 7-29 所示。

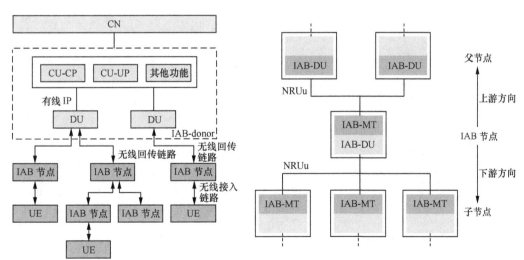

图7-29 IAB网络及节点示意

IAB-node 包含两个模块：一个是 IAB-DU 模块，具有 gNB DU 的功能，可以服务普通 UE 及 IAB 子节点；另一个是 IAB-MT 模块，具有 UE 的部分功能，IAB-MT 可以支持 UE 物理层、AS 层和 NAS 层等功能，通过无线空口连接到 IAB 父节点。

在部分山区、海岛等特殊地理环境无法将光纤部署到基站的场景，可以在地势较高的区域设置 IAB-node 节点，利用 IAB-node 节点的无线回传功能，采用接力传输的方式，延伸基站信号的覆盖范围。

无线网络优化

Chapter 8

第8章

●● 8.1　优化概述

网络优化是指通过技术手段改善网络覆盖和质量，提高资源使用效率的过程。优化的思路首先是告警排查，确保硬件工作正常，其次是覆盖优化，保证覆盖合理；然后是消除网内／网外干扰；最后是开展参数核查与优化，在此基础上，再针对短板 KPI 指标进行专项提升。

（1）最佳系统覆盖

覆盖是优化环节中极其重要的一环。在系统的覆盖区域内，通过调整天线工程参数、功率等手段使更多地方的信号满足业务所需的最低电平要求，尽可能利用有限的功率实现最优覆盖，减少由于系统弱覆盖或覆盖带来的用户无法接入、掉话、切换失败、干扰等。

（2）系统干扰最小化

干扰分为系统内干扰和系统外干扰两种。其中，系统内干扰由系统自身产生，例如，覆盖不合理、AAU 故障、互调干扰引发的小区间或小区内干扰；系统外干扰主要是指干扰器、大功率发射台、异系统干扰等。这两类干扰均会影响网络质量。

通过覆盖优化，调整功率参数、算法参数、天馈整治等措施，尽可能将系统内干扰最小化。通过外部干扰排查、清频，消除系统外干扰。

（3）容量均衡

首先，通过调整基站的覆盖范围、接入／切换参数优化，合理控制基站的负荷，使各个网元负荷尽量均匀。其次，通过扩容、小区分裂、新建站等措施提高业务热点区域的系统容量。超密集业务区域可以通过调度策略合理调整，以满足更多用户接入的需求。

优化实施流程如图 8-1 所示。

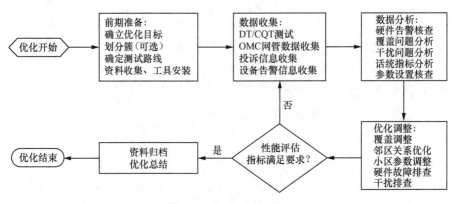

图8-1　优化实施流程

优化实施流程各阶段主要工作的具体说明如下。

① 优化准备阶段工作包括基础数据收集、优化工具安装，开展优化前的网络评估，确立优化目标等。

② 优化实施阶段通过告警分析、路测、信令分析、话务统计分析等措施定位网络问题，再通过硬件排障、覆盖调整、干扰排除、参数优化等措施提升网络性能。话务统计分析方法和关系如图 8-2 所示。

③ 优化总结，提交优化总结报告。优化总结报告包括优化目标达成情况、优化前后主要指标对比、优化工作内容描述、典型案例分析、后续维护规划建议等。

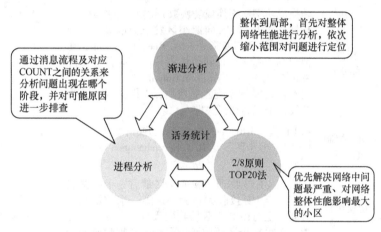

图8-2　话务统计分析方法和关系

●●8.2　指标和定义

假定 5G 小区时隙配置为 DDDDDDDSUU 且小区带宽为 100MHz 时，SA 组网常用指标定义见表 8-1（建议值和小区实际配置有关，表中所示相关数值仅供参考）。

表8-1　SA组网常用指标定义

类别	测试项	指标名称	指标定义	建议值
覆盖	覆盖	无线覆盖率	车内测试，SS-RSRP ≥ -110dBm & SS-SINR ≥ -3dB 采样点占比	≥ 90%
接入	接入	连接建立成功率	连接建立成功率 = 成功完成连接建立次数 / 终端发起分组数据连接建立请求总次数。成功完成连接建立次数定义为终端发出 RRC Reconfiguration Complete，并开始上下行数据传送，视作成功完成连接建立，如果发起连接建立后 25 秒内 FTP 无速率，则视为失败	≥ 95%

类别	测试项	指标名称	指标定义	建议值
接入	接入	接入时延（控制面）	从终端在 5G 发出 Preamble（MSG1），到发出重配完成为止（竞争）	< 120ms
保持	保持	掉线率	掉线率 = 掉线次数 / 成功完成连接建立次数 掉线是指空口 RRC 连接异常释放和 / 或 10s 以上，如果应用层速率为 0，则视为掉线。 成功完成连接建立是指 RRC IDLE 状态的终端通过"随机接入 –RRC 连接建立 –DRB 建立"，如果空口过程完成与无线网的连接，并开始上下行数据传送，则视为成功完成连接建立	≤ 4%
切换	切换	切换成功率	切换成功率 = 切换成功次数 / 切换尝试次数 切换尝试是指 UE 向源小区发送测量报告信令后，UE 收到切换指令 RRC Reconfiguration；切换成功是指 UE 收到切换指令后，向目标小区发送 RRC Reconfiguration Complete。 注意：切换信令交互完成后，立即掉线只视为掉线，不视为切换失败	≥ 95%
		切换控制面时延	从 UE 收到 RRC reconfiguration 切换信令开始，到 UE 向目标小区发送 RRC Reconfiguration Complete 完成	< 90ms
		切换用户面时延	下行由 UE 接收到源服务小区最后一个数据包开始，至 UE 接收到目标小区第一个数据包的时间；上行由源小区接收到最后一个数据包开始，至目标小区接收到的第一个数据包时间。 最后一个数据包是指 L3 最后一个序号的数据包	< 50ms
速率	吞吐量	RLC 层平均吞吐量	测试过程中两台终端同时建立连接，一台终端开启下行 TCP 业务（例如，FTP 下载一个大文件），另一台终端开启上行 TCP 业务（例如，FTP 上传一个大文件）； 测试车应视实际道路交通条件以中等速度（30km/h 左右）匀速行驶，路测终端长时间保持业务	下行 > 500Mbit/s 上行 > 80Mbit/s
语音	VoNR	VoNR 接入时延	主叫 UE 发"SIP Invite"后收到网络侧下发的"SIP 180 Ring"消息之间的时间差（只统计接通）	≤ 2s
		VoNR 接通率	VoNR 呼叫建立成功次数 / VoNR 呼叫建立尝试次数 ×100%，即主叫收到"180Ringing"的次数 / 主叫发起 SIP_Invite 的次数 ×100%	≥ 98%
	EPS Fallback	EPS Fallback 端到端成功率	EPS Fallback VoLTE 呼叫建立成功次数 /EPS Fallback VoLTE 呼叫建立尝试次数 ×100%，即主叫收到 SIP "180 Ringing"的次数 / 主叫发起 SIP_Invite 的次数 ×100%	> 96%
		EPS Fallback 呼叫时延	空闲态 UE 对空闲态 UE 发起语音呼叫，记录消息 SIP_Invite 到 SIP "180 Ringing"的平均时延	< 6s

续表

类别	测试项	指标名称	指标定义	建议值
用户面	ping 包时延	ping 包时延（用户面）	测试终端接入系统，分别发起 3toBytes（小包）、1400Bytes（大包）ping 包，重复 ping 20 次。统计从发出 ping Request 到收到 ping Reply 之间的时延平均值	小包：时延 ≤ 15ms，抖动 ≤ 3ms 大包：时延 ≤ 17ms，抖动 ≤ 3ms （仅统计 RAN 侧时延，需扣除传输链路和核心网侧时延）
	ping 包成功率	ping 包成功率	从发出 ping Request 到收到 ping Reply 的成功率，基于统计数据，计算 ping 包成功率 =1- 丢包率	> 95%

●● 8.3 覆盖优化

网络覆盖问题可以分为四类：①覆盖空洞，UE 无法注册网络，不能为用户提供网络服务，需通过规划新站解决；②弱覆盖，接收电平低于覆盖门限且影响业务质量，首先考虑进行优化解决；③越区覆盖，一般是指小区的覆盖区域超过规划范围，在其他基站覆盖区域内形成不连续的主导区域，可通过优化解决；④重叠覆盖，同频网络中，与服务小区信号强度差在 6dB 以内，且 RSRP 大于 –110dBm 的重叠小区数超过 3 个（含服务小区）的区域，定义为重叠覆盖区域。重叠覆盖容易导致信道质量差、接通率低、切换频繁、下载速率低。

由于 5G 网络采用同频组网，所以良好的覆盖和干扰控制是保障网络质量的前提。与覆盖相关的指标主要有 SS-RSRP、SS-SINR，用于 NR 小区重选、切换、波束选择等。

SS-RSRP：SSB 中携带 SSS 同步信号 RE 的平均功率，用于空闲态和连接态测量。典型值为 –105dBm ～ –75dBm。

$$实际值（L3）= 上报值 –156（dBm）$$

SS-SINR：SS-RSRP 与相同带宽内噪声和干扰功率的比值。小区中心区域一般要求 SS-SINR > 15dB，小区边缘 SS-SINR > –3dB。

$$实际值 = 上报值 / 2–23（dB）$$

8.3.1 问题起因

影响无线网络覆盖的因素主要体现在以下几个方面。

（1）网络规划

网络规划的问题包括站点位置远离用户分布集中区域、基站高度过高或过低、天线方位角 / 倾角规划不合理、天线主方向有障碍物、无线环境发生变化、缺少基站等。

（2）工程质量

工程质量的问题包括线缆接口施工质量不合格（接口松动）、天线物理参数未按照规划方案施工、站点位置未按照规划方案实施和天馈接反等。

（3）设备异常

设备异常主要是由于设备故障引起的，可结合设备告警进行辅助分析。

（4）参数配置

参数配置的问题包括广播波束覆盖场景设置、天线权值设置、功率参数、邻区配置、切换参数设置不合理等。

8.3.2 优化原则

覆盖优化总体上可以分为改善弱覆盖和消除重叠覆盖两类。优化时宜遵循以下原则。

- 一是先优化 SS-RSRP，后优化 SS-SINR。
- 二是优先解决弱覆盖、越区覆盖的问题，再优化重叠覆盖。

8.3.3 优化措施

SS-RSRP 和 SS-SINR 根据小区 SSB 中的辅同步信号 SSS 计算得到，与 UE 是否进行业务传输无关，因此，优化时测试可以在空闲状态下进行，根据测试情况优化小区的覆盖范围。常见覆盖问题的具体优化方法的相关说明如下。

① 缺少基站引起的弱覆盖：对站间距比较远的弱覆盖应通过在合适位置新增基站以提升覆盖，对短期不能加站的弱覆盖，可以通过调整附近小区的天线权值和功率、天线工程参数、更换天线等方式提升该区域的 RSRP 值。

② 参数设置不合理引起的弱覆盖：包括天线工程参数、RS 功率、切换、重选参数等。优化中可结合问题区域邻区信号强度定位是否存在切换过慢或重选不及时等问题。

③ 越区覆盖：一般通过调整小区天线的权值、物理方位角/下倾角，降低小区发射功率或者降低 AAU 高度来解决。

④ 背向覆盖问题：大部分该类问题由于建筑物反射导致，此时如果通过合理调整天线覆盖方位，则可以有效避开建筑物的强反射。部分该类问题也可能是由天线前后比指标差引起的，这时需要通过更换天线来解决。

⑤ 重叠覆盖问题：宜明确主导小区，通过调整下倾角、方位角、功率，加强主服务小区信号强度，同时降低其他小区在该区域的覆盖场强。

⑥ 广播波束管理优化：为了增强不同组网场景下广播信道、同步信号的覆盖，更好地匹配小区覆盖范围和用户分布，gNodeB 支持多种覆盖场景的波束。

- 宽波束与多波束轮询配置

功率配置一定的情况下，多波束轮询相比宽波束配置整体有 3 ~ 5dB 覆盖增益，采用多波束扫描可以改善覆盖和降低干扰。

- 覆盖场景配置

选择适合覆盖需求的波束场景，解决不同组网场景下小区覆盖受限及邻区干扰问题。例如，水平覆盖要求比较高时，建议设置较宽的水平波束，远点可以获得更高的波束增益，提升远点覆盖，推荐配置为 SCENARIO_1/6/12。

- 数字电调波束权值配置

波束配置包括波束时域位置、波束方位角偏移、波束倾角、水平波束宽度、垂直波束宽度、波束功率因子等，用户可以通过后台网管远程实施基站的覆盖调整和优化。gNodeB支持以 1° 为粒度，调整广播波束的倾角，满足不同覆盖的要求。

8.4 干扰问题排查

8.4.1 干扰来源

根据干扰产生的来源，可以分为系统内干扰和系统外干扰两种。其中，系统内干扰指来自小区内或小区之间产生的干扰。引起系统内干扰的原因通常有交叉时隙干扰、GPS 失步干扰、互调干扰、PCI 干扰、过覆盖引起干扰，设备故障等。一般来说，系统内的干扰对上下行都有影响。系统外的干扰主要是指非法使用 5G 频段、异系统的杂散干扰、二次谐波、阻塞干扰、伪基站或者异系统互调信号对本系统的影响。

（1）系统内的干扰

① 数据配置错误造成干扰。系统参数配置不合理，例如，PCI 规划不合理带来的干扰、系统带宽配置重叠、时间偏移量等参数配置错误，引起系统内干扰。维护人员可通过对受干扰的相邻小区参数核查调整，避免参数设置不合理引起系统内干扰。

② 越区覆盖造成干扰。越区覆盖是指某小区的服务范围过大，在其他基站覆盖区域仍有足够强的信号电平使手机驻留，对远处小区产生干扰。越区覆盖主要是由于基站站高、天线方位角、下倾角、输出功率等不合理造成实际小区服务范围与小区规划服务范围严重背离的现象，带来的影响包括干扰、掉话、拥塞、切换失败等。目前，主要检测手段是通过现场测试和扫频，结合 MR 数据分析定位越区覆盖问题。

理想情况下，下行 RS-SINR 值为下行 RSRP 与底噪（环境噪声）的差值。例如，下行 RSRP 为 -100dBm，底噪为 -110dBm，那么此时下行 RS-SINR 约为 10dB，如果实际下行 SINR 仅为 0dB，那么此时应受到下行干扰。该下行干扰可能来自附近小区的下行信号。

③ 超远覆盖干扰。干扰站和被干扰站之间的无线传播环境非常好，等效于自由空间。远距离的站点信号经过传播，到达被干扰站点时，因为传播环境很好，所以衰减比较小，由于 PCI 复用、传播过程中的时延导致 CP 长度不足、TDD 干扰站的下行信号与被干扰站的上行信号对齐等原因，所以会造成干扰站的基站发射信号对被干扰站的基站接收信号形成干扰。超远覆盖干扰可能造成 UE 在被干扰小区边缘不能随机接入，邻区 UE 不能切换到被干扰小区，影响下行业务和上行业务的速率。

④ GPS 时钟失步干扰。GPS 时钟失步的基站会与周围基站上行、下行收发不一致。当失步基站的下行功率落入周边基站的上行时，将会严重干扰周边基站的上行接收性能，导致邻站上行链路恶化，甚至终端无法接入等。

当网络中存在某个 GPS 失步的基站时，通常会有告警产生，这时存在 GPS 故障基站的上行和下行收发与周围基站不同步。其问题现象通常表现为一片区域中多个小区干扰上升，性能下降，而且越靠近失步基站，干扰越严重。

⑤ 设备故障造成干扰。设备故障是指在设备运行中，设备本身性能下降造成的干扰，包括 RRU/AAU 故障、天馈通道故障、器件老化等质量问题，产生互调信号落入工作带宽内。设备故障带来的干扰容易导致这些基站覆盖范围内的 UE 无法做业务，甚至在基站 RSRP 很好的情况下，UE 都无法接入。在这些基站侧跟踪上行 RSSI 值，通常会发现 RSSI 值和基站业务负荷有关，业务负荷越高，RSSI 值越大。

（2）系统外的干扰

系统外的干扰包括其他相邻频段系统的干扰，这类干扰可以通过向客户咨询确认，或者通过频谱仪或扫频仪查找。其他通信设备的干扰，例如，大功率电子设备、非法发射器、使用相邻频段的异系统干扰等。

① 杂散干扰。干扰源在被干扰接收机工作频段产生的加性干扰，包括干扰源的带外功率泄露、放大的底噪、发射谐波产物等，可使被干扰接收机的信噪比恶化。

杂散干扰由发射机产生，包括功放产生和放大的热噪声，功放工作产生的谐波产物，混频器产生的杂散信号等。杂散干扰示例如图 8-3 所示。

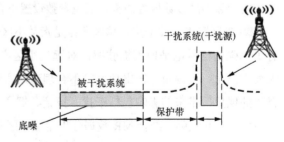

图8-3　杂散干扰示例

② 阻塞干扰。接收机通常工作在线性区，当有一个强干扰信号进入接收机时，接收机会工作在非线性状态下或严重时导致接收机饱和，称为阻塞干扰。阻塞干扰一般是指接收带外的强干扰信号，该干扰会引起接收机饱和，导致增益下降；也会与本振信号混频后产生落在中频的干扰；还会由于接收机的带外抑制度有限而直接造成干扰。阻塞干扰可以导致接收机增益的下降与噪声的

增加。阻塞干扰示例如图 8-4 所示。

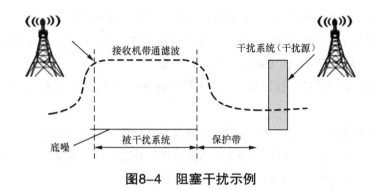

图8-4 阻塞干扰示例

③ 互调干扰。其中，互调干扰分为发射互调和接收互调两种。

发射互调是指多个信号同时进入发射机后的非线性电路，产生互调产物，并且落在被干扰接收机有用的频带内。

接收互调是指多个信号同时进入接收机时，在接收机前端非线性电路作用下产生互调产物，互调产物频率落入接收机有用的频带内。

一般情况下，由于无源器件长期工作出现性能下降，或本身互调抑制指标差等导致产生互调干扰的现象在现网中比较普遍。现网干扰排查时，多发现天线性能差、天馈接头处存在工程质量问题等，是产生互调干扰的主要原因。

互调产物有 3 阶、5 阶、7 阶等按阶数排列的信号。互调干扰示例如图 8-5 所示，两个信号的组合频率为 $2f_1-f_2$，$2f_2-f_1$ 可能落入接收机带内，形成干扰。5 阶和 7 阶互调产物相对 3 阶信号强度弱很多（20dB 以上），只有在两个系统之间隔离度不满足干扰隔离要求时，才会对被干扰系统产生影响。

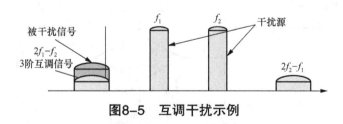

图8-5 互调干扰示例

抑制互调主要通过更换互调抑制指标好的无源器件（一般情况下要求 -140dBc 或者 -97dBm 的互调指标）或者提高天馈工程质量。

④ 带内系统外干扰。由于其他系统非法使用 5G 工作频带，所以会对 5G 造成干扰，这种称为带内系统外干扰。带内干扰只有通过完全清频才能消除干扰，在确定干扰源的基础上，由电信运营商协调推动无线电管理委员会清频。

8.4.2 排查方法

① 系统的干扰排查应首先排查系统内的干扰，其次考虑系统外的干扰。

② 系统间的干扰应先考虑工作频谱邻近的已知通信系统的干扰，再排查工作频谱远离的通信系统，最后排查未知的电器设备产生的干扰。

③ 先排查受到较强的干扰，且干扰持续存在的小区，最后排查干扰较弱、干扰持续时间短的小区。

④ 尽可能掌握干扰小区的多种特性，便于定位干扰源。获取被干扰基站的工程设计图纸，检查被干扰基站天线安装是否符合隔离度标准。获取被干扰基站周边的地理状况，检查是否有水面、峡谷等特殊环境。

⑤ 通过话统分析 PRB 平均干扰电平，如果某小区 RB 底噪干扰持续大于门限值，则可以启动干扰排查。干扰排查流程如图 8-6 所示。

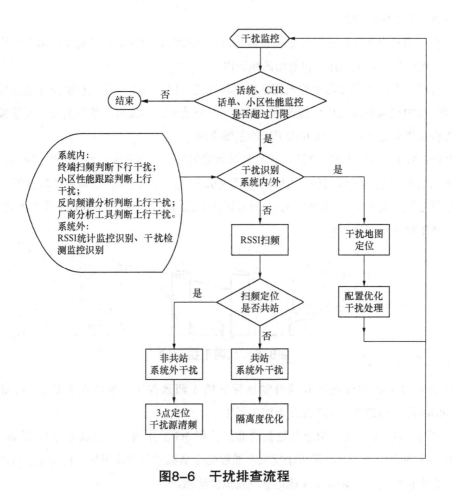

图8-6　干扰排查流程

（1）检查干扰小区底噪数据，分析干扰特点

① 分析受干扰的频域特性。查看是部分 RB 被干扰，还是整个带宽内存在干扰。如果带宽内都受到干扰，则很有可能为系统内干扰。如果带宽头部或尾部部分受干扰，则有可能为相邻系统的杂散干扰。

② 分析受干扰小区的时间周期特性，是固定时刻出现干扰，还是时间连续性干扰，干扰强度是否随通常定义的业务忙闲时段变化，白天与夜间的干扰强度是否存在变化。

③ 分析受干扰小区分布特征，是个别小区，还是多个小区同时出现。如果多个小区存在干扰，则可对比受干扰小区的噪声与时间的变化关系，确认是否来自同一干扰源。

（2）检查被干扰小区、基站的工作状态

排查受干扰小区是否存在设备故障，排除设备问题引起的底噪异常。通过网管查询各类告警，例如，RRU/AAU 故障、GPS 告警、驻波告警、天线通道告警等，寻找干扰严重的小区，排查天馈是否异常。

（3）区分系统内干扰与系统外干扰

关闭干扰小区附近所有站点，单独开启受干扰小区，在小区空载情况下，检查底噪情况，如果底噪恢复正常，则可判定为系统内干扰；如果仍存在底噪升高的情况，则判定为系统外干扰；如果无法关闭本系统小区，则可通过前文干扰特征分析，大致判断是否为系统内干扰。

（4）干扰源定位方法

无论是哪种干扰，都可以跟踪干扰出现的时间、频点、范围、方向、区域分布和业务性能指标等线索摸清干扰的规律，结合干扰波形特征等进行干扰源初步定位。

① 干扰地图分布法。常用于系统内干扰排查。维护人员可以根据干扰小区的地图分布和时间等规律，重点核查数据配置、越区覆盖、超远覆盖、TDD 帧失步（GPS 失锁）造成的干扰。

以 GPS 失步干扰为例，GPS 失步基站对周边站点的干扰，会存在一定的距离特性，越靠近 GPS 失步的基站，受到的干扰程度越严重，小区空载下，底噪抬升越明显。GPS 失步基站与周边基站的收发不同步，在路测之中可能表现为邻近两个不同基站的小区 RSRP 测量不一致。例如，A 小区失步，则终端驻留 A 小区之后无法测量到邻区 B 的 RSRP，或者测量到 RSRP 的强度很弱。如果怀疑某个基站 GPS 失步产生干扰，则尝试关闭该基站，对比关闭前后的底噪变化确认干扰源。

② 三点扫频定位法。常用于外部干扰源排查。借助频谱仪/扫频仪和方向性较强的八木天线定位干扰源位置。八木天线、频谱分析仪连接示例如图 8-7 所示。

选取 3 个及以上受干扰明显的测试站点，在每个站点接近天面位置扫描各个方向的干扰信号强度，找到干扰最强的方向，分别测试 3 个点以上。根据最强方向的延伸线交点，

逐步缩小范围，最终确定干扰源的位置。3点扫频定位法如图8-8所示。

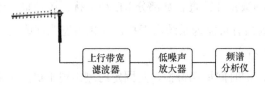

图8-7 八木天线、频谱分析仪连接示例

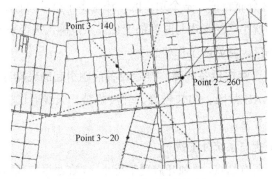

图8-8 3点扫频定位法

③ 后台干扰排查方式。通过操作监控计算机（Operations Monitoring Computer，OMC）统计筛选出疑似干扰小区，结合干扰特征，初步分析干扰原因。

8.4.3 规避方案

根据干扰来源及干扰的原因分类，维护人员需要分别对系统内/外的干扰进行针对性的处理，尽量减少对现网性能的影响。

（1）系统内的干扰处理

由于系统内的干扰原因主要是由数据配置错误、过覆盖、超远距离覆盖、GPS失步等因素造成的，所以相对应的优化措施主要包括PCI调整、配置数据调整、覆盖优化、GPS故障抢修等处理方式。

（2）系统外干扰处理

系统外干扰产生的原因分共站原因和非共站原因两种。对于不同系统由于共站原因产生的干扰，维护人员需要通过增加隔离度、增加安装滤波器、更换天线、重做馈线接头等方式处理。对于非共站原因产生的干扰，维护人员需要协调无线电管理委员会进行清频处理。

干扰规避建议见表8-2。

天面垂直隔离度和水平隔离度的计算公式如下。

垂直安装隔离度：$L_h = 28 + 40\log(k/\lambda) = 28 + 40\log(f \times k/c)$(dB)

水平安装隔离度：$L_v = 22 + (d/\lambda) - (G_t + G_r) - (S_t + S_r)$(dB)

表8-2　干扰规避建议

干扰类型	可选解决方案
天线互调干扰	① 更换互调指标较差的天线
	② 天面调整，加大天线间隔离度
杂散干扰	① 天面调整，加大天线间隔离度
	② 增加杂散抑制滤波器
天线二次谐波干扰	① 天面调整，加大天线间隔离度
	② 更换互调指标较差的天线

其中，28和22为传播常数，k为天线间垂直距离（单位为m），d为天线间水平间距（单位为m），λ为工作频率波长（单位为m），f为工作频率（单位为MHz），G_t和G_r分别为发射天线和接收天线的增益（单位为dB），S_t和S_r分别为收发两天线的夹角方向的副瓣电平（副瓣电平是指副瓣最大值模值与主瓣最大值模值之比，通常用dB表示）。如果两天线水平放置，则为发射天线和接收天线在90°方向上的副瓣电平，通常65°扇形波束天线的S设置为-18dB，90°扇形波束天线的S为-9dB，120°扇形波束天线的S为-7dB，全向天线的S为0dB。

如果天面物理空间受限，则无法增加系统间空间隔离度，相关人员可以根据站内干扰的类型通过增加滤波器或选用高品质器件进行干扰消除。

① 阻塞干扰问题需要提高的抗阻塞能力，在RRU/AAU机顶口增加抗阻塞滤波器。

② 杂散干扰问题需要提高干扰系统的带外抑制能力，在干扰系统设备机顶口增加窄带滤波器。

③ 互调干扰需要提升器件或馈线的性能。例如，如果是跳线接头连接不好或天线问题引起的干扰，则需要重做接头，更换互调抑制指标较好的天线。

8.5　接入性能优化

无线接通率由RRC连接建立成功率和QoS Flow建立成功率相乘而得。对于接入过程中的随机接入，因为存在多次重发，指标存在失真，所以现有接入成功率一般从RRCSetupRequest开始统计。对于NAS过程失败，主要和核心网相关，很多场景gNB不感知，也没有统计到无线侧的接入成功率中。因此，分析接入问题，除了分析话统中的接入成功率，还需要关注随机接入、NAS过程，3个阶段综合起来才能完整反映用户可接入性体验。

8.5.1　指标定义

（1）RRC连接建立成功率

RRC连接建立成功率是指统计周期内，UE发起的RRC连接建立成功总次数与UE发起连接建立请求总次数的比值。RRC 连接建立流程统计点如图 8-9 所示。

测量点：在图 8-9 中 A 点，当 gNB 接收到 UE 发送的 RRC 连接请求消息时，根据不同的建立原因值分别统计不同原因值的 RRC 连接建立请求次数，而在 C 点统计不同原因值的 RRC 连接建立成功次数。

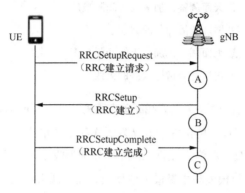

图8-9　RRC连接建立流程统计点

（2）初始 QoS Flow 建立成功率

初始 QoS Flow 建立成功率是指统计周期内，业务初始建立时，QoS Flow 建立成功次数与 QoS Flow 建立请求次数的比值。该指标反映 gNB 或小区接纳业务的能力。初始 QoS Flow 建立流程如图 8-10 所示。

测量点：在图 8-10 中 A 点，当 gNB 收到来自 AMF 的初始上下文建立请求消息时，统计初始 QoS Flow 建立尝试次数 A。如果初始上下文建立请求消息中要求同时建立多个 QoS Flow，则相应的指标会统计多次。当 gNB 向 AMF 发送初始上下文建立响应消息时，统计初始 QoS Flow 建立成功次数 B。如果初始上下文建立响应消息中携带多个 QoS Flow 的建立成功结果，则相应的指标会多次统计。

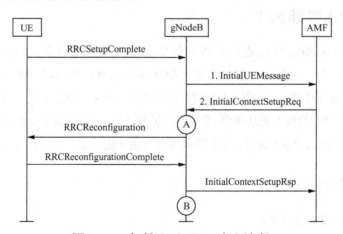

图8-10　初始QoS Flow建立流程

8.5.2　分析思路

（1）RRC 连接问题优化

从 OMC 统计维度进行分析，RRC 连接建立失败的原因可分为以下 6 种情况。

① 如果资源分配失败而导致 RRC 连接建立失败，则重点检查小区资源是否充足，是否存在异常接入终端的情况。可结合忙时最大连接用户数、最大激活用户数、PRB 利用率等指标进行辅助定位。

② 如果 UE 无应答而导致 RRC 连接建立失败，则可结合 MR 和 PRB 干扰电平统计检查是否存在质差、干扰和弱覆盖等。有时也可能是异常终端引起，可结合信令跟踪进行辅助分析。

③ 小区发送 RRC Reject 引起的失败，可重点检查是否存在拥塞。

④ SRS 资源分配失败而导致 RRC 连接建立失败，建议采用对比法检查问题小区 SRS 带宽、配置指示、配置方式等设置得是否合理。

⑤ PUCCH 资源分配失败而导致 RRC 连接建立失败，建议采用对比法检查 PUCCH 信道相关参数设置得是否合理。

⑥ 流控导致的 RRC Reject、RRC Setup Request 消息丢弃，建议重点检查是否存在拥塞，业务流控相关参数设置得是否正确。

从信令流程维度分析，RRC 连接建立失败可分为以下 4 种情况。

① UE 发出 RRC 连接请求消息，gNB 没有收到。

a．如果此时下行 RSRP 较低，则优先解决覆盖问题。

b．如果此时的下行 RSRP 正常（大于 -105dBm），则通常存在以下可能的原因。

- 上行干扰。

- gNB 设备问题或接收通路异常。

- 小区半径参数设置不合理，例如，N_{cs} 规划过小。

② gNB 收到 UE 发的 RRC 建立请求消息后，下发了 RRC 连接建立消息而 UE 没有收到。

- RSRP 值较低，即弱覆盖问题。维护人员可通过增强覆盖的方法解决，例如，增加站点补盲、天馈优化调整等；在无法增强覆盖的情况下，可以适当提高 RS 功率，调整功率分配参数等。

- 小区重选导致。通过调整小区重选参数优化、RF 调整，优化小区重选边界。

- 计时器 t_{300} 设置不合理，例如，其值设置得过短。

③ gNB 收到 UE 发的 RRC 建立请求消息后，下发了 RRC 连接拒绝消息。

当出现 RRC 连接拒绝消息时，维护人员需要检查网络负载情况，分析拥塞原因，对于经常发生的拥塞情况应安排相应业务进行均衡或扩容。

④ UE 收到 RRC 连接建立消息而没有发出连接建立完成消息，或者 UE 发出 RRC 建立完成消息，但基站没有收到。这可能是手机终端出现了问题，或用户位于小区边界，由上行干扰、上行路损大等原因造成。

（2）加密鉴权问题优化

当出现鉴权失败时，维护人员需要根据 UE 回复给网络的鉴权失败消息中给出的原因进行分析。常见的原因包括"MAC 失败"和"同步失败"两种。

① MAC 失败。手机终端在对网络鉴权时，检查由网络侧下发的鉴权请求消息中的 AUTN 参数，如果其中的 MAC 信息错误，则终端会上报鉴权失败消息。造成该问题的主要原因包括非法用户，或 USIM 卡和 UDM 中给该用户设置不同的 Ki 或 OPc 导致鉴权失败。

② 同步失败。手机终端检测到 AUTN 消息中的 SQN 的序列号错误，引起鉴权失败，其原因值为"同步失败"。造成该问题的主要原因是出现非法用户或设备出现问题等。

（3）QoS Flow 建立失败优化

QoS Flow 建立失败最常见的原因可分为 RF 问题、容量问题、传输问题、核心网问题共 4 类。维护人员可结合话务统计或信令跟踪确定 QoS Flow 建立失败的原因，对无法直接定位的问题可分析潜在影响因素，结合相关指标通过排除法进行故障原因定位，再提出具体优化措施。

① 未收到 UE 响应而导致 QoS Flow 建立失败，建议排查硬件告警、覆盖、干扰、质差，gNB 参数设置是否合理。

② 无线资源不足导致 QoS Flow 建立失败，建议排查问题小区忙时激活用户数，PRB 利用率，分析小区资源是否足够，是否由其他故障引起。如果存在资源不足的问题，则维护人员可考虑参数调整、流量均衡和扩容。

③ 无线问题导致 QoS Flow 建立失败，建议排查硬件告警、覆盖、干扰、质差、参数设置、是否存在终端及用户行为异常等原因。

④ 核心网问题导致 QoS Flow 建立失败，建议跟踪信令，排查核心网问题，包括参数设置，TAC 设置的一致性，用户开卡限制。

⑤ 传输问题导致 QoS Flow 建立失败，建议查询传输是否有故障告警，例如，高误码、闪断，传输侧参数设置是否正确。

⑥ 来自 UE 侧的拒绝，包括 NAS 层安全模式拒绝等。针对 UE 设备异常导致的 UE 拒绝，建议结合信令消息进行分析，确定原因。

⑦ 来自核心网侧的拒绝，原因值包括网络失败、业务不允许等，维护人员可联合核心网工程师进行定位。针对单个用户存在的情况，可能是用户签约数据有问题，维护人员可

通过更换投诉用户 SIM 卡并拨打测试进行确定。

8.5.3　优化流程

结合 OMC 统计分析接入失败的原因，典型的原因包括拥塞和无响应等。维护人员应优先解决资源不足的问题，对无响应导致的失败，一方面需要检查是否存在硬件故障、干扰、弱覆盖等 RF 问题；另一方面应检查对应的计时器是否设置得过短，规划参数设置得是否正确，可通过和性能正常小区参数对比确认。根据优化经验分析，引起接入失败的原因通常分为以下 6 种。

① 空口信号质量。

② 网络拥塞。

③ 设备故障。

④ 参数配置。

⑤ 核心网问题。

⑥ 终端问题。

因此，遇到 UE 无法接入的情况，维护人员初步的排查可以从最常见的原因入手。接入问题分析流程如图 8-11 所示。

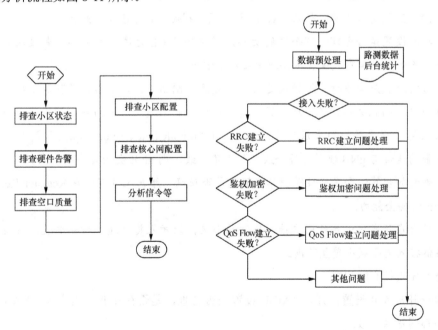

图8-11　接入问题分析流程

（1）排查小区状态

首先，检查一下问题区域小区的工作状态是否正常，是否存在基站退服和去激活，

PRB 资源利用率是否正常，小区连接/激活用户数是否过多等。

（2）排查硬件告警

查看是否有硬件故障告警，例如，硬件异常、单板不可用、链路异常等。查看是否有射频类故障告警，例如，驻波告警。查看是否有小区类故障告警，例如，小区不可用等。

如果有相关故障告警，维护人员则可以通过重启、更换单板解决。

（3）排查空口质量

维护人员可结合弱覆盖 MR 占比，PRB 干扰电平统计 BLER 等指标，或现场测试数据排查空口质量问题，检查 UE 所处位置的无线信道环境是否符合要求。通常要求下行 RSRP > −105dBm，下行信噪比 SINR > 0dB。同时，检查服务小区上行空载时每 RB 的 RSSI，通常要求低于 −110dBm。

（4）排查小区配置

排查小区配置主要针对小区接入参数、计时器、功率配置、规划参数等进行核查，可采用和正常小区比对定位故障小区的参数设置问题，例如，PRACH 参数规划不合理造成用户无法接入等。

- 核查小区是否禁止接入。
- PRACH 参数规划是否合理，例如，N_{cs} 是否过小。
- TAC 配置是否正确。如果 TAC 配置错误，则会导致 UE 接入失败。
- 功率设置是否合理。不合理的功率设置会导致 UE 无法接入网络或者接入后无法开展业务，例如，功率参数设置不合理导致功率溢出。
- 传输配置是否正确。维护人员除了要关注控制面的传输路由、带宽等正确设置，也要关注用户面的相关参数的合理配置，避免出现控制面通而用户面不通的情况。例如，传输路由设置有误导致协商失败，收到 AMF 的 "InitialContextSetupRequest" 消息后，查看消息携带的地址与 gNB 配置是否一致，如果不一致，则 gNB 会回复失败消息。
- 查看加密算法和完整性保护算法配置是否正确，维护人员可以在 Register Request 中查看 UE 的安全能力。
- 对存在距离过远导致用户接入失败的小区，维护人员可通过控制覆盖，或适当提高小区最低接入电平减小覆盖范围。

（5）排查核心网配置

检查开户 5QI 设置，开户 AMBR 设置是否合理，是否存在非法用户等。NAS 加密开关与核心网是否一致。

（6）信令分析

结合信令跟踪和 UE 的信令流程，逐段排查，确定在哪一处出现失败，然后按照后续的各子流程分析和解决问题，主要包括 RRC 建立问题、鉴权加密问题和 QoS Flow 建立问题等。

（7）其他常见定位方法

● 替换法

假设用户无法接入，方式1是尝试更换手机，确认是否能接入，如果更换手机后能接入，则初步判定问题应该是终端设备问题。方式2是更换服务小区，确认是否存在网络问题。例如，如果在A小区无法接入，则可以尝试到其他小区B覆盖区域进行拨测，如果在B小区能接入，则基本判定是A小区的问题。类似地，维护人员也可以通过更换用户SIM卡进行确认用户签约数据是否有问题。

● 排除法

根据问题现象，列出问题出现的可能原因。通过提取关联指标数据，例如，设备告警、PRB干扰电平、覆盖电平等指标进一步分析，缩小问题范围，对可能出现的原因逐个分析排查。

●●8.6　掉线率优化

8.6.1　指标定义

掉线率指标定义分为基于OMR网管统计的掉线率和基于路测统计的掉线率两类。

基于OMR网管统计的掉线率：统计时段内，QoS Flow异常释放数与QoS Flow释放总数的比值。其中，QoS Flow异常释放的原因可细分为核心网故障、传输层问题、空口原因、拥塞、切换失败、异常终端导致掉线等类型。

基于路测（Drive Test，DT）统计的掉线率：掉线次数/成功完成连接建立次数。其中，掉线次数是指空口RRC连接异常释放和/或10s以上应用层速率为0。成功完成连接建立是指UE收到网络侧下发的NrserviceAccept。

8.6.2　分析思路

全局掉线率指标分析时，宜从时间和空间两个维度逐步缩小问题范围，定位掉线原因。首先从时间维度分析，统计一段时间以来掉线率和关联指标的变化趋势，分析有无掉线率变化拐点。如果在某个时间节点开始出现掉线率指标异常上升，维护人员则可以检查该时间点有无重大网络调整。其次进行空间维度分析，对范围比较大的网络，维护人员则可以根据地理位置划分为多个区域，例如，县市公司、覆盖场景等，分析是否存在特定区域指标恶化的情况，在此基础上，根据掉线率和掉线次数进行TOP小区分析。

针对路测掉线，维护人员可以检查掉线时的RSRP和SINR。如果RSRP值较低，分析RSRP值较低的原因，例如，天线方位角、倾角设置得不合理，阻挡或功率参数设置不当造成服务小区覆盖异常、漏配邻区或邻区配置错误无法切换、切换门限设置不合理造成切换过晚、站间距离过远等。如果 RSRP 值正常、SINR 值较低，维护人员则需检查系统内有无干扰、有无外部干扰或硬件故障告警，无法定位时可结合后台小区掉线类型统计，分析掉线可能原因，也可以通过提取关联指标进行辅助分析，逐步缩小问题范围。

掉线事件影响的因素较多，宏观上一般采用渐进法和排除法进行掉线问题定位。接下来，我们对常见掉线原因（来自网管统计）及优化方法进行描述。

（1）无线问题优化

针对原因值为无线原因的掉线，通常是由于弱覆盖，上下行干扰、邻区漏配、RLC 配置 / SRS 自适应门限设置、设备故障、终端异常等原因导致失步、信令流程交互失败等因素引起。

针对这类掉线优化，第一，检查设备告警，确认是否存在硬件故障；第二，结合上行 PRB 平均干扰电平、BLER 统计进行干扰分析，确认是否存在干扰；第三，检查参数和邻小区配置，查看是否存在漏配邻区、邻区定义错误或参数设置问题；第四，结合 MR 统计和测试数据进行覆盖排查，确认是否存在弱覆盖。如果上述检查均正常，且话统数据无法得到有效结果，则可以通过信令跟踪进行深度问题定位，观察是否存在 TOP 用户，以及掉线前服务小区和周边邻区覆盖情况。

（2）传输问题优化

针对原因值为传输网络层故障（Transport Network Layer，TNL）引起的掉线，通常是由于 N2 接口传输闪断引起。这类问题优化时，宜首先检查相关接口是否存在传输问题，是否存在传输链路告警，如果存在传输告警，则优先按照告警手册的处理建议进行告警恢复。其次，检查接口配置是否正确，带宽是否满足容量要求。

（3）拥塞问题优化

针对原因值为拥塞的掉线，通常是由于 gNB 侧无线资源不足导致的异常释放，例如，达到最大用户数。分析小区资源负荷情况，对临时突发拥塞的情况可以考虑打开负载均衡算法 / 互操作进行业务分流以减轻本小区的负载。如果出现长期拥塞的情况，则需要通过扩容、规划新站等方法解决。

（4）切换掉线

针对原因值为切换失败引起的掉线，主要是由于用户在移动过程中由本小区切换时失败导致的异常释放。首先，检查切换参数设置是否合理，例如，切换算法开关、切换门限、迟滞、T304 等。其次，检查邻区关系的合理性。最后，邻区级切换性能分析，检查相邻小区性能和状态。

一旦某小区出现较多的由于切换失败导致的掉线，维护人员则可以通过特定两小区间的切出统计，获知当前站点所在小区与某个特定目标小区的切换失败次数，针对失败次数较高的目标小区，进行邻小区关系合理性核查、切换参数优化，同时，检查目标小区的性能是否正常。在完成邻小区关系的核查及优化之后,再分析是源小区切换命令UE没有收到,还是目标小区随机接入不成功导致的切换掉线。

（5）核心网类故障

针对原因值为 AMF 引起的异常释放,通常是由于核心网在用户业务保持过程中主动发起的释放所致。由于该原因为非无线侧原因引起,所以维护人员需通过核心网侧相关信息进行联合定位,获取这类掉线小区接口的跟踪消息,分析核心网主动发起释放的原因值分布,将统计结果及相关信令与核心网工程师进行联合分析,确认原因。

●● 8.7 切换性能优化

当出现切换成功率较低的问题时,维护人员可以首先按照切换问题分类,例如,系统内切换失败或系统间切换失败,了解切换问题的范围,然后从硬件、干扰、覆盖、参数配置等方面入手,逐一排查解决。优化时,一般采用如下步骤进行分段分析,确认原因,从而采取相应的优化方法。

（1）没有收到切换命令消息

UE 发送多条测量报告仍没有收到切换命令。首先,确认 gNB 侧配置得是否有问题,是否是邻区漏配,或基于覆盖的同频 / 异频切换算法开关有没有打开。

（2）切换过程随机接入失败

首先,查看相关的参数配置是否合理。随机接入性能与小区半径配置相关,如果 UE 在目标小区最大接入半径范围之外的地方发起随机接入,则很可能出现 preamble 与 RAR 不匹配的问题,导致随机接入失败。

（3）测量报告丢失

判断测量报告丢失是否为上行信道质量差或上行接收通路故障所致。

（4）参数配置错误

例如,切换算法没有打开、邻区参数配置错误、切换门限设置不合理等。

（5）异频 / 异系统切换失败

对于异频切换和异系统切换,由于在切换前需要通过启动 GAP 来进行异频或者异系统频点的测量,所以相关人员需要对 A2 参数进行合理配置,保证及时启动 GAP 测量,从而避免启动 GAP 过晚导致终端来不及测试目标侧小区的信号而掉话,并合理配置目标小区的门限。

（6）切换过慢（或晚切换）

优化中经常会遇到切换过晚的情况,这时可以结合现场情况通过调整切换参数加快切换,避免出现切换过晚而导致失败的情况。对于特定两个小区之间切换的问题,建议修改调整软切换参数（CIO），避免影响其他小区。

常见切换失败问题分类如图 8-12 所示。

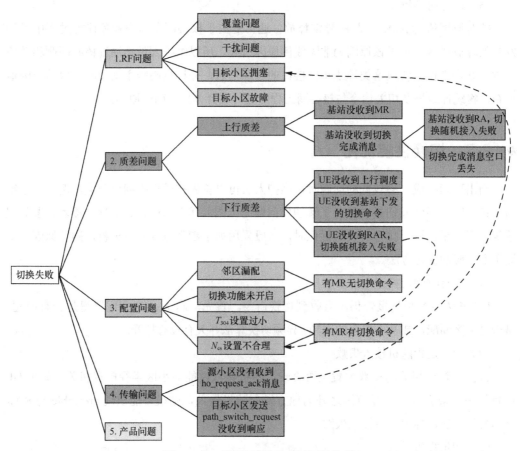

图8-12　常见切换失败问题分类

切换问题优化思路和方法。

第一，通过话统分析确定切换失败的范围，如果所有小区切换的成功率较低，维护人员要从切换特性参数、网络调整日志、系统时钟等方面来检查问题。

第二，过滤出切换成功率低且切换失败次数高的 TOP 小区，进行重点分析。

第三，查询切换性能测量中的出小区切换性能。分析问题小区邻区级切换统计，找出是在哪些小区切换时失败。定位到切换失败高的小区后，检查目标小区的性能是否正常，例如，是否存在设备告警、干扰或拥塞等。

第四，查询切换参数配置是否正常，维护人员可以和正常小区的参数配置进行对比分析。以某次路测为例，占用小区 A 后，测量报告显示多个邻区信号很好，但一直没有收到切换命令，结合测量配置信息检查邻区关系，检查发现小区 A 因基于覆盖的切换算法，开关没有打开而导致无法切换。

实际优化中，如果是多个小区切换性能异常，则建议对切换失败高的小区进行 GIS 呈现。首先，分析这些小区的分布有无规律，例如，TAC 边界、AMF 交界处，或集中某个区域等。其次，从切入失败角度分析，例如，某个小区故障，会造成周边多个小区切换时设备的性能恶化，这样从切入角度更容易定位切换失败的根源小区。

测试中遇到的切换问题，维护人员可结合后台小区切换性能统计、后台信令联合分析。切换问题分析流程如图 8-13 所示。

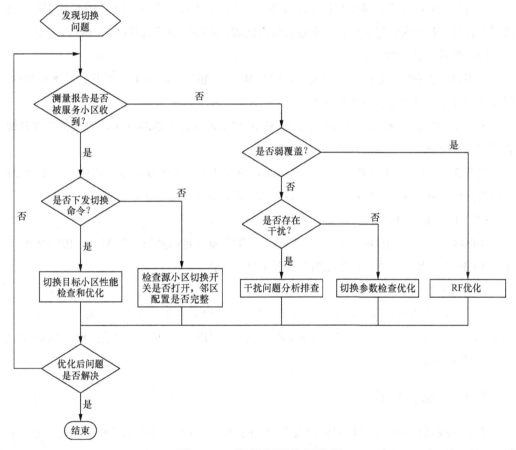

图8-13 切换问题分析流程

●●8.8 吞吐率优化

8.8.1 指标定义

吞吐率定义：单位时间内下载或上传的数据量。

吞吐率公式：吞吐率 = ∑下载或上传数据量/统计时长。

吞吐率主要通过如下指标衡量，不同指标的观测方法一致，测试场景选择和限制条件有所不同。

（1）单用户峰值吞吐率

单用户峰值吞吐率以近点静止测试时，信道条件满足达到 MCS 最高阶及 IBLER 为 0，采用 UDP/TCP 灌包，使用 RLC 层或 PDCP 层平均吞吐率进行评价。

（2）单用户平均吞吐率

单用户平均吞吐率以移动测试（DT）时，采用 UDP/TCP 灌包，使用 RLC 层平均吞吐率进行评价。移动区域包含近点、中点和远点区域，移动速率建议控制在 30km/h 以内。

（3）单用户边缘吞吐率

单用户边缘吞吐率是指移动测试，进行 UDP/TCP 灌包，对 RLC 吞吐率进行地理平均，以下面两种定义分别记录边缘吞吐率。

定义 1：以 CDF 曲线（Throughput vs SINR）5% 的点为边缘吞吐率，一般用于在连续覆盖下路测的场景。

定义 2：以 PL 为 120 定义小区边缘，此时的吞吐率为边缘吞吐率。此处只定义 RSRP 边缘覆盖的场景，假定此时的干扰接近白噪声，这种场景类似于单小区测试。

（4）小区峰值吞吐率

小区峰值吞吐率测试时，用户均在近点，信道质量满足达到最高阶 MCS，IBLER 为 0，采用 UDP/TCP 灌包，通过小区级 RLC 平均吞吐率观测。

（5）小区平均吞吐率

小区平均吞吐率测试时，用户分布一般类似 1：2：1 分布。其中，近点、中点、远点 RSRP 定义为 −85dBm、−95dBm、−105dBm。采用 UDP/TCP 灌包，通过 OMC 跟踪小区 RLC 吞吐率观测得到。

8.8.2　分析思路

吞吐率端到端分析包含数据传输路由涉及的网元，以及潜在影响速率的因素。吞吐率端到端分析如图 8-14 所示。

影响空口用户吞吐率的直接因素主要包括调度次数、传输块大小和传输模式 3 个方面。其中，传输块大小由可用 PRB 数、调制编码方式、UE 能力和开户信息共同决定。小区带宽（可用 RB 数）决定了最大可以使用的频谱资源，调制编码方式决定了频谱效率。UE 能力和开户速率决定了系统侧给终端分配的资源；调度次数与时隙、子帧配比和数据流量是否充足相关；传输（mMIMO）模式主要考虑是分集发射，还是空间复用以及空间复用层数是多少等。

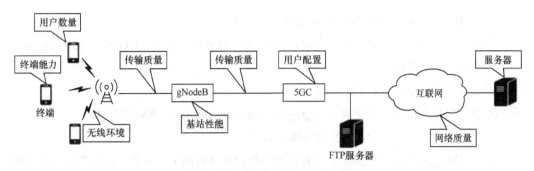

图8-14 吞吐率端到端分析

在日常优化中,维护人员宜首先分析 RF 侧是否存在弱覆盖或干扰,确保 RF 性能正常。可先判断 RSRP 值是否正常,如果存在弱覆盖,则优先解决覆盖问题;如果 RSRP 值良好,SINR 值较低,则可判断为干扰,进行干扰分析排查。在此基础上,再判断是否存在资源受限的问题。

在排除 RF 侧问题后,维护人员再判断该数据传输业务是 UDP 业务还是 TCP 业务,如果当前是 TCP 流量不足,则先用单线程 UDP 上下行灌包探路,查看 UDP 上下行流量能否达到峰值。此举是为了确认数据传输路由是否存在网卡限速、空口参数配置错误等因素。一般来说,UDP 无法达到峰值,TCP 流量也很难达到。UDP 流量问题定位可首先采用追根溯源法,即从服务器到 UE 逐段排查。其次,如果 UDP 流量能够达到峰值,而 TCP 不能达到,则将问题原因锁定到 TCP 本身传输机制上。

端到端排查一般可以按照数据传输路由进行逐段排查:服务器→核心网→传输链路→gNB → UE。吞吐率问题排查流程如图 8-15 所示。

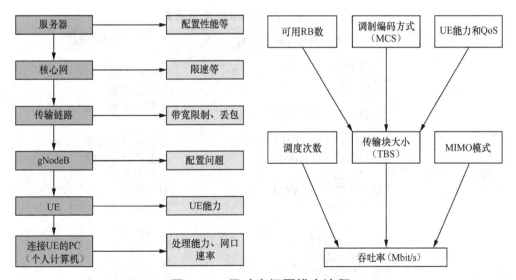

图8-15 吞吐率问题排查流程

UE 下行速率受限常见的原因主要包括以下 5 种情况。

① 终端设备问题，例如，终端能力、PC 性能、TCP 窗口设置、FTP 软件设置等问题。

② 空口无线环境问题。

③ 小区用户数多，资源不足问题。

④ 核心网聚合最大比特速率（Aggregate Maximum Bit Rate，AMBR）太小。

⑤ 服务器性能、基站参数配置和传输问题等。

在外部局点测试时，核心网与 gNB 之间的传输网络可能十分复杂，经常存在丢包及传输带宽受限的情况，因此，维护人员在进行测试前有必要了解清楚传输网络的拓扑结构、带宽配置、有无丢包等，同时开户限制、信道质量差、调度问题、终端问题也是吞吐率测试中经常遇到的问题。针对吞吐率问题可按照下面的步骤定位。

① 通过基站侧信令跟踪检查开户信息，核心网是否有其他特殊配置（例如，建立专有承载、限速等）。

② 检测信道质量是否满足要求（峰值测试时需要 SINR > 25dB，误块率为 0）。

③ 检查连接 UE 的业务 PC 性能是否满足要求及 UE 侧配置是否正确。

④ 在数据源充足及信道条件较好的前提下查看调度是否充足。

⑤ 检查服务器性能，是否能平稳地输出足够的数据包。

⑥ 检查传输链路是否有带宽受限的网元。

当发现传输带宽受限时，维护人员首先需要检查传输链路的设备能力及接口配置参数是否存在瓶颈，如果参数的配置正常，则需要在传输链路上进行分段抓包，逐段排查找出带宽受限的节点。影响传输速率的常见因素见表 8-3。

表8-3　影响传输速率的常见因素

网元	影响传输速率的因素	问题根源
UE	① 终端能力 ② PC 性能 ③ TCP 设置 ④ 软件配置（FTP 配置，防火墙）	① 硬件性能 ② 参数设置 ③ 软件限制
空中接口 Uu	① 空口编码（MCS/MIMO/BLER） ② 空口资源（Grant/RB） ③ 空口时延 ④ QoS 配置（UE-AMBR） ⑤ RSRP/SINR	① 参数配置错误 ② 业务容量受限 ③ 弱覆盖 ④ 干扰 ⑤ 切换异常
gNB	① 基站速率限制 ② 基站处理能力 ③ 算法特性限制	① 参数配置 ② 工程问题 ③ 基站故障 ④ 软件版本问题

续表

网元	影响传输速率的因素	问题根源
传输（gNB-UPF）	① 带宽限制 ② 大时延、抖动 ③ 丢包、乱序	① 参数配置 ② 容量或能力限制 ③ 传输质量问题
SMF/UPF	① 开户配置 ② 速率限制 ③ 乱序	① 参数配置 ② 设备故障 ③ 版本问题
传输（UPF-DN）	① 流量控制 ② 公网带宽限制	① TCP 参数配置 ② 容量限制
远端服务器	① 服务器能力 ② TCP 参数 ③ 软件设置	① 硬件性能 ② 参数设置

8.8.3 优化流程

吞吐问题优化流程如图 8-16 所示。

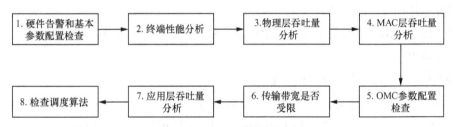

图8-16 吞吐问题优化流程

吞吐率较低的问题常见的原因主要包括覆盖、干扰和容量三大类。优化时，维护人员可结合问题起因采取对应的优化措施。吞吐率优化分析思路如图 8-17 所示。

在排除 RF 侧问题后，维护人员可以从协议、算法、参数配置等方面采用逐层分析，首先从物理层开始，然后到 MAC，最后到应用层分段分析。

（1）先看站点有无告警、参数配置是否正常

① 告警检查，如果存在影响性能的告警，则结合告警手册进行告警排查。

② 检查 gNB 参数配置，避免带宽和天线数等基本配置不合理造成的吞吐量问题。

（2）更换测试设备，确认测试终端是否有问题

（3）观察物理层吞吐量是否正常

现场测试检查无线信号质量是否满足要求。如果无线信号质量差，则必然会导致吞吐量降低，维护人员可找近点测试，观察测试结果是否正常。

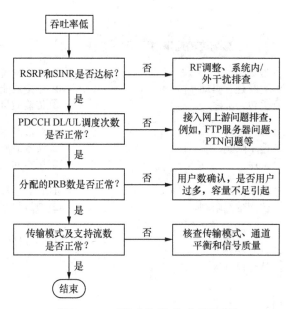

图8-17 吞吐率优化分析思路

①如果近点测试的结果正常，则继续定位远点问题，可能小区边缘干扰导致吞吐量恶化，寻找干扰源，进行 RF 优化。

②如果近点测试的结果异常，则定位近点问题，检查终端能力，判断当前速率是否已接近理论峰值。

（4）观察 MAC 层吞吐量是否正常

MAC 层吞吐量结果异常，可能是大量 HARQ 重传导致，具体表现为 BLER 过高；也可能是 MCS 过低造成，或者是 PRB 有剩余（用户面应用层实际上有数据请求，但是空口没有达到满负荷）。

①BLER 过高，可能是 RSRP 过低或干扰等因素引起，需要进行 RF 优化。

②如果 PRB 有剩余，则进入步骤6。

③对于个别用户，如果以上两种情况都不是，则进入步骤7。

（5）检查功控参数配置

下行吞吐量较低时，检查 PDSCH 相对于 RS 的功率偏置是否过低，上行吞吐量较低时，检查功控参数配置是否合理。

（6）检查传输带宽是否受限

检查传输链路的设备能力及接口配置参数是否存在瓶颈，如果配置的参数正常，则需要在传输链路上进行分段抓包，逐段排查找出带宽受限的节点。从 UE 侧 ping 包经传输、UPF 到 DNN，检查 ping 包时延和丢包情况。如果出现超时和丢包情况，则说明传输存在问题，维护人员再逐段分析丢包出现的位置。

•• 8.9 地铁隧道优化

8.9.1 覆盖特点

（1）覆盖范围

地铁作为城市中重要的交通工具，需要覆盖的范围包括站厅、站台、出入口、公共区域、办公区域、设备区域和隧道区间。

（2）分站设计

通常一条地铁线路由十几到几十个地铁站组成，地铁线路分区通常以地铁站为单位，利用单小区覆盖能力完成一个地铁站的站厅、站台和两侧隧道等区域的覆盖。

（3）同频组网和连续覆盖

地铁具有良好的封闭特性，室外大网和地铁覆盖系统二者之间存在良好的信号隔离，建议地铁内外采用相同频率组网。5G 网络要形成连续覆盖，避免在列车移动过程中发生非业务需要的 5G 到 4G 的信号切换。

（4）覆盖容量考虑

覆盖容量一般采用 2T2R 或 4T4R 方式。对于大型中转站或客流量特别大的站点，可以根据覆盖、容量需求建设多个小区，对于地面上的地铁沿线和站点，可使用地铁专用小区覆盖。

（5）覆盖方式

隧道覆盖经常采用漏缆或八木天线的覆盖方案。漏缆型号包括 13/8″ 漏缆及 5/4″ 漏缆。其理论截止频率分别为 2.8GHz 和 3.6GHz。因此，3.5GHz 频段的 5G 信号需使用 5/4″ 漏缆进行传输。5/4″ 漏缆的传输损耗及耦合损耗参数示例见表 8-4。

表8-4　5/4″漏缆的传输损耗及耦合损耗参数示例

频率 /MHz	传输损耗 /（dB/100m）	耦合损耗 [1]/dB
900	3	76
1800	4.7	70
2100	5.4	68
2600	6.8	67
3500	11.2	66
3600	13	67

注：1. 耦合损耗是指信号通过电缆的外导体槽口辐射，在垂直距离漏缆 2m 处，95% 的概率下信号衰减的幅度。

存量隧道场景：①改造或新建 2 路 5/4″ 漏缆方案，NR 3.5GHz 合路承载在 5/4″ 漏缆上，实现 2T2R，原 2G/3G/4G 继续承载在 13/8″ 漏缆上；②新建 NR 3.5GHz RRU+ 定向天线方案，采用 4T4R 天线向隧道前后方向覆盖，3.5GHz NR 可实现 4T4R。

新建隧道场景：新建 4 路 5/4″ 漏缆方案，3 家电信运营商 2G/3G/4G/5G 全部采用 5/4″ 漏缆方式，NR 3.5GHz 可实现 4T4R。

（6）POI 平台多系统共用

POI 主要由宽频带的桥路合路器、多频段合路器、负载等无源器件组成，对多家电信运营商、多种制式的移动信号合路后引入天馈分布系统，可达到降低干扰、充分利用资源、节省投资的目的。地铁中一般采用收发分路单向传输。地铁 POI 合路平台主要由上行 POI 和下行 POI 两个部分组成。其中，上行 POI 的主要功能是将不同制式的手机发出的信号经过泄漏电缆或者天线的收集及馈线传输至上行 POI，经 POI 进行不同频段的信号滤波后送往不同的移动通信基站；下行 POI 的主要功能是将各移动通信系统不同频段的载波信号合成后送至共享的信号覆盖系统。

（7）干扰抑制

采用上行 POI 和下行 POI 进行信源收发合路，同时为了增加各系统间的隔离度，地铁分布系统采用收发分缆的方式，即建设两套泄漏电缆系统，各系统的上行接收方向共同接入一套泄漏电缆系统，下行发射方向共同接入另一套泄漏电缆系统。

8.9.2 隧道链路预算

为了保证多系统共用，地铁隧道覆盖通常采用 5/4″ 泄漏电缆。通常各通信系统信号从 POI 的对应端口接入，在站台附近馈入泄漏电缆。根据隧道的长度考虑是否需要在隧道内新增信号放大器。隧道内覆盖链路预算示例见表 8-5。

表8-5　隧道内覆盖链路预算示例

下行链路	参数	算法	单位
发射端	基站设备输出 RS 功率	A	dBm
	POI 损耗	B	dB
	机房至连接泄漏电缆处的总路由损耗	C	dB
	进入泄漏电缆的功率	$D=A-B-C$	dBm
接收端	业务最低解调要求 / 覆盖场强要求	E	dBm
	泄漏电缆耦合损耗	F	dB
	宽度因子	G	dB
	人体损耗	H	dB

下行链路	参数	算法	单位
余量	阴影衰落余量	I	dB
	车体损耗	J	dB
	干扰余量	K	dB
	切换增益	L	dB
泄漏电缆传输	单边允许的最大传播损耗	$N=D-E-F-G-H-I-J-K+L$	dB
	泄漏电缆百米传输损耗	O	dB
	单边传播距离	$P=N/O \times 100$	m
	双边传播距离	$Q=2 \times P$	m

以 NR 3.5GHz RRU 设备为例，对涉及的参数进行说明。

① 基站设备输出功率：本例信源发射功率假定为 4×60W，RS 发射功率设置为 12.6dBm（根据国家标准 GB 8702-1988《电磁辐射防护规定》要求，天线口总功率不能超过 15dBm）。

② POI 损耗：通常为 6dB，延伸覆盖时取值为 3dB。本例取值为 0dB。

③ 机房至连接漏缆处的总路由损耗为 1dB。含基站设备到 POI 的跳线损耗、POI 至接入漏缆处的各种馈线传输损耗，通过各种无源器件（功分器、耦合器和馈线接头等）的损耗，以及 POI 到接入漏缆处所用的各种跳线损耗，这个值可以从提供 POI 的公司中获取。

④ 覆盖场强要求：通常以 RSRP 大于 -110dBm 作为地铁覆盖场强的要求。

⑤ 泄漏电缆耦合损耗：泄漏电缆在指定距离内辐射信号的效率，工业标准采用 2m 距离。耦合损耗和覆盖概率相关，通常泄漏电缆厂家会提供 50% 和 95% 的耦合损耗值。本例取值为 66dB。

⑥ 宽度因子：泄漏电缆到地铁列车远端的距离 D 相对于 2m 距离产生的空间损耗，宽度因子 $=10\log(D/2)$。通常取 $D=4m$，则宽度因子为 3dB。

⑦ 人体损耗：本例取 3dB。

⑧ 阴影衰落余量：取值与标准差、覆盖概率相关。如果在泄漏电缆耦合损耗取值时已考虑覆盖概率，则此处不再取阴影衰落余量。本例取值为 0dB。

⑨ 车体损耗：隧道内泄漏电缆的安装位置和列车车窗在同一水平面上，泄漏电缆信号穿透列车窗户玻璃对列车内部实施覆盖。本例取值为 25dB。

⑩ 干扰余量：体现网络负荷对网络覆盖的影响程度。当负荷为 50% 时，干扰余量为 3dB；当负荷为 75% 时，干扰余量为 6dB。本例取值为 3dB。

⑪ 切换增益：克服慢衰落的增益，与边缘覆盖率相关。

⑫ 泄漏电缆百米传输损耗，根据实际使用漏缆型号取值，本例取值为 9.8dB。

以 3.5GHz 频段、列车行驶速率为 80km/h、切换时延为 120ms 为例，不同隧道长度推荐的信源覆盖方式见表8-6。

表8-6 不同隧道长度推荐的信源覆盖方式

分类	长度	信源方式	单边覆盖能力 /m	双边覆盖能力 /m	总覆盖能力 /m
短隧道	< 440m	地铁站机房内信源的覆盖	220	440	440
长隧道	> 440m	隧道增加 $N \times$ RRU	$N \times 220$	$N \times 440$	$440+N \times 440$

8.9.3 切换带设置

地铁内外小区间的重选、切换的时间和用户移动的速度决定了重叠区域的大小。切换区域主要发生在3类区域。

（1）隧道内不同小区之间

在SA系统中，完成切换所需要的时间（UE上报A3事件开始，至UE成功占用目标小区并发送RRC重配完成消息为止的时间）在100ms左右，地铁列车的最大时速是80km，即每秒列车运行22.2m。切换带示意如图8-18所示。

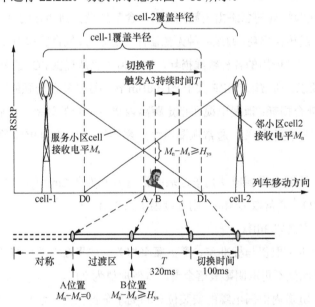

图8-18 切换带示意

过渡区为邻区信号大于服务小区信号一定门限 H_{ys} 时的位置相对两小区信号中点的偏移距离，本例取值为50m。触发A3事件的持续时间 T 由小区参数设置，本例假定为320ms。切换时间本例为100ms。切换带计算过程如下。

切换带距离 ={过渡带 + 列车速度 ×（T+ 切换时间）}×2

$$=\{50+80\times1000/3600\times(320+100)/1000\}\times2 \approx 120m$$

（2）地铁站出入口

一般情况下，乘客乘坐自动扶梯或走楼梯进出地铁站。当用户从地铁内乘坐自动扶梯或走楼梯离开地铁站时，信号呈逐渐衰减趋势，而地铁外的大网信号呈逐渐上升趋势，我们建议重选 / 切换区设置在自动扶梯或楼梯附近。

（3）地铁线路进出地面隧道洞口

当列车从地下隧道进出地面时，先前占用的小区信号将剧烈下降，建议在隧道出口处设置宽频带定向天线，将隧道内泄漏电缆信号延伸至隧道洞口外，在隧道外设置重选区 / 切换区。

参 考 文 献

[1]　3GPP TS 23.501. System Architecture for the 5G System.

[2]　3GPP TS 23.502. Procedures for the 5G System.

[3]　3GPP TS 38.300. NR；NR and NG-RAN Overall Description; Stage 2.

[4]　3GPP TS 38.213. NR；Physical layer procedures for control.

[5]　3GPP TS 38.331. NR；Radio Resource Control (RRC) protocol specification.

[6]　张晨璐，vivo通信研究院.5G系统观 从R15到R18的演进之路[M].北京：人民邮电出版社，2023.

[7]　杨峰义，谢伟良，张建敏，等.5G无线网络及关键技术，[M].北京：人民邮电出版社，2018.

[8]　刘晓峰，等.5G无线系统设计与国际标准[M].北京：人民邮电出版社，2019.

[9]　谢泽铖，徐雷，张曼君，等.5G网络安全认证体系研究[J].邮电设计技术，2022，(9)：32-38.

[10]　3GPP TS 38.214. NR; Physical layer procedures for data.

[11]　杨旭，肖子玉，等.5G网络部署模式选择及演进策略[J].电信科学，2018(6).

[12]　3GPP TS 38.306. NR; User Equipment (UE) radio access capabilities.

[13]　3GPP TS 38.215. NR; Physical layer measurements.

[14]　3GPP TS 38.413. NG-RAN; NG Application Protocol (NGAP).

[15]　3GPP TS 24.501 Non-Access-Stratum (NAS) protocol for 5G System (5GS);Stage 3.

[16]　胡利.基于CSI-RS的信道状态信息测量研究[D].重庆邮电大学硕士学位论文，2017.

[17]　马金兰，杨征，朱晓洁.5G语音回落4G解决方案探讨[D].移动通信，2019.

[18]　王晓云，刘光毅，丁海煜.5G技术与标准[M].北京：电子工业出版社，2019.

[19]　沈嘉，杜忠达，张治，等.5G技术核心与增强[M].北京：清华大学出版社，2021.

[20]　曹亚平，孙颖，张会肖.基于5GtoB定制网的数据分流方案研究[J].电信科学，2022(9).

[21]　陈婉珺，穆佳.5G LAN应用场景与关键技术分析[J].邮电设计技术，2021，547(9):982-986.

[22]　李伶，王华.5G智慧校园业务场景中MEC分流方案研究[J].电信科学，2022，38(1):170-178.

[23]　李立平，李振东，方琰崴.5G专网技术解决方案和建设策略[J].移动通信，2020，44(3):8-13.

[24]　江林华.LTE语音业务及VoLTE技术详解[M].北京：电子工业出版社，2016.

[25]　张守国，周海骄，雷志纯.LTE无线网络优化实践[M].北京：人民邮电出版社，2018.